El punto clave

Malcolm Gladwell

El punto clave

Traducción de Inés Belaustegui

taurus

Papel certificado por el Forest Stewardship Council®

MIXTO
Papel | Apoyando la silvicultura responsable
FSC® C117695

Penguin Random House Grupo Editorial

Título original: *The tipping Point. How Little Things Can Make a Big Difference*

Primera edición: febrero de 2025

Printed in Spain – Impreso en España

ISBN: 978-84-306-2770-7
Depósito legal: B-21.118-2024

Impreso en Unigraf
Móstoles (Madrid)

TA27707

A mis padres,
Joyce y Graham Gladwell

ÍNDICE

INTRODUCCIÓN

A finales de 1994 y comienzos de 1995 la marca Hush Puppies, la de los clásicos zapatos de ante afelpado y suela de crepé, alcanzó el punto clave. Hasta entonces había permanecido casi en el olvido. Las ventas se habían reducido hasta los treinta mil pares al año, y casi se limitaban a tiendas y comercios de pueblos o ciudades pequeñas. Wolverine, la empresa fabricante, estaba planteándose retirar los Hush Puppies, que tan famosos habían sido en su momento. Pero, de pronto, sucedió algo insólito. Dos ejecutivos de la marca (Owen Baxter y Geoffrey Lewis) se encontraron, en una sesión de fotos, con un estilista de Nueva York que les dijo que los clásicos Hush Puppies estaban haciendo furor en los sitios de moda de Manhattan. «Nos explicó —cuenta Baxter— que en el Village, en el barrio de Soho, había tiendas de segunda mano que estaban vendiendo montones de Hush Puppies. Los dueños los adquirían en los pequeños comercios tradicionales que aún recibían pedidos.» Al principio se quedaron perplejos. No tenía sentido que unos zapatos tan claramente pasados de moda volvieran de pronto con tanto tirón. «Nos contaron que el propio Isaac Mizrahi los llevaba —dice Lewis—. Bueno, tengo que confesar que en aquel momento no tenía ni idea de quién era este señor.»

En el otoño de 1995 empezaron a pasar cosas a toda velocidad. Primero contactó con ellos el diseñador John Bartlett, diciendo que quería usar Hush Puppies en su colección de primavera. Luego llamó Anna Sui, otra diseñadora de Manhattan, que también quería sacarlos en sus pases. El diseñador Joel Fitzgerald, de Los Ángeles, puso en el tejado de su tienda de Hollywood un *basset* hinchable de siete metros y medio, el emblema de la marca, y adquirió la galería de arte que tenía al lado para reconvertirla en boutique dedicada en exclusiva a Hush Puppies. Durante las obras de reforma del local entró el actor Peewee Herman pidiendo ya dos pares. «La noticia había corrido de boca en boca», recuerda Fitzgerald.

En 1995 la empresa vendió 430.000 pares del modelo clásico, el año siguiente vendió el cuádruple y al otro aumentó todavía más las ventas, hasta que Hush Puppies volvió a convertirse en pieza imprescindible del armario de todos los jovenes estadounidenses. En 1996 Hush Puppies recibió el premio al mejor accesorio, que otorga el Council of Fashion Designers (Asociación de Diseñadores de Moda), en una cena que se celebró en el Lincoln Center. El presidente de la empresa subió al escenario junto a Calvin Klein y Donna Karan. Él mismo fue el primero en admitir que se le estaba otorgando un galardón por un hecho en el cual su empresa había tenido más bien poco que ver. Los Hush Puppies habían resurgido de un modo inesperado. Todo había empezado con un puñado de chavales del East Village y del Soho.

¿Cómo fue posible? Aquella panda de chavales anónimos seguro que no se habían planteado hacer propaganda de la marca. Al contrario, probablemente decidieron usar esos zapatos porque nadie más los llevaba ya. Aquel mismo impulso lo tuvieron dos diseñadores de moda, que quisieron utilizarlos para vender sus modelos de alta costura.

Los zapatos no eran más que un toque divertido. A nadie se le había ocurrido poner de moda otra vez los Hush Puppies. Sin embargo, eso fue lo que pasó. Los famosos zapatos alcanzaron cierto nivel de popularidad y a partir de ahí empezó todo. ¿Cómo es posible que unos zapatos de treinta dólares que sólo llevaban un puñado de melancólicos de los años setenta y unos cuantos diseñadores de Manhattan pasaran a ocupar un sitio prominente en todos y cada uno de los centros comerciales de Estados Unidos, en sólo dos años?

I

No hace mucho, en East New York y Brownsville (barrios periféricos de Nueva York, donde reina la mayor de las miserias) las calles parecían paisajes fantasmales al caer la noche. A esas horas ya no había gente normal y trabajadora paseando, ni niños montando en bici. Tampoco había viejos sentados en los bancos de los parques o en las escaleras de los portales. Al hacerse de noche la mayoría de la gente se quedaba en casa, a salvo de los delincuentes que poblaban las aceras de aquella zona de Brooklyn trapicheando con droga, o de las bandas organizadas que usaban las calles como campo de batalla para sus tiroteos. Muchos policías destinados en Brownsville en los años ochenta y a principios de los noventa cuentan que, en aquella época, en cuanto se ponía el sol empezaba un parloteo incesante en las radios de la policía entre los agentes y sus soplones, acerca de toda clase de delitos violentos y peligrosos. En 1992 en Nueva York hubo 2.153 asesinatos y 626.182 delitos graves, de los cuales la mayor parte correspondía a los distritos de East New York y Brownsville. Pero, de repente, ocurrió algo sorprendente. De pronto, sin que se supiera la razón exacta, la tasa de delincuencia empezó a descender. En cinco años los asesinatos se redujeron en un 64,3 por 100, descendiendo hasta los 770, mientras que los delitos totales se redujeron casi hasta la mitad (355.893). Las aceras de East New York y Brownsville volvieron a llenarse de transeúntes, de nuevo circularon las bicicletas y los ancianos volvieron a sentarse fuera. «Durante una época los tiroteos eran algo tan habitual en estas barriadas que parecíamos estar en plena jungla del Vietnam —cuenta el inspector Edward Messadri, jefe del distrito policial de Brownsville—. Ahora no se oye ni un disparo.»

Si preguntáramos a la policía de Nueva York, nos dirían que fue gracias a la mejora notable de las estrategias de acción policial. Por su parte, los criminólogos destacan el declive del comercio del *crack* y el envejecimiento de la población. Por último, los economistas indican que el progreso económico que vivió la ciudad durante la década de los noventa tuvo por efecto dar trabajo a quienes, de otro modo, habrían terminado convertidos en delincuentes. En fin, éstas son las explicaciones convencionales del aumento y posterior descenso de la tasa de crímenes, pero en el fondo ninguna basta para convencernos, como tampoco parece convincente que un reducido grupo de jóvenes del East Village provocara el resurgimiento de los Hush Puppies. Los cambios producidos en el mercado de la droga, en la composición demográfica y en los factores económicos son variaciones a largo plazo que afectan a todo un país. No bastan para explicar por qué se redujo la criminalidad en Nueva York de manera tan llamativa o en un lapso de tiempo tan corto. Claro que las mejoras a escala policial son un dato a tener en cuenta, pero no están en proporción con el gran efecto que se produjo en zonas como East New York y Brownsville. La tasa de criminalidad no se redujo paulatinamente a medida que fueron mejorando las condiciones, sino que cayó en picado. ¿Cómo es posible que el cambio en unos cuantos factores económicos y sociales produjera un descenso en la tasa de criminalidad de dos tercios en cinco años?

II

El punto clave es la biografía de una idea. Se trata de una idea muy sencilla: consiste en pensar que la mejor forma de entender los cambios misteriosos que jalonan nuestra vida cotidiana (ya sea la aparición de una tendencia en la moda, el retroceso de las oleadas de crímenes, la transformación de un libro desconocido en un éxito de ventas, el aumento del consumo de tabaco entre los adolescentes, o el fenómeno del boca a boca) es tratarlos como puras epidemias. Las ideas, los productos, los mensajes y las conductas se extienden entre nosotros igual que los virus.

El resurgimiento de los Hush Puppies y el descenso en la tasa de criminalidad de Nueva York son dos ejemplos sencillos de una de estas epidemias. Aunque parezca que no tienen mucho que ver, ambos casos comparten un mismo patrón fundamental. En primer lugar, se trata de dos muestras muy claras de conducta contagiosa. Nadie diseñó un anuncio diciendo que los tradicionales Hush Puppies eran una pasada y que todo el mundo tenía que empezar a llevarlos ya mismo. Al contrario, todo empezó porque unos chicos decidieron ponérselos para salir de marcha por las calles del centro, y así mostrar sus ideas sobre la moda. De esa manera infectaron a quienes les veían con el «virus» Hush Puppies.

El descenso en la criminalidad de Nueva York sobrevino de forma similar. No fue porque el numeroso grupo de aspirantes a criminales convocara una reunión en 1993 para decidir que no iban a cometer más delitos. Tampoco fue porque la policía lograra, como por arte de magia, intervenir en un elevadísimo porcentaje de situaciones que podrían haber acabado fatalmente. Lo que ocurrió fue que el escaso número de personas del reducido número de situaciones sobre las que la policía y los otros agentes sociales sí tenían alguna repercusión comenzó a comportarse de modo muy diferente, y que esa nueva conducta se extendió de alguna manera a otros posibles delincuentes en situaciones parecidas. Así, una gran cantidad de personas se vio infectada por el virus «anticrimen» en poco tiempo.

El segundo rasgo que caracteriza ambos ejemplos por igual es que unos pequeños cambios produjeron grandes efectos. Todas las razones posibles que explican el descenso en la tasa de delincuencia en Nueva York consisten en cambios marginales y paulatinos: el mercado del *crack* fue declinando, la población fue envejeciendo, la fuerza policial fue mejorando. Sin embargo, el efecto de todo ello fue drástico. Igual que había ocurrido con los Hush Puppies. ¿Cuántos serían aquellos primeros chicos que empezaron a ponerse los clásicos zapatos por el centro de Manhattan? ¿Veinte? ¿Cincuenta? ¿Cien como mucho? Y, sin embargo, con su pequeño gesto se las apañaron para dar comienzo a una moda internacional.

Por último, ambos cambios ocurrieron en un lapso de tiempo muy corto. No fueron haciéndose poco a poco y con firmeza. Basta con echar un vistazo a un gráfico de los índices de criminalidad en Nueva York desde, digamos, mediados de los sesenta hasta finales de los noventa. Hay una especie de gran arco. En 1965 se producen 200.000 delitos, y a partir de ese momento el número comienza a aumentar rápidamente, duplicándose en dos años y continuando el ascenso sin interrupción hasta que llega a los 650.000 crímenes al año a mediados de los setenta. Durante las dos décadas siguientes se mantiene en ese nivel, hasta que en 1992 empieza a caer de manera tan pronunciada como el propio ascenso ocurrido treinta años antes. El nivel de criminalidad no se redujo paulatinamente, ni se desaceleró con suavidad. Lo que ocurrió fue que, de pronto, hubo un frenazo en seco.

Estas tres características (una: la capacidad de contagio; dos: que pequeñas causas tienen grandes efectos; y tres: que el cambio no se produce de manera gradual, sino drásticamente, a partir de cierto momento) son los mismos tres principios que definen cómo se extiende el sarampión en el aula de un colegio o cómo ataca la gripe cada invierno. De las tres, la última (la idea de que las epidemias pueden iniciarse o acabarse de manera drástica) es la más importante, pues da sentido a las otras dos y nos permite comprender cómo tienen lugar hoy los cambios sociales. Ese momento concreto de una epidemia a partir del cual todo puede cambiar de repente se denomina *tipping point,* que en español se puede traducir por punto clave o punto de inflexión*.

---

* La expresión *tipping point* o ángulo de reposo es un término sociológico que define el momento en el que algo único se convierte en algo común. La acuñó Morton Grodzins en un estudio sobre la integración racial en los barrios de Estados Unidos en las décadas de 1960 y 1970, para definir el momento en el que, en un barrio en el que había ido instalándose paulatinamente población negra, empezaba a marcharse en masa la población blanca. En español se puede traducir por punto clave o punto de inflexión. El término se siguió utilizando posteriormente y se ha aplicado a otros campos. Con este libro, Malcolm Gladwell lo aplicó a la vida diaria y lo hizo tremendamente popular. (N. de la t.)

III

Todos pensamos que el mundo en que vivimos hoy por hoy está muy lejos de ser un entorno sometido a las normas de las epidemias. Analicemos brevemente el concepto de la capacidad de contagio. Al mencionar esta palabra tendemos a pensar en resfriados, gripes o quizá en cosas tan peligrosas como el VIH o el virus ébola. Nos hemos formado un concepto de lo contagioso sólo aplicado a la biología. Sin embargo, si hemos visto que hay tendencias contagiosas en la moda o en las conductas delictivas, cualquier cosa podría ser tan contagiosa como un virus. ¿No ha pensado nunca en lo que pasa con el bostezo? Bostezar es un acto que tiene un poder sorprendente. Sólo por haber leído hace dos frases la palabra «bostezo» (más las otras dos referencias al bostezo que acabo de añadir) un buen número de lectores estarán bostezando en los próximos dos minutos. Yo he bostezado un par de veces mientras escribía esto. Si está leyendo mi libro en un espacio público y acaba usted de bostezar, hay muchas probabilidades de que un gran porcentaje de quienes le vieron hacerlo esté bostezando en este instante, y un elevado número de quienes han visto a los que le han visto bostezar a usted estará bostezando también, y así sucesivamente, de modo que el círculo del bostezo irá siendo cada vez mayor.

Bostezar es algo tremendamente contagioso. Sólo por haber escrito la palabra «bostezo» he conseguido hacer bostezar a algunos de los lectores que están leyendo estos párrafos. Mientras tanto, las personas que han bostezado al verles bostezar se han contagiado por verles bostezar, lo cual constituye otra clase de contagio. Puede que hayan bostezado al oírles bostezar, ya que el bostezo se contagia también por vía auditiva. Si pone una grabación de bostezos a un grupo de personas invidentes, también ellos empezarán a bostezar. Para terminar, si usted ha bostezado mientras leía todo esto, ¿se le ha ocurrido pensar, aunque haya sido casi inconsciente o fugazmente, que quizá está cansado? Sospecho que algunos de ustedes sí lo han pensado, lo que significa que los bostezos pueden ser además contagiosos a nivel emocional. Es decir, que simplemente por haber escrito una determinada palabra puedo hacer aflorar un sentimiento concreto en su mente. ¿Puede hacer esto el virus de la gripe? Dicho de otro modo: la capacidad de contagio es una propiedad inesperada que es posible encontrar en todo tipo de cosas. Debemos tenerlo en cuenta cuando nos dispongamos a reconocer y diagnosticar los cambios epidémicos.

El segundo principio de las epidemias (esto es, que unos pequeños cambios pueden provocar grandes efectos) resulta ser también una noción bastante radical para nuestra sociedad, pues, como humanos, hemos aprendido a establecer un tipo de aproximación ciertamente burda entre causa y efecto. Si queremos comunicar una emoción fuerte, o convencer a alguien de que le amamos, por ejemplo, nos damos cuenta de que tendremos que hablar con pasión o con mucha franqueza. Y si queremos darle a alguien una mala noticia, bajaremos el tono de voz y escogeremos las palabras con sumo cuidado. Hemos sido educados para creer que todo lo que forma parte de una transacción, una relación o un sistema tiene que estar directamente relacionado, en intensidad y dimensión, con el resultado esperado. Tomemos en consideración el siguiente juego. Digamos que le doy un trozo de papel, bastante grande, y le pido que lo doble hasta cincuenta veces. ¿Cómo cree que será de grueso el taco de papel resultante? Para responder a esta pregunta la mayoría de la gente pondría en marcha su imaginación y me diría que sería como una guía de teléfonos o, si se atreven a ir más allá, tan alto como una nevera. La respuesta correcta es que la altura del taco de papel sería equivalente a la distancia de la Tierra al Sol. Y si lo dobláramos una vez más, sería tan largo como ir al Sol y volver. En matemáticas a esto se le llama progresión geométrica. Pues bien, las epidemias son un ejemplo de estas progresiones geométricas: cuando un virus comienza a extenderse entre la población, se duplica una y otra vez, hasta que el hipotético pliego inicial queda convertido en un muelle de cincuenta escaloncitos que nos llevaría hasta el Sol. Nuestra mente encuentra extraño este tipo de progresión, pues el resultado (el efecto) parece absolutamente desproporcionado respecto de la causa inicial. Si queremos comprender el poder que encierran los movimientos epidémicos, debemos abandonar esta mentalidad sobre lo que es proporcional y lo que no. Tenemos que saber que a veces se producen cambios gigantescos a partir de acontecimientos casi insignificantes, y que además pueden sobrevenir muy rápidamente.

Esta posibilidad de un cambio repentino es lo fundamental de la idea del punto clave, y quizá sea lo más difícil de aceptar. En los años sesenta y setenta se usó este concepto para describir el éxodo masivo de la población blanca de las ciudades más antiguas del noreste de Estados Unidos a zonas residenciales y urbanizaciones. Los sociólogos observaron que en todas las zonas se producía un vuelco de cifras cuando el número de afroamericanos que llegaba a un barrio alcanzaba cierto punto (digamos, un 20 por 100), pues la mayoría de los blancos que quedaban se marchaban casi inmediatamente. El punto clave es ese momento en que se alcanza el umbral, el punto de ebullición. Eso es lo que ocurrió con la tasa de delincuencia en Nueva York al principio de los años noventa del siglo XX, y con los Hush Puppies. Es lo mismo que ocurre cada vez que se implanta un nuevo avance tecnológico. Sharp introdujo el primer aparato de fax con un precio asequible en 1984, y en ese año se vendieron 80.000 aparatos en Estados Unidos. A lo largo de los tres años siguientes fueron apareciendo en el mercado más modelos de otras marcas, hasta que en 1987 tanta gente tenía fax que era lógico que el resto quisiera uno. Ése fue el momento del punto clave para los aparatos de fax. Aquel año se vendió un millón de máquinas y en 1989 la cifra llegó a dos millones. Lo mismo ha ocurrido con los teléfonos móviles. En los noventa fueron fabricándose modelos cada vez más pequeños y baratos, y el servicio fue mejorando hasta que, en 1998, cuando la tecnología superó ese punto clave, de pronto todo el mundo tenía un móvil. (En las «notas finales» doy una explicación matemática sobre el punto clave.)

Todas las tendencias epidémicas tienen su punto clave. Jonathan Crane, sociólogo de la Universidad de Illinois, se ha dedicado a estudiar el efecto que tiene en los adolescentes que viven en un mismo vecindario la cantidad de profesionales liberales, directivos de empresa y profesores o maestros (lo que el censo califica como «alto *status*») existente en dicha comunidad. Pues bien, en las comunidades que contaban con entre un 40 y un 5 por 100 de trabajadores de «alto *status*» no encontró mucha diferencia en cuanto a las tasas de embarazo o de abandono de estudios. Sin embargo, cuando dicho porcentaje no superaba el 5 por 100, los problemas se disparaban. Por ejemplo, entre los estudiantes negros la tasa de abandono escolar era más del doble cuando el porcentaje de trabajadores de «alto *status*» se reducía sólo en 2,2 puntos porcentuales (de un 5,6 a un 3,4 por 100). En ese mismo punto crítico las tasas de embarazo en adolescentes (que apenas variaban hasta llegar a ese porcentaje) casi se duplicaban. Generalmente damos por hecho que los problemas sociales y el nivel de vida de las poblaciones son factores que varían poco a poco. Sin embargo, a veces puede que los declives no sean tan lentos y constantes. Cuando se alcanza el punto clave, los colegios pueden perder el control sobre los alumnos, o la vida familiar puede desintegrarse de repente.

Recuerdo la mañana en que el perrillo que teníamos en casa cuando yo era pequeño vio la nieve por primera vez. Estaba alucinado, encantado, fascinado. No paraba de menear el rabito y olisquear aquella sustancia mullida y tan extraña para él. Aquella mañana no hacía mucho más frío que la noche anterior. Quizá esa noche hizo unos –2 °C, y por la mañana, –1 °C. O sea, que la diferencia era mínima y, no obstante, había hecho que todo cambiara por completo. La lluvia se había convertido en algo totalmente distinto: ¡en nieve! En el fondo todos estamos siempre haciendo cálculos de lo que pasará, cosa que sólo el imparable paso del tiempo nos confirma o no. Pero cuando se trata del punto clave debemos estar preparados para esperar lo inesperado, pues un cambio radical es algo más que una mera posibilidad. Es, en contra de nuestras expectativas, una certidumbre.

Para ilustrar esta idea tan drástica propongo un viaje a Baltimore, donde se puede aprender mucho de la epidemia de sífilis que padeció la ciudad. Presentaré también a tres clases de seres fascinantes: los *mavens**, los conectores y los vendedores natos, que desempeñan un papel decisivo en las epidemias que se propagan de boca en boca

* *Maven* procede originalmente de la palabra hebrea *binah,* que quiere decir entendimiento. En inglés de Estados Unidos hay constancia de su uso desde la década de 1960 pero se hizo más común en la de 1980, sobre todo desde que el columnista William Safire se empezó a llamar a sí mismo «el *maven* del idioma». Se podría traducir como «experto» o «informado», pero no es sólo el que acumula conocimientos, sino el que tiene una enorme capacidad para propagar tanto la información como sus preferencias. En este libro hemos optado por dejar la palabra *maven.* (N. de la t.)

que dictan nuestros gustos, tendencias y modas. Después quisiera mostrar el diseño de dos programas infantiles famosos *(Barrio Sésamo* y *Blue's Clues)* y el mundo increíble del hombre que ayudó a crear el Columbia Record Club, para ver cómo pueden estructurarse los mensajes con el fin de obtener el máximo impacto posible en el público. A continuación conoceremos una empresa de productos de alta tecnología que está en Delaware, y veremos los puntos clave que gobiernan la vida grupal; y el metro de Nueva York, para analizar cómo se puso fin a la epidemia de criminalidad. Mi objetivo con todo esto es dar respuesta a dos cuestiones muy simples que se hallan en el fondo de lo que a todos nos gustaría lograr (como educadores, padres, publicistas, gentes de negocios y diseñadores de políticas públicas): ¿Por qué ciertas ideas, conductas o productos provocan epidemias y otras no? Y ¿qué podemos hacer si queremos iniciar deliberadamente y controlar una de estas «epidemias benignas»?

1
LAS TRES NORMAS DE TODA EPIDEMIA

A mediados de los noventa la ciudad de Baltimore padeció una epidemia de sífilis. En un solo año, entre 1995 y 1996, el número de bebés que nacieron con síntomas de sífilis aumentó en un 500 por 100. Si miramos un gráfico de la evolución de la enfermedad en esta ciudad veríamos que la línea se mantiene a un mismo nivel a lo largo de los años y, de repente, en 1995 dibuja un ángulo casi recto.

¿Qué hizo que el número de afectados se disparara? Los Centers for Disease Control, más conocidos como CDC (Centros para el Control y Prevención de Enfermedades), pensó que el problema era el consumo de *crack*. Esta droga incrementa de forma alarmante el riesgo de transmisión sexual de virus como el VIH y el de la sífilis. Dado que mucha gente acude a las áreas más depauperadas de la ciudad para adquirirla, aumentan las probabilidades de contagio de infecciones víricas en los barrios donde viven. En definitiva, el consumo de *crack* modifica las pautas de contacto social entre diferentes zonas urbanas. Los CDC vieron en el *crack* el pequeño detalle que bastó para que el problema de la sífilis se convirtiera en una epidemia descontrolada.

John Zenilman, un experto en enfermedades de transmisión sexual de la Universidad Johns Hopkins de Baltimore, aduce una causa muy diferente: el deterioro de los servicios de asistencia médica en las barriadas más pobres de la ciudad. «Entre 1990 y 1991 las clínicas especializadas en enfermedades de transmisión sexual recibieron treinta y seis mil visitas de pacientes —explica Zenilman—. Por aquel entonces el Ayuntamiento decidió recortar presupuestos. El personal médico asignado a dichas clínicas se redujo de diecisiete a diez. El número de doctores pasó de tres a prácticamente ninguno. Las visitas de pacientes se redujeron hasta las veintiuna mil. También se redujo el número de personal dedicado a divulgar los programas de prevención en los barrios. En fin, todo eran líos burocráticos... por ejemplo, ya no se hacían cosas como actualizar los ordenadores. Era el típico caso de mala gestión pública local. Incluso, a veces se quedaban sin medicamentos.»

Es decir, cuando se recibían 36.000 visitas de pacientes al año en estas clínicas especializadas de la ciudad de Baltimore se conseguía mantener la sífilis en un cierto equilibrio. Pero, según Zenilman, a partir de determinado momento, entre las 36.000 y las 21.000 visitas anuales, se descontroló. Comenzó a extenderse desde el centro urbano hacia los otros barrios, por las calles y vías que conectan el centro y la periferia. Por culpa del deterioro del servicio sanitario, muchos afectados que antes sólo habrían tenido que esperar siete días para curarse debían aguardar entonces hasta cuatro semanas para recibir tratamiento. El colapso del servicio sanitario provocó que la sífilis se convirtiera en algo mucho más preocupante de lo que era antes.

Uno de los mejores epidemiólogos del país, John Potterat, añade una tercera teoría, en la que echa la culpa a la transformación que se produjo en ese periodo en las zonas este y oeste de Baltimore, donde están los barrios más deprimidos de la ciudad y donde se centraba el problema de la sífilis. Potterat señala que a mediados de los noventa el Ayuntamiento emprendió una campaña anunciada a bombo y platillo para demoler los bloques de viviendas de protección oficial construidas en los sesenta en aquellas barriadas. Dos de los derribos más anunciados en los medios de comunicación fueron los de Lexington Terrace, en la zona oeste, y Lafayette Courts, en el este, dos edificios inmensos donde residían cientos de familias, y que estaban funcionando como focos de delincuencia y de enfermedades infecciosas. Al mismo tiempo, mucha gente decidió marcharse de las viejas urbanizaciones de casas adosadas de sendas zonas periféricas, pues también se habían deteriorado mucho.

«¡Menudo panorama! —dice Potterat recordando la primera vez que visitó dichas zonas, East y West Baltimore—. La mitad de las casitas adosadas estaban cerradas a cal y canto, con tablones en las ventanas, mientras seguía en marcha el proceso de demoliciones de viviendas protegidas. Fue como una especie de abandono generalizado, lo cual facilitó que se extendiera la enfermedad. La sífilis llevaba años localizada en una parte específica de Baltimore, y afectaba a un entramado sociosexual muy definido. El proceso de demoliciones y abandono de viviendas hizo que esas personas fueran a vivir a otras zonas de la ciudad, con lo que se llevaron consigo la sífilis y sus conductas sexuales.»

Lo interesante de estas tres explicaciones es que ninguna de ellas se refiere a noticias espectaculares. Los CDC achacaron el problema al *crack,* pero no porque esta droga llegara por primera vez a Baltimore en 1995, puesto que llevaba años allí. Lo que los CDC creían era que a mediados de los noventa el problema del *crack* se agravó de forma sutil, pero suficiente para que se disparara la epidemia de sífilis. Por su parte, Zenilman tampoco decía que se habían cerrado todas las clínicas dedicadas a enfermedades de transmisión sexual, sino que se redujo su presupuesto, de manera que el número de especialistas pasó de diecisiete a diez. Potterat tampoco dice que Baltimore entera se vino abajo, sino que bastó la demolición de unas cuantas viviendas de protección oficial y el abandono de casas en barrios críticos de la ciudad para causar un desequilibrio en la enfermedad.

El segundo rasgo llamativo de estas tres explicaciones, y quizá el más interesante, es que todas están haciendo una descripción diferente de cómo se desborda una epidemia. Los CDC hablaron del contexto en que se desarrolla una enfermedad: cómo la introducción y expansión de una droga adictiva consigue modificar el entorno de una ciudad de tal modo que puede hacer que una enfermedad desborde los límites del equilibrio. Zenilman habla de la enfermedad en sí. Al reducirse el presupuesto de las clínicas se estaba dando a la sífilis una segunda oportunidad. Antes era una infección aguda; ahora era una infección crónica, un problema de larga duración. Por su parte, Potterat se centra en las personas que portaban la enfermedad. Lo que dijo fue que la sífilis afectaba a un determinado tipo de personas: gente que vivía casi en la miseria, probablemente consumidores de droga y sexualmente promiscuos. Si de repente se trasladaba a una persona con este perfil desde su barrio de toda la vida a otro nuevo donde jamás se hubiera vivido el problema de la sífilis se estaría dando a la enfermedad la oportunidad de desbordarse.

Es decir, que hay más de una manera de ocasionar una epidemia. Los hechos epidémicos dependen de las personas que transmiten el agente infeccioso, del agente mismo y del entorno en que se desarrolla dicho agente. Cuando se dispara una epidemia, cuando se derrama más allá de los límites del equilibrio, es que ha pasado algo: ha habido una modificación en uno de los factores (o en dos, o en tres). A estos tres factores del cambio los llamo «La ley de los especiales», «El factor del gancho» y «El poder del contexto».

I

Cuando decimos que un puñado de chavales del East Village originó la epidemia de Hush Puppies, o que la dispersión de los residentes de unas cuantas construcciones de protección oficial bastó para dar inicio a la epidemia de sífilis de Baltimore, lo que en realidad estamos diciendo es que en todo proceso o sistema unas personas cuentan más que otras. Dicho así, no parece una idea muy novedosa. Los economistas suelen referirse al principio del 80/20, que quiere decir que el 80 por 100 del «trabajo» siempre lo realiza un 20 por 100 de los implicados. En la mayoría de poblaciones hay un 20 por 100 de criminales que comete el 80 por 100 de todos los delitos. El 20 por 100 de los motoristas provoca el 80 por 100 de todos los accidentes. El 20 por 100 de bebedores de cerveza consumen ellos solos el 80 por 100 de toda la cerveza. En lo tocante a epidemias, sin embargo, esta desproporción resulta aún más extrema: un mínimo porcentaje de personas hace la mayoría del trabajo.

El mismo Potterat, por ejemplo, elaboró un análisis sobre una epidemia de gonorrea en la población de Colorado Springs, en Colorado, tomando notas durante seis meses sobre cada persona que acudía a una clínica para recibir tratamiento. Descubrió que casi la mitad de los casos procedía, esencialmente, de cuatro barrios que venían a representar más o menos el 6 por 100 del área geográfica de la ciudad. De ese porcentaje, la mitad solía salir de copas a los mismos seis bares. Potterat entrevistó después a 768 personas de este reducido subgrupo, para descubrir que 600 de ellos no habían infectado a nadie con gonorrea o bien sólo se la habían pasado a una única persona. A éstos los llamó «no-transmisores». Los que provocaron que se extendiera la epidemia eran los restantes 168, es decir, individuos que habían contagiado a dos, tres, cuatro o cinco personas. Dicho de otro modo, en toda la ciudad de Colorado Springs (que puede muy bien sobrepasar los diez mil habitantes) la epidemia de gonorrea se disparó debido a la acción de 168 personas que vivían en cuatro pequeños vecindarios y que básicamente frecuentaban los mismos seis bares.

¿Quiénes eran estas 168 personas? Pues no personas como usted y como yo. Es gente que sale todas las noches, que tiene muchos más encuentros sexuales de lo habitual, y costumbres que se salen de lo común. Por ejemplo, a mediados de los noventa había un tal Darnell *Boss Man* McGee que frecuentaba las salas de billares y las pistas de patinadores de East St. Louis, en Missouri. Era muy alto (medía más de metro ochenta), atractivo, un magnífico patinador que dejaba boquiabiertas a las chicas. Su especialidad eran las adolescentes de trece y catorce años. Les compraba joyas, se las llevaba de paseo en su Cadillac, las atiborraba de *crack* y se acostaba con ellas. Entre 1995 y 1997, año en que un desconocido le asestó un disparo fatal, se había acostado con cien mujeres como mínimo y (cosa que sólo se supo después de su muerte) había infectado el virus del sida al menos a treinta de ellas.

En esos mismos dos años, a 2.500 kilómetros de distancia, en Buffalo (estado de Nueva York), otro hombre, una especie de clon de aquel *Boss Man,* hacía su agosto en las calles del deprimido barrio de Jamestown. Se llamaba Nushawn Williams, aunque también se hacía llamar *Face*

(Cara), *Sly* (Astuto) o *Shyteek*. Mantenía relaciones con muchas chicas a la vez, en tres o cuatro apartamentos diferentes desperdigados por la ciudad, mientras se ganaba la vida trapicheando con droga que traía del Bronx. (Como me dijo una vez un epidemiólogo que conocía bien el caso: «El tipo aquel era un genio. Si yo pudiera vivir con lo que Williams hacía, nunca más tendría que trabajar en mi vida.») Williams, igual que *Boss Man,* era un donjuán. Compraba rosas para sus ligues, les dejaba que le peinaran la melena y organizaba orgías donde abundaba la marihuana y la cerveza. «Una noche hicimos el amor tres o cuatro veces —cuenta una de sus conquistas—. Montábamos juergas todo el tiempo... Cuando *el Cara* se había quedado a gusto, sus amigos venían y seguíamos con el sexo. Unos se iban y venían otros.» Ahora Williams está en la cárcel. Se sabe que contagió el virus del sida a dieciséis de sus ligues. Más famoso que este individuo es el llamado «paciente cero» del sida. Tal como cuenta Randy Shilts en su libro *And the Band Played On,* Gaetan Dugas, un asistente de vuelo de origen francocanadiense, aseguraba haber mantenido relaciones sexuales en toda Norteamérica con 2.500 mujeres. Se le relaciona con al menos cuarenta de los primeros casos de sida en California y Nueva York. Ésta es la clase de persona que provoca que una enfermedad se extienda como una epidemia.

Las epidemias sociales funcionan exactamente del mismo modo. Igual que aquéllas, un reducido grupo de personas son las que hacen todo el trabajo. Lo que las caracteriza no son sus tendencias sexuales, sino lo sociables, carismáticos, conocidos o influyentes que son entre sus allegados. En el caso de los Hush Puppies, el gran enigma es cómo pasaron de llevarlos unos cuantos visionarios de la moda nostálgicos de los setenta del centro de Manhattan a ser vendidos en centros comerciales de todo el país.

¿Qué relación hay entre East Village y el ciudadano medio de Estados Unidos? La ley de los especiales contestaría que una de estas personas excepcionales se enteró de la nueva moda y, gracias a su entusiasmo y carisma personal, extendió entre sus conocidos el gusto por los Hush Puppies, con la misma magnitud que propagaron el virus del sida Gaetan Dugas o Nushawn Williams.

II

Cuando las clínicas públicas de Baltimore sufrieron aquel recorte presupuestario se produjo un cambio en la naturaleza de la sífilis que afectaba a las barriadas más deprimidas de la ciudad. Hasta entonces se había tratado de una infección aguda y la mayoría de los afectados recibía tratamiento enseguida y se curaban antes de ir por ahí contagiando a otras personas. Pero con los recortes la sífilis se convirtió rápidamente en una infección crónica, y los enfermos tardaban hasta cinco semanas en ser tratados, por lo que aumentó el riesgo de contagios. Una epidemia comienza a extenderse gracias a la labor tremenda de unos cuantos portadores del virus. Pero también puede comenzar cuando se produce una modificación en el propio agente causante de la enfermedad.

Es un principio asumido por la virología. El virus de la gripe que aparece cada año al comienzo del invierno va cambiando en el transcurso de los meses y resulta bastante diferente al final. La epidemia de gripe más famosa de la historia (la pandemia de 1918) comenzó en la primavera de aquel año y era, en términos relativos, bastante dócil. Pero a lo largo del verano el virus sufrió unas extrañas transformaciones y acabó matando entre veinte y cuarenta millones de personas en todo el mundo en los siguientes seis meses. El virus se había extendido siempre del mismo modo, pero por alguna razón se hizo mucho más mortífero de repente.

El investigador holandés especializado en sida Jaap Goudsmit afirma que esto mismo es lo que ha pasado con el VIH. Las labores de Goudsmit se centran en lo que se conoce como neumonía *Pneumocystis carinii,* o PCP según las siglas en inglés. Todos llevamos la bacteria en nuestro cuerpo, desde el parto o justo después. En la mayoría es inofensiva. Nuestro sistema inmunológico la controla con facilidad. Pero si el sistema inmune sufre un problema grave como una infección de VIH, es imposible controlar la PCP y puede dar paso a una variedad letal de neumonía. En realidad, es tan habitual encontrar esa neumonía en los pacientes con sida que suele considerarse como un indicio casi certero de la existencia de VIH. Goudsmit revisó la literatura médica referente a casos de PCP, y lo que encontró le puso los pelos de punta. Justo después de la Segunda Guerra Mundial hubo una epidemia de PCP que se inició en la ciudad báltica de Danzig y que se extendió por toda Europa central, segando la vida de miles de niños.

Goudsmit ha analizado una de las poblaciones más duramente diezmadas por aquella epidemia, la ciudad minera de Heerlen, en la provincia holandesa de Limburg. Heerlen tenía un hospital donde se formaban las futuras comadronas. Se llamaba Kweedschool voor Vroedvrouwen, y disponía de una unidad (la llamada barraca sueca) que en los años cincuenta se dedicó a cuidados especiales de bebés prematuros o nacidos con escaso peso. Entre junio de 1955 y julio de 1958, 81 recién nacidos que estaban siendo atendidos en aquella unidad especial contrajeron PCP y 24 de ellos murieron. Goudsmit cree que se trató de una epidemia inicial de VIH, y que el virus entró en el hospital de alguna manera y se extendió entre los niños por culpa de la costumbre, entonces aparentemente común, de utilizar las mismas agujas en diferentes transfusiones de sangre o en inyecciones de antibióticos. Escribe:

> Lo más probable es que al menos un adulto (quizá un minero llegado de Polonia, Checoslovaquia o Italia) trajera el virus a Limburg. Este único individuo podría haber fallecido de sida sin que nadie lo supiera. [...] Podría haber infectado el virus a su esposa y a su descendencia. Quizá su esposa (o novia) dio a luz en una barraca sueca a un bebé infectado con VIH pero aparentemente sano. Y las agujas y jeringuillas sin esterilizar podrían haber propagado el virus entre los niños.

Lo extraño de esta historia es que no murieron todos los niños. Sólo murió un tercio de los afectados. Los demás hicieron algo que hoy parecería casi imposible: derrotaron al virus, lo eliminaron de su cuerpo, y vivieron una vida sana. Es decir, el tipo de VIH que circulaba en los años cincuenta era muy diferente del tipo de VIH que existe hoy. Era igual de contagioso, pero la mayoría de los infectados (incluso siendo recién nacidos) podía eliminarlo y sobrevivir a su presencia. En resumen, la epidemia de VIH se desbordó al principio de los años ochenta no sólo a causa de los cambios en la conducta sexual de las comunidades de homosexuales, que facilitaron la propagación del virus a toda velocidad, sino que influyó también un cambio en la naturaleza del virus mismo. Por la razón que sea, el virus se hizo mucho más mortífero. Si infectaba a alguien, era imposible de eliminar.

La importancia del gancho en el desbordamiento de una enfermedad va a influir también en nuestra manera de ver las epidemias sociales. Pasamos mucho tiempo tratando de dar con mensajes que sean contagiosos, queremos que nuestros productos o ideas lleguen al máximo de público posible. La parte más difícil de las comunicaciones suele ser la de asegurarnos que el mensaje diseñado no le entrará a la gente por un oído y le saldrá por el otro. Un mensaje con gancho es un mensaje que produce impacto, que no se puede uno quitar de la cabeza, que recordamos fácilmente. Por ejemplo, cuando aparecieron los cigarrillos con filtro Winston en la primavera de 1954, la tabacalera inventó el eslogan *«Winston tastes good like a cigarette should»* («Winston sabe bien, como debe de ser»). Utilizar el comparativo *like* (que es muy popular pero incorrecto, en lugar de *as),* buscando quizá la provocación, produjo cierta sensación. Fue una frase muy comentada, igual que ocurrió con la famosa coletilla que usó la cadena Wendy's desde 1984 *(«Where's the beef?»).* Richard Kluger ha escrito una historia de la industria del cigarrillo, y explica en su libro que los publicistas de R. J. Reynolds, propietario de Winston, estaban «encantados con la atención obtenida» y «usaron aquel eslogan incorrecto como letra de la canción del anuncio, defendiendo con ironía que su sintaxis era un coloquialismo y no un error gramatical». Al cabo de unos meses, gracias a la fuerza de aquella frase pegadiza, las ventas de Winston en el mercado estadounidense se dispararon, superando a Parliament, Kent y L&M, y sólo por debajo de Viceroy. En pocos años se convirtió en la marca más vendida en el país. Todavía hoy, si alguien le dice a un estadounidense *«Winston tastes good»*, lo más probable es que le replique terminando la frase, *«like a cigarette should»*. Se trata de una típica frase pegadiza, tiene gancho. Un componente crucial de la propagación de cualquier cosa es precisamente el factor del gancho. En efecto, a no ser que recuerde lo que le digo, ¿por qué iba usted a cambiar una costumbre o comprar un producto o ir a ver una película?

El gancho nos ayuda a ver que existen formas específicas que se usan para que un mensaje contagioso sea fácil de recordar. Ciertos cambios relativamente pequeños en la presentación y estructura de la información pueden marcar la diferencia respecto al impacto que va a tener.

III

Cada vez que entra una persona en una clínica pública de Baltimore pidiendo tratamiento contra la sífilis o la gonorrea, John Zenilman teclea su dirección en el ordenador, para que aparezca un puntito en el plano de la ciudad. Es algo así como la versión médica de esos mapas de las comisarías que tienen chinchetas de colores para indicar dónde se han cometido delitos. En el mapa de Zenilman las zonas de East y West Baltimore, a ambos lados del perímetro de la ciudad, presentan mayor densidad de puntitos. Desde dichos extremos, los casos se expanden a lo largo de las dos avenidas principales que recorren ambos núcleos. En verano, época de mayor incidencia de enfermedades de transmisión sexual, se agrandan los grupos de puntitos de esas dos avenidas que conectan el centro con East y West Baltimore. Cuando llega el frío, es decir, cuando la gente que vive en East y West Baltimore sale menos a los lugares donde se entablan las transacciones sexuales (bares, clubes o esquinas de la calle), los puntitos de ambas zonas se reducen considerablemente.

El efecto de la estación del año sobre el número de casos es tan fuerte que resulta fácil deducir que un invierno largo y crudo en Baltimore podría ser suficiente para frenar o reducir sustancialmente (al menos durante ese periodo) la expansión de la epidemia de sífilis.

Como demuestra el mapa de Zenilman, las circunstancias, condiciones y rasgos particulares del entorno tienen una influencia enorme en el desarrollo de las epidemias. Es evidente. Sin embargo, lo interesante es analizar hasta dónde podemos aplicar este principio. La conducta humana no sólo se ve influida por factores prosaicos como el tiempo atmosférico. Hay otros factores, mínimos, muy sutiles o inesperados, que pueden afectar nuestro comportamiento. Uno de los incidentes más famosos de la historia de la ciudad de Nueva York, por ejemplo, fue el apuñalamiento, en 1964, de Kitty Genovese, una joven del barrio de Queens. Su asesino la siguió y atacó tres veces en mitad de la calle, durante media hora, mientras los vecinos podían ver lo que estaba sucediendo desde las ventanas. Sin embargo, en todo el rato ni uno solo de los treinta y ocho testigos llamó a la policía. El caso provocó una oleada de autorrecriminaciones. Aquello fue un símbolo de los efectos deshumanizadores de la vida urbana. Abe Rosenthal, que se convertiría después en editor de *The New York Times,* escribió en un libro acerca del caso:

> Nadie puede explicarse por qué aquellas treinta y ocho personas no descolgaron el teléfono para llamar a la policía mientras la señorita Genovese era atacada. Ni siquiera ellos mismos pueden dar una razón. Sin embargo, se puede decir que aquella muestra de apatía era un rasgo común en la ciudad. Casi como si se tratara de un instinto de supervivencia, cuando se vive rodeado por millones de personas se tiende a evitar que la gente meta sus narices en la vida privada de uno, y eso se consigue haciendo caso omiso del resto la mayor parte del tiempo. La indiferencia recíproca entre los vecinos es un efecto condicionado típico de la vida de Nueva York como lo es de cualquier otra gran urbe.

Esta clase de explicación tiene cierto sentido para nosotros. La vida anónima y alienante de la gran ciudad hace que la gente se vuelva dura e insensible. Sin embargo, la verdad acerca del caso Genovese resulta ser un poco más compleja que todo esto. Y también más interesante. Dos psicólogos neoyorquinos, Bibb Latane, de la Universidad de Columbia, y John Darley, de la Universidad de Nueva York, dirigieron consecutivamente una serie de estudios para tratar de comprender lo que bautizaron como «el problema del transeúnte que pasaba por allí». Prepararon escenas falsas de emergencias de diferentes tipos para ver quién aparecería para ofrecer ayuda. Lo que descubrieron, para su sorpresa, fue que el factor que más influía a la hora de acudir en auxilio de alguien era el número de testigos que contemplara el incidente.

Por ejemplo, en un experimento, Latane y Darley pidieron a un estudiante que fingiera un ataque epiléptico en un aula, a solas. Cada vez que alguien se encontraba solo en el aula contigua y oía lo que estaba pasando, dicha persona acudía corriendo para ayudarle en el 85 por 100 de los casos. Pero cuando la persona pensaba que otras cuatro personas podían oír también el ataque de epilepsia, sólo acudían en su ayuda en el 31 por 100 de los casos. En otro experimento, el 75 por 100 de las personas que veían salir humo por debajo de una puerta informaban del hecho si estaban solas, pero sólo lo hacían el 38 por 100 de los casos si estaban en un grupo con más gente. Es decir, cuando estamos en grupo se diluye el sentido de la responsabilidad sobre nuestros actos. Se asume que otra persona hará la llamada de salvamento o que, al no ver a nadie reaccionando, el problema aparente (ya se trate de los ruidos propios de un ataque epiléptico en la habitación de al lado o del humo que sale por debajo de la puerta) no es tal problema. Por lo tanto, en el caso de Kitty Genovese, psicólogos sociales como Latane y Darley argumentan que la cuestión no es que nadie avisara a pesar de que treinta y ocho personas la oyeron gritar, sino que nadie llamó precisamente porque treinta y ocho personas la oyeron gritar. Por desgracia, si la hubieran atacado en una calle solitaria y sólo la hubiera visto un testigo, podría seguir viva.

La clave para que la gente modifique su comportamiento, es decir, para mostrar su preocupación ante un vecino con problemas, consiste a veces en un mínimo detalle de su situación. El poder del contexto vendría a decirnos que los seres humanos son mucho más sensibles a su entorno de lo que pudieran parecer.

IV

Las tres normas del punto clave (la ley de los especiales, el factor del gancho y el poder del contexto) ofrecen una manera de entender epidemias de todo tipo. Nos sirven de guía si queremos alcanzar ese punto clave. Gracias a este libro podrá aplicar estas ideas a otras situaciones del mundo que nos rodea, aparentemente incomprensibles, que presentan tendencias epidémicas. ¿Cómo nos ayudan estas tres leyes a comprender el consumo de tabaco entre los adolescentes, o el fenómeno del boca a boca, también llamado boca a oreja, o los movimientos delictivos, o el surgimiento de un éxito de ventas en el mundo editorial? La respuesta puede dejarle asombrado.

2
LA LEY DE LOS ESPECIALES: CONECTORES, *MAVENS* Y VENDEDORES NATOS

La tarde del 18 de abril de 1775, un muchacho que trabajaba en una cuadra de alquiler de caballos en Boston oyó que un oficial del ejército británico le decía a otro algo acerca de que al día siguiente se iba a «armar la gorda». El mozo de cuadras se fue corriendo a casa de un herrero llamado Paul Revere, que vivía en la parte norte de la ciudad, para contarle la noticia. Revere escuchó con atención. No era la primera vez que le venían con el mismo cuento aquel día. Un rato antes le habían hablado de que en el Muelle Largo había un número sospechoso de oficiales británicos, charlando en voz baja. También se había visto a marinos británicos trajinando en las barcas amarradas entre los buques de guerra *Boyne* y *Somerset* en el puerto de la ciudad, y a otros marineros aquella misma mañana haciendo lo que parecían recados de última hora en tierra. A medida que la tarde iba pasando, Revere y su buen amigo Joseph Warren se fueron convenciendo de que los británicos estaban a punto de dar el gran golpe que venía rumoreándose hacía tiempo, es decir, marchar sobre Lexington, al noroeste de Boston, para arrestar a los líderes coloniales John Hancock y Samuel Adams, y dirigirse después hacia Concord para desvalijar los escondites donde algunos militares colonialistas tenían almacenadas armas y municiones.

Lo que ocurrió a continuación forma parte de la historia que todos los niños de Estados Unidos aprenden en el colegio. Aquella noche, a las diez en punto, Warren y Revere se reunieron y decidieron que tenían que dar la voz de alarma en las poblaciones vecinas sobre las intenciones de los británicos, para que la milicia local pudiera prepararse. Revere cruzó a toda velocidad el trecho que separa el puerto de Boston y el embarcadero de Charlestown. Allí cogió un caballo y comenzó su «cabalgada nocturna» hacia Lexington. Recorrió 21 kilómetros en dos horas. En cada ciudad que atravesaba (Charlestown, Medford, North Cambridge, Menotomy) iba parando en las casas de los líderes colonialistas, avisándoles de la llegada de los británicos y diciéndoles que corrieran la voz entre los demás vecinos. Empezó un repique de campanas y tambores. La noticia se propagó igual que un virus, pues los que habían sido informados por Paul Revere enviaron jinetes a su vez, hasta que toda la región estuvo al corriente. A la una de la madrugada la noticia había llegado a Lincoln (Massachusetts); a las tres, a Sudbury; a las cinco se enteraron en Andover, a 65 kilómetros al noroeste de Boston; y hacia las nueve de la mañana había llegado hasta Ashby, cerca de Worcester. Cuando, finalmente, los británicos iniciaron su marcha hacia Lexington durante la mañana del día 19, su avance campo a través encontró una resistencia organizada y valiente, para su gran sorpresa. Aquel día los británicos sufrieron en Concord una derrota sonada a manos de la milicia colonialista. Aquel encontronazo fue el comienzo de la revolución americana.

La carrera a caballo de Paul Revere es quizá el ejemplo histórico más famoso de una epidemia extendida de boca en boca. Una noticia, breve pero importantísima, recorrió una distancia enorme en muy poco tiempo, movilizando una región entera para tomar las armas. Por supuesto, no todas las epidemias propagadas así son tan sensacionales.

Pero podemos afirmar que sigue siendo uno de los métodos más importantes de comunicación entre los humanos, incluso en nuestra era de comunicaciones de masas y de campañas publicitarias multimillonarias. Piense un instante en el último restaurante de tres tenedores al que ha ido, en la última prenda cara que ha comprado, o en la última película que ha visto en el cine. ¿Cuántas veces su decisión de gastarse los cuartos se ha visto muy influida por la recomendación de un amigo? Muchos ejecutivos del mundo de la publicidad están convencidos de que, precisamente debido a la saturación de anuncios, el método del boca a boca se ha convertido en la única clase de persuasión a la que la mayoría de nosotros responde hoy por hoy.

No obstante, el asunto del boca a boca sigue siendo un misterio. La transmisión de mensajes de todo tipo entre las personas es algo constante y diario, pero sólo en ciertos casos dicho intercambio se convierte en una epidemia que se extiende boca a boca. En mi barrio hay un pequeño restaurante que me encanta, y llevo meses hablando de él a todos mis amigos. Sin embargo, sigue medio vacío. Se ve que mi respaldo por sí solo no basta para dar comienzo a una epidemia. Hay restaurantes que, en mi opinión, no son mejores que éste, pero un par de semanas después de su inauguración están a tope. ¿Por qué ciertas ideas, tendencias y mensajes alcanzan ese punto clave y otros no?

En el caso de la carrera al galope de Paul Revere, la respuesta parece sencilla. Revere portaba una noticia tremebunda: que los británicos se estaban preparando para el ataque. Pero, si uno observa con detenimiento lo que ocurrió aquella noche, esta respuesta no basta para resolver el enigma. Al mismo tiempo que Revere echaba a cabalgar desde Boston hacia el norte y oeste, otro compañero revolucionario (un curtidor llamado William Dawes) salió pitando hacia Lexington con el mismo encargo, por el costado oeste de Boston. Su mensaje era exactamente el mismo. Pasó por tantas ciudades y pueblos como Revere y recorrió casi la misma distancia que él. Pero no fue la carrera de Dawes la que movilizó a toda la región. Los líderes de las milicias locales no recibieron la alerta. Al día siguiente, en la batalla, casi no había hombres de Waltham, una de las ciudades más importantes por las que había pasado Dawes, de manera que, incluso, algunos historiadores han asegurado que aquella ciudad estaba más bien a favor de los británicos. Pero no era cierto. Lo que pasó fue que la gente de Waltham se enteró demasiado tarde de que llegaban los británicos. Si la noticia hubiera sido suficiente para iniciar una epidemia de boca en boca, hoy Dawes sería tan famoso como Paul Revere. Así pues, ¿por qué Revere tuvo éxito y Dawes fracasó?

La respuesta radica en que el éxito de una epidemia social depende enormemente de la participación en ella de un cierto tipo de persona, dotada de unos rasgos especiales y poco habituales. Si el aviso de Revere se propagó y el de Dawes no, se debió a un rasgo que diferenciaba a aquellos dos hombres. Aquí es donde entra en juego la ley de los especiales. Ya la avancé brevemente en el capítulo anterior, en el que me limité a mencionar ejemplos de promiscuos y predadores sexuales, o sea, del tipo de personas que juegan un papel crucial en la propagación de epidemias de enfermedades víricas. En este segundo capítulo me referiré a las personas implicadas en epidemias sociales, para explicar en qué se diferencia alguien como Paul Revere de alguien como William Dawes. Se trata de gente que está a nuestro alrededor y que podemos encontrar en cualquier sitio, pero pocas veces somos conscientes de la misión crucial que desempeñan en nuestra vida. A este tipo de personas las he bautizado como conectores, *mavens* y vendedores natos.

I

A finales de la década de los sesenta, el psicólogo Stanley Milgram dirigió un experimento mediante el cual se proponía analizar por qué decimos que «el mundo es un pañuelo». El problema es el siguiente: ¿cómo nos conectamos los seres humanos? ¿Pertenecemos a mundos diferentes, que coexisten al mismo tiempo pero con autonomía entre sí, de manera que los nexos entre dos personas cualesquiera en cualquier punto del planeta son escasos y distantes? ¿O estamos todos conectados por un inmenso entramado de relaciones? En cierto sentido, Milgram se estaba haciendo más o menos el mismo tipo de pregunta que abre este capítulo, esto es: ¿cómo viaja entre una población dada una idea, una tendencia o una noticia (como «¡que vienen los británicos!»)?

Milgram intentó descubrirlo utilizando una carta en cadena. Envió un paquete a 160 personas que vivían en Omaha (Nebraska). El paquete contenía el nombre y la dirección de un corredor de Bolsa que trabajaba en Boston pero con residencia en Sharon (Massachusetts). Cada persona debía escribir su propio nombre en el paquete y enviárselo al amigo o conocido que ellos pensaran que podía estar más cerca del agente de Bolsa. Por ejemplo, si uno vivía en Omaha y tenía un primo en las afueras de Boston, podría enviárselo a él, pues, aunque no conociera en persona al agente de Bolsa, habría más probabilidades de hacérselo llegar enviando el paquete a dos o tres personas más como mucho. La idea era que cuando el paquete llegara finalmente a casa del agente de Bolsa, Milgram podría ver la lista de todas las personas por cuyas manos había pasado para llegar hasta allí y establecer cuánta cercanía había entre alguien escogido al azar en un punto del país y otra persona en otro punto del país.

Milgram descubrió que la mayoría de las cartas llegaron al agente de Bolsa pasando por cinco o seis manos diferentes. De este experimento se ha extraído el concepto de los seis grados de separación.

Hoy la expresión se ha hecho tan famosa que es fácil no tener en cuenta que el descubrimiento de Milgram fue realmente sorprendente. La mayoría de nosotros no conoce grupos de amigos ni muy grandes ni muy diversos. En un estudio bastante conocido, un grupo de psicólogos pidió a los vecinos de los pisos de protección oficial de Dyckman, al norte de Manhattan, que les dijeran los nombres de los que fuesen sus mejores amigos en los bloques. El 88 por 100 de sus amistades vivían en el mismo bloque, y la mitad, en la misma planta. En general, la gente escogía a sus amigos entre las personas de edad similar y misma raza. Pero si el amigo vivía en un piso del mismo rellano, la edad o la raza importaba mucho menos. La proximidad era un factor más fuerte que la similitud. En otro estudio, elaborado por estudiantes de la Universidad de Utah, se descubrió que, al preguntar a una persona por qué es amiga de otra, la respuesta era: porque compartimos actitudes u opiniones semejantes. Sin embargo, si a cada uno, por separado, se les pide su opinión acerca de una serie de temas diversos, descubriríamos que en realidad lo que tienen en común son actividades similares, no actitudes ni opiniones. Nuestros amigos son las personas con quienes hacemos alguna cosa en común, así como las personas que se parecen a nosotros. Dicho de otro modo, nadie sale a buscar amigos. Nos unimos a quienes habitan en el mismo espacio reducido que nosotros. Por norma general, los habitantes de Omaha no se hacen amigos de la gente que vive a cientos de kilómetros en Sharon (Massachusetts). «Cuando le pregunté a un buen amigo mío, que es bastante inteligente, cuántos pasos creía que iba a necesitar su carta para llegar de Nebraska a Sharon, me dijo que harían falta cien intermediarios o más —escribió Milgram—. Muchas personas habrían hecho ese mismo cálculo, y se sorprenderían al ver que sólo eran necesarios cinco intermediarios como media. Parece que la intuición no acierta.» Pero ¿cómo llegó el paquete hasta Sharon en sólo cinco pasos?

La respuesta radica en que los seis grados de separación o alejamiento no son todos iguales. Por ejemplo, cuando Milgram analizó su experimento se dio cuenta de que muchas de las cadenas que conectaban Omaha y Sharon seguían un mismo patrón asimétrico. Veinticuatro cartas llegaron al domicilio del corredor de Bolsa en Sharon, y de ellas dieciséis le fueron entregadas por la misma persona, un comerciante de ropa al que Milgram llama señor Jacobs. El resto de las cartas llegó a la oficina del corredor de Bolsa, y de ellas la mayoría lo hizo a través de otros dos hombres, a los que llama señor Brown y señor Jones. En total, la mitad de las cartas recibidas le llegaron a través de estas tres personas. Piense en ello. Docenas de personas escogidas al azar de entre los habitantes de una gran ciudad del Medio Oeste envían cartas sin conocerse entre sí. Unos las envían a través de conocidos del trabajo, otros a través de familiares o de antiguos compañeros. Cada persona sigue una estrategia diferente. Pero al final, cuando cada una de esas cadenas independientes se completa, la mitad de las cartas acaba en manos de Jacobs, Jones o Brown. Que haya seis grados de separación no quiere decir que todo el mundo esté conectado con todo el mundo sólo a través de seis pasos. Quiere decir que existe un reducido número de personas que sí está conectado con todas las demás a través de unos pocos grados, mientras el resto lo estamos con el mundo a través de esas personas concretas.

Una forma sencilla de explorar esta idea es hacer una lista de las cuarenta personas a las que consideramos nuestro círculo de amistades (sin incluir familia ni compañeros de trabajo) y, para cada uno de ellos, tratar de identificar a la persona responsable en último término de haber puesto en marcha la serie de conexiones que condujeron a esa amistad. Por ejemplo, conocí a mi viejo amigo Bruce cuando estábamos en el primer curso del colegio; así pues, yo soy la parte responsable. Así de sencillo. A mi amigo Nigel le conocí porque vivía en el mismo rellano que mi amigo Tom, de la facultad, al que conocí porque el primer año de carrera me invitó a jugar al rugby. Luego Tom es responsable de que conozca a Nigel. Cuando se terminan de hacer todas las conexiones, lo extraño es que uno se encuentra una y otra vez los mismos nombres apareciendo como responsables últimos. Tengo una amiga que se llama Amy, a la que conocí cuando su amiga Katie apareció con ella en el mismo restaurante donde estaba cenando yo. Conozco a Katie porque es la mejor amiga de mi amiga Larissa, a la que conozco porque tuve que ir a recogerla en nombre de un amigo común, Mike A., al que conozco porque iba al colegio con otro amigo mío, Mike H., que trabajaba en una revista semanal de corte político con mi amigo Jacob. Sin Jacob, no habría llegado a conocer a Amy. Del mismo modo, conocí a mi amiga Sarah S. durante mi fiesta de cumpleaños hace un año, porque acudió con un escritor que se llama David y que estaba allí a su vez porque le había invitado su agente, Tina, a la que yo conozco a través de mi amiga Leslie, a la que conozco porque su hermana, Nina, es amiga de mi amiga Ann, a la que conocí a través de mi antigua compañera de piso, Maura, que fue mi compañera de piso porque trabajaba con una escritora llamada Sarah L., que era amiga de la facultad de mi amigo Jacob. Sin Jacob, no habría llegado a conocer a Sarah S. En realidad, cuando echo un vistazo a la lista de mis cuarenta amigos, veo que treinta, de un modo u otro, me llevan a Jacob. Mi círculo social no es, en realidad, un círculo, sino una pirámide. Y en la cúspide de esta pirámide hay una única persona, Jacob, que es el responsable de la inmensa mayoría de relaciones que constituyen mi vida social. Y no sólo mi círculo de amistades no es ningún círculo, sino que ni siquiera es «mío», sino de Jacob. Es algo así como un club particular que tiene él, al que me ha invitado a entrar. Estas personas que nos ponen en contacto con el mundo, que sirven de nexo entre Omaha y Sharon, que nos presentan a los que constituirán nuestro entramado social, son personas en las que nos apoyamos mucho más de lo que imaginamos. Las he bautizado como conectores. Son personas con un don especial para hacer que este mundo sea un pañuelo.

II

¿Qué características tienen los conectores? Lo primero y más evidente es que conocen a un montón de gente. Son esa clase de personas que conocen a todo el mundo. Seguro que todos conocemos a alguien así. Sin embargo, me parece que ninguno de nosotros se para a pensar en la importancia que tienen estas personas en nuestra vida. Ni siquiera estoy muy seguro de que creamos que estas personas que parecen conocer a todo el mundo realmente conocen a todo el mundo. Pero es cierto. Un modo muy sencillo de comprobarlo es echar un vistazo a la siguiente lista de nombres. Contiene 250 apellidos, todos extraídos al azar de la guía telefónica de Manhattan. Anótese un punto por cada apellido que corresponda al de alguien que usted conozca. (Aquí la definición de «conocer» es muy amplia. Por ejemplo, puede «conocer» a alguien que se haya sentado a su lado en el tren si esa persona se presenta y dice cómo se llama, y ella a su vez conocerá su nombre si usted hace lo mismo.) Añada puntos si conoce a más de una persona con el mismo apellido. Es decir, si conoce a tres Johnson, se anotará tres puntos. La suma total representará, digamos, la amplitud de su vida social. Es un modo muy sencillo de calcular cuántos amigos y conocidos tiene.

Algazi, Álvarez, Alpern, Ametrano, Andrews, Aran, Arnstein, Ashford, Bailey, Ballout, Bamberger, Baptista, Barr, Barrows, Baskerville, Bassiri, Bell, Bokgese, Brandao, Bravo, Brooke, Brightman, Billy, Blau, Bohen, Bohn, Borsuk, Brendle, Butler, Calle, Cantwell, Carrell, Chinlund, Cirker, Cohen, Collas, Couch, Callegher, Calcaterra, Cook, Carey, Cassell, Chen, Chung, Clarke, Cohn, Carton, Crowley, Curbelo, Dellamanna, Díaz, Dirar, Duncan, Dagostino, Delakas, Dillon, Donaghey, Daly, Dawson, Edery, Ellis, Elliott, Eastman, Easton, Famous, Fermín, Fialco, Finklestein, Farber, Falkin, Feinman, Friedman, Gardner, Gelpi, Glascock, Grandfield, Greenbaum, Greenwood, Gruber, Garil, Goff, Gladwell, Greenup, Gannon, Ganshaw, García, Gennis, Gerard, Gericke, Gilbert, Glassman, Glazer, Gomendio, González, Greenstein, Guglielmo, Gurman, Haberkorn, Hoskins, Hussein, Hamm, Hardwick, Harrell, Hauptman, Hawkins, Henderson, Hayman, Hibara, Hehmann, Herbst, Hedges, Hogan, Hoffman, Horowitz, Hsu, Huber, Ikiz, Jaroschy, Johann, Jacobs, Jara, Johnson, Kassel, Keegan, Kuroda, Kavanau, Keller, Kevill, Kiew, Kimbrough, Kline, Kossoff, Kotzitzky, Kahn, Kiesler, Kosser, Korte, Leibowitz, Lin, Liu, Lowrance, Lundh, Laux, Leifer, Leung, Levine, Leiw, Lockwood, Logroño, Lohnes, Lowet, Laber, Leonardi, Marten, McLean, Michaels, Miranda, Moy, Marin, Muir, Murphy, Marodon, Matos, Mendoza, Muraki, Neck, Needham, Noboa, Null, O'Flynn, O'Neill, Orlowski, Perkins, Pieper, Pierre, Pons, Pruska, Paulino, Popper, Potter, Púrpura, Palma, Pérez, Portocarrero, Punwasi, Rader, Rankin, Ray, Reyes, Richardson, Ritter, Roos, Rose, Rosenfeld, Roth, Rutherford, Rustin, Ramos, Regan, Reisman, Renkert, Roberts, Rowan, Rene, Rosario, Rothbart, Saperstein, Schoenbrod, Schwed, Sears, Statosky, Sutphen, Sheehy, Silverton, Silverman, Silverstein, Sklar, Slotkin, Speros, Stollman, Sadowski, Schles, Shapiro, Sidgel, Snow, Spencer, Steinkol, Stewart, Stires, Stopnik, Stonehill, Tayss, Tilney, Temple, Torfield, Townsend, Trimpin, Turchin, Villa, Vasillov, Voda, Waring, Weber, Weinstein, Wang, Wegimont, Weed, Weishaus.

Este test lo he realizado con al menos doce grupos de personas. Uno de estos grupos fue una clase de primer curso de Civilizaciones del Mundo, en una escuela universitaria de Manhattan. Los alumnos rondaban los veinte años, muchos eran inmigrantes más o menos recién llegados a Estados Unidos y percibían unos ingresos medianos o bajos. La puntuación media obtenida en el grupo era de 20,96, es decir, los alumnos conocían, como media, a 21 personas con apellidos mencionados en la lista. En otra ocasión realicé el test con un grupo de educadores y profesores en materia de salud, que asistían a una conferencia en Princeton (Nueva Jersey). Eran personas con edades comprendidas entre los cuarenta y los cincuenta años, en su mayoría de raza blanca, con un nivel educativo elevado (muchos tenían doctorado) e ingresos también elevados. La media obtenida fue de 39. Después hice la prueba con un grupo escogido más o menos al azar entre mis amigos y conocidos, la mayoría periodistas o profesionales liberales que rondaban los treinta años de edad. La puntuación media fue de 41 puntos. Estos resultados no deberían sorprendernos en absoluto. Cuando uno es estudiante universitario conoce a menos gente que cuando se han cumplido los cuarenta. Tiene lógica que entre la edad de veinte y cuarenta años el número de conocidos prácticamente se duplique, y que los profesionales con ingresos altos conozcan a más personas que los inmigrantes con ingresos bajos. Por otra parte, en cada grupo de trabajo se daba una gran variedad de puntuaciones entre ambos extremos, lo cual tiene sentido también, creo yo. Es lógico que un agente inmobiliario conozca a más personas que un pirata informático. Sin embargo, lo sorprendente fue la diferencia entre puntuaciones mínimas y máximas. En el grupo de los alumnos universitarios la puntuación mínima fue 2 y la máxima 95. En la muestra que escogí entre mis amistades la puntuación mínima fue 9 y la máxima 118. En el grupo de la conferencia de Princeton, que era muy homogéneo y con personas de edades, educación e ingresos muy similares (todos, salvo alguna excepción, tenían la misma profesión), las puntuaciones eran enormes. La puntuación más baja fue de 16, mientras que la más alta fue de 108. En total he realizado el test con unas cuatrocientas personas. Dos docenas de puntuaciones medias quedaron por debajo de los 20 puntos; ocho, por encima de 90; y cuatro más, por encima de 100. También me resultó sorprendente encontrar personas con puntuaciones muy altas en todos los grupos sociales. En general, las puntuaciones obtenidas en el grupo de los estudiantes eran más bajas que las de los adultos. Pero incluso en ese grupo había personas cuyos círculos de amistades eran hasta cinco veces más amplios que los de otras. Dicho de otra manera: a lo largo de toda la vida, salpicados aquí y allá, conocemos a un puñado de personas que tienen un don verdaderamente extraordinario para hacer amigos. Éstos son los conectores.

Una de las personas que obtuvo mayor puntuación dentro del grupo de mis conocidos y amigos fue Roger Horchow, un próspero hombre de negocios originario de Dallas. Horchow es fundador de la Horchow Collection, una compañía de ventas por catálogo. También obtuvo un éxito considerable en Broadway, al financiar espectáculos como *Los miserables* o *El fantasma de la ópera* y producir el musical *Crazy for You*, de Gershwin, que fue galardonado. Nos presentó su hija, que es amiga mía, y fui a verle a un apartamento muy coqueto que usa como segunda vivienda en la ciudad, más arriba de la Quinta Avenida. Horchow es un hombre delgado y elegante. Habla despacio, con el suave acento de Texas. Su actitud entre irónica y socarrona posee un encanto innegable. Si le tocara viajar en un vuelo transatlántico con Roger Horchow como compañero de asiento, desde el mismo instante en que el avión comenzase el despegue Horchow empezaría a hablar, usted estaría ya riéndose cuando se apagase la señal de abrocharse el cinturón y, al aterrizar al otro lado del océano, se sorprendería de lo corto que se le ha hecho el viaje. Cuando le entregué la lista de nombres de la guía telefónica de Manhattan, la hojeó a toda velocidad, murmurando los nombres mientras recorría la página con el lápiz. Anotó 98. Sospecho que si le hubiera dado diez minutos más para reflexionar habría anotado aún más puntos.

¿Por qué obtuvo una puntuación tan alta? Durante aquel primer encuentro con él me di cuenta de que conocer a mucha gente era algo así como una destreza, un ejercicio que cualquiera podría practicar a conciencia para ir poco a poco perfeccionando, y que Horchow había conseguido conocer a tanta gente gracias a ciertas técnicas. Le pregunté cómo le habían ayudado todos sus contactos sociales en el desarrollo de sus actividades empresariales, ya que estaba persuadido de que existía una conexión entre ambas cosas. Sin embargo, aquella pregunta le sorprendió. Me dijo que sus contactos sociales no le habían ayudado en el sentido que yo sugería; que él no consideraba sus relaciones sociales como una estrategia para sus negocios. No era algo premeditado. Me dijo que él era así, sin más. Horchow posee un don instintivo y natural para las relaciones sociales. Y no alardea de ello. No es de esas personas sociables en exceso que se dan bombo, para las cuales hacer amistades es un hecho obvio y provechoso. Más bien le gusta mantenerse un poco al margen, con la actitud segura y tranquila de un observador. Le gusta la gente, en el sentido más genuino de la expresión. Le fascina descubrir los modos de relación e interacción mediante los cuales las personas se conectan entre sí. Durante mi visita me contó cómo había ganado los derechos para volver a montar el musical de Gershwin *Girl Crazy* con el título de *Crazy for You.* Me lo contó en veinte minutos. A continuación reproduzco un extracto de su explicación. Quizá parezca el discurso de una mente calculadora; pero no lo es, en absoluto. Horchow me lo contó en un tono amable e incluso riéndose de sí mismo. Creo que estaba desplegando adrede las idiosincrasias de su personalidad. De todos modos, pienso que el siguiente párrafo es un ejemplo perfecto de cómo funciona su mente, y de qué hace que alguien sea un conector.

> Tengo un amigo que se llama Mickey Shannon, que vive en Nueva York. Un día me dijo: «Sé que te encanta Gershwin. He conocido a la antigua novia de George Gershwin. Se llama Emily Paley, y además era hermana de la esposa de Ira Gershwin, Leonore. Vive en el Village y nos ha invitado a cenar.» Así fue como conocí a Emily Paley. En su casa había un retrato que le había hecho Gershwin. Su marido, Lou Paley, escribía junto a Ira y George Gershwin al principio, cuando Ira Gershwin aún se hacía llamar Arthur Francis. En fin, ésta fue la primera conexión...

Quedé a comer con mi amigo Leopold Gadowsky, que es el hijo de Frances Gershwin, la hermana de George Gershwin. Ésta se casó con un compositor apellidado Gadowsky. En la comida se encontraba también el hijo de Arthur Gershwin, Mark Gershwin. Pues bien, me preguntaron por qué tenían que cederme los derechos de *Girl Crazy.* «¿Quién eres tú? Nunca has estado en el negocio del teatro», me dijeron. Entonces empecé a informarles de la coincidencia anterior. «He estado en casa de tu tía, Emily Paley. ¿Has visto su retrato, el del chal rojo?» En fin, que les hablé de esos detalles. Después fuimos los tres a Hollywood a visitar a la señora Gershwin. Al verla le dije que estaba muy feliz de poder conocerla. «He conocido a su hermana. Me encanta el cuadro que le hizo su esposo.» Entonces le hablé de mi amiga Mildred, de Los Ángeles. Cuando trabajaba para Neiman Marcus, una señora escribió un libro de recetas de cocina. Se llamaba Mildred Knopf. Su marido era Edwin Knopf, el productor de cine. Fue el productor de las películas de Audrey Hepburn. Su hermano era el editor. Publicamos el libro en Dallas, y desde entonces Mildred ha sido una buena amiga nuestra. Nos cayó fenomenal, y cada vez que iba a Los Ángeles me acercaba a verla. Me gusta cuidar mis amistades. En fin, resulta que Edwin Knopf fue el mejor amigo de George Gershwin. En casa tenían un montón de cuadros suyos. Estaban juntos en Asheville (Carolina del Norte), cuando escribió *Rhapsody in Blue.* El señor Knopf falleció. Mildred tiene ahora noventa y ocho años. Así que cuando fui a ver a Lee Gershwin le dijimos que acabábamos de pasar por casa de Mildred Knopf. «¿La conoce? —preguntó—. ¡Cómo es posible que no nos hayamos conocido hasta ahora!» E inmediatamente nos dio los derechos del espectáculo.

A lo largo de la conversación pude ver que a Horchow le encantaba ir atando todos esos cabos sueltos que había reunido durante su vida. Cuando iba a cumplir setenta años decidió buscar a un amigo del colegio, un tal Bobby Hunsinger, al que no había visto en sesenta años. Se puso a enviar cartas a todos los Bobby Hunsinger que pudo encontrar, preguntándoles si eran el Hunsinger que vivió en First Lane, 4501, en Cincinnati.

Desde luego, esta conducta social no es muy normal que digamos. Horchow colecciona personas igual que a otros les da por coleccionar sellos. Se acuerda de los chavales con los que jugaba sesenta años atrás, de la dirección de su mejor amigo de la infancia, de cómo se llamaba el hombre del que se enamoró su novia de la época universitaria cuando se marchó a estudiar su último año de carrera en el extranjero. Son detalles importantísimos para él. Tiene una lista en el ordenador con 1.600 nombres y direcciones, y junto a cada entrada hay una reseña que describe las circunstancias en que conoció a la persona. Mientras hablábamos, sacó una pequeña libreta roja. «Si al conocernos me caes bien y por casualidad me dices cuándo es tu cumpleaños, lo anoto. Estate seguro de que recibirás una tarjeta de felicitación de Roger Horchow. Mira esto: el lunes fue el cumpleaños de Ginger Broom y el primer aniversario de los Wittenberg. El viernes es el cumpleaños de Alan Schwartz, y el sábado, el de nuestro jardinero.»

Creo que la mayoría huimos de esta forma de cultivar nuestro entramado de relaciones. Tenemos un grupo de amigos, a los que nos dedicamos en exclusiva, mientras que optamos por una relación más lejana con los demás conocidos. La razón por la que no enviamos felicitaciones de cumpleaños a aquellas personas que no nos importan demasiado es que no queremos sentirnos en la obligación de salir a cenar con ellos o ir a ver juntos una película o visitarlos cuando están enfermos. La mayoría de nosotros, cuando conocemos a alguien, evaluamos si queremos que esa persona pase a convertirse en amigo nuestro. Consideramos que no tenemos ni el tiempo ni la energía necesarios para mantener un contacto pleno con cada persona que conocemos. Ahí es donde Horchow es diferente. Los nombres que anota en su cuadernito o en el ordenador son los de meros conocidos (gente a la que quizá sólo verá una vez al año o una vez cada varios años), y no huye de las obligaciones que le exige ese contacto. Horchow es un maestro de lo que los sociólogos denominan «el nexo débil», es decir, esa conexión social amistosa pero casual. Después de conocerle, me sentí ligeramente frustrado. Quería conocerle mejor, pero dudaba de si algún día tendría la oportunidad. No creo que compartiera la frustración que sentía yo. Me parece que es una persona que valora y disfruta los encuentros casuales.

¿Qué hace que Horchow sea diferente del resto? Ni él mismo sabría decirlo. Me dijo que quizá tenía que ver con el hecho de haber sido hijo único y que su padre solía pasar mucho tiempo de viaje. Pero es una explicación insuficiente. Quizá sería mejor considerar el impulso del conector así, como un mero impulso, un rasgo más de la personalidad que distingue a unos seres humanos de otros.

III

Los conectores son importantes no sólo por la cantidad de personas que conocen, sino también por la clase de personas que conocen. Una de las mejores formas de comprender este aspecto podría ser una partida del popular juego de mesa *Six Degrees of Kevin Bacon* («Seis grados hasta Kevin Bacon»). El propósito es tratar de conectar a cualquier actor o actriz, por las películas en que han trabajado, con el actor Kevin Bacon. Pero hay que hacerlo en seis pasos como máximo. Por ejemplo, O. J. Simpson trabajó en *Agárralo como puedas* con Priscilla Presley, que a su vez aparece en *Las aventuras de Ford Fairlane* con Gilbert Gottfried, que a su vez estaba en *Policía en Beverly Hills* junto a Paul Reiser, quien trabajó en *Diner* con Kevin Bacon. En total han sido cuatro pasos. Otro ejemplo: Mary Pickford aparece en *Screen Snapshots* junto a Clark Gable, quien trabajó en *Combat America* con Tony Romano, que, treinta y cinco años después, trabajó en *Comenzar de nuevo* con Kevin Bacon. En total, tres pasos. Hace poco un científico informático de la Universidad de Virginia, llamado Brett Tjaden, se puso manos a la obra para averiguar cuál es el número medio asociado a Kevin Bacon para los aproximadamente doscientos cincuenta mil actores y actrices que han trabajado en largometrajes de televisión o en grandes producciones de cine. El resultado fue 2,8312 pasos. Es decir, cualquier profesional que haya actuado alguna vez en su vida puede conectarse con Kevin Bacon en una media de menos de tres pasos. Resulta impresionante. Pero Tjaden fue más lejos al embarcarse en un cálculo aún más complicado: averiguar la media de pasos existente en las conexiones entre absolutamente todos los actores y actrices que hubieran trabajado alguna vez en Hollywood. Por ejemplo, ¿cuántos pasos, de media, hacen falta para conectar a cualquier actor de Hollywood con Robert De Niro o Shirley Temple o Adam Sandler? Al elaborar una lista por orden de «conectividad», Tjaden vio que Kevin Bacon ocupaba el puesto 669. Por el contrario, puede hacerse la conexión entre Martin Sheen y cualquier otro actor en sólo 2,63681 pasos, lo que le sitúa casi 650 puestos más arriba que Bacon. Elliot Gould puede conectarse aún más rápido, en 2,63601 pasos. Entre los quince primeros hay personajes como Robert Mitchum, Gene Hackman, Donald Sutherland, Shelley Winters o Burgess Meredith. ¿El actor mejor conectado de todos los tiempos? Rod Steiger.

¿Por qué Kevin Bacon queda tan por debajo de estos otros actores? Una de las primeras razones es que Bacon es mucho más joven que la mayoría de ellos y, por lo tanto, ha hecho menos películas. Pero esto sólo explica una parte. Hay mucha gente que ha hecho montones de películas y que no están precisamente muy bien conectados. John Wayne, por ejemplo, trabajó en 179 películas, nada menos, a lo largo de una carrera de sesenta años, y aun así ocupa el puesto 116 de la lista, con una media de 2,7173 pasos. El problema radica en que más de la mitad de sus películas eran *westerns,* es decir, que hizo casi siempre el mismo tipo de película y trabajó junto a los mismos actores una y otra vez.

Pero ¿qué pasa con alguien como Steiger? Este actor ha hecho películas fantásticas, como *La ley del silencio* (que ganó un Oscar), y películas espantosas como *Carpool.* Ganó un Oscar por su interpretación en *En el calor de la noche,* pero también participó en películas B tan malas que salieron directamente en vídeo. Ha hecho de Mussolini, de Napoleón, de Poncio Pilato y de Al Capone. Ha trabajado en treinta y ocho largometrajes dramáticos, doce películas de asesinatos y de comedia, once *thrillers,* ocho películas de acción, siete *westerns,* seis películas de guerra, cuatro documentales, tres cintas de horror, dos de ciencia ficción y un musical, entre otras cosas. Rod Steiger es el actor mejor conectado de la historia porque se las ha apañado para recorrer arriba y abajo, y de un lado al otro, todos los mundos, subculturas, estratos y niveles que posee la profesión de actor.

Así son los conectores. Son los Rod Steiger del día a día. Son personas a las que todos podemos acceder en pocos pasos, porque, por alguna razón, se las han apañado para ocupar muchos mundos, subculturas y estratos diferentes. En el caso de Steiger, por supuesto, su alto grado de conectividad está en función de su versatilidad como actor y, con toda seguridad, de una cierta dosis de buena suerte. Pero en el caso de los conectores su capacidad para abarcar muchos mundos diferentes depende de algo intrínseco a su personalidad, una combinación de curiosidad, confianza en sí mismos, sociabilidad y energía.

En cierta ocasión conocí a un conector clásico en Chicago. Se trata de Lois Weisberg, consejera de Asuntos Culturales del Ayuntamiento de Chicago. Éste ha sido el último puesto de una extraordinaria serie de experiencias y profesiones. Por ejemplo, al principio de los años cincuenta, Weisberg dirigía una compañía de teatro en Chicago. En 1956 decidió organizar un festival para conmemorar el nacimiento de George Bernard Shaw, después de lo cual creó un periódico dedicado a Shaw que acabó convirtiéndose en un semanal alternativo y de culto llamado *The Paper.* Los viernes por la noche se celebraban reuniones editoriales, a las que acudía gente de todos los rincones de la ciudad. Uno de los asiduos era William Friedkin, que llegaría a dirigir *The French Connection* y *El exorcista.* También acudía Elmer Gertz (uno de los abogados de Nathan Leopold), así como algunos editores de *Playboy,* que acababa de ponerse en circulación. Gente como Art Farmer, Thelonius Monk, John Coltrane o Lenny Bruce solían acercarse por allí cuando estaban de paso por la ciudad. (Bruce vivió con Weisberg una temporada. «A mi madre la ponía histérica, sobre todo una vez que llamó al timbre y él abrió tapado sólo con una toalla de lavabo —cuenta Weisberg—. Una de las ventanas daba al porche, y como él no tenía llave de casa, siempre dejábamos la ventana abierta. Había un montón de habitaciones en aquella casa, y solía quedarse mucha gente sin que yo misma me enterara. Nunca me gustaron sus chistes. En realidad, nunca me ha gustado cómo actúa. No soportaba que hablara tanto.») Después de la aventura de *The Paper*, Lois aceptó un empleo como relaciones públicas para un instituto dedicado a rehabilitación de heridos. De ahí pasó a trabajar para una firma de abogados llamada BPI, de interés público. Mientras trabajaba para ellos empezó a obsesionarse con que los parques de Chicago estaban destrozados y descuidados, así que organizó un grupo de lo más variopinto de amantes de la naturaleza, historiadores, activistas sociales y amas de casa, y fundó un grupo de presión llamado Friends of the Parks. Poco después se enteró de que el tren que unía las ciudades de la costa sur del lago Michigan (desde South Bend hasta Chicago) estaba a punto de ser anulado, por lo que reunió otro grupo pintoresco de personas, con entusiastas de los ferrocarriles, expertos en medio ambiente y usuarios del tren, para fundar la South Shore Recreation, y logró salvar el tren. Después se hizo directora ejecutiva del Consejo de Abogados de Chicago, una asociación progresista. Más tarde dirigió la campaña de un congresista local. Luego ocupó el cargo de directora de eventos especiales, trabajando para el primer alcalde de raza negra de Chicago, Harold Washington. Después de aquello abandonó la política y abrió un pequeño puesto en un mercadillo. A continuación se fue a trabajar para el alcalde Richard Daley en el cargo que ocupa hoy día, como consejera de Asuntos Culturales de Chicago.

Si repasa este último párrafo y hace un recuento, el número de mundos variados al que ha pertenecido Lois resulta ser ocho: el mundo de los actores, los escritores, los médicos, los abogados, los amantes de los jardines, los políticos, los locos por los trenes y los aficionados a los mercadillos. Cuando le pedí a Weisberg que me hiciera ella misma una lista, el número resultó ser de diez, pues había añadido el mundo de los arquitectos y el de la industria de servicios, con quienes trabaja en su empleo actual. Aun así, seguro que ha sido modesta. Si se mira con atención el relato de su vida, podría fácilmente subdividir sus experiencias en quince o veinte mundos diferentes. Claro que no son mundos separados. Pero lo importante de un conector es que, al tener un pie en cada uno de ellos, consigue acercar todos esos mundos distantes.

Una vez —debió de ser a mediados de los cincuenta— Weisberg cogió el tren con destino a Nueva York para asistir, llevada por un impulso, a la Convención de Escritores de Ciencia Ficción, donde conoció a un joven escritor llamado Arthur C. Clarke. Weisberg le cayó muy bien, y la siguiente vez que pasó por Chicago la llamó. «Me llamaba desde una cabina —recuerda Weisberg—. Me dijo: "¿Hay alguien en Chicago a quien debiera ver?" Y yo le dije que viniera a mi casa.» Weisberg habla con voz algo ronca, grave, bien curtida después de medio siglo de nicotina, y va parándose entre frases para dar alguna que otra calada. Pero incluso cuando no está fumando hace las mismas pausas, como si estuviera practicando con vistas a los momentos en que sí fuma. «Llamé a Bob Hughes, que era una de las personas que escribía para mi periódico. [Pausa.] Le dije: "¿Conoces a alguien en Chicago que tenga interés por hablar con Arthur Clarke?" Y me contestó: "Sí, mujer. Isaac Asimov está por aquí estos días. Y también este otro... Robert... Robert Heinlein." Así pues, vinieron todos a mi estudio. [Pausa.] Después de aquello me llamaron y me dijeron: "Lois..." Bueno, no me acuerdo de la palabra que dijeron. Me habían puesto una especie de apodo. Algo que tenía que ver con ser del tipo de persona capaz de conectar a otros entre sí.»

Esto es, en ciertos aspectos, la cantinela que se repite en la vida de Lois Weisberg. Primero contacta con alguien, con una persona de fuera de su entorno habitual. En aquella época ella se dedicaba al teatro y Arthur Clarke escribía ciencia ficción. A continuación, cosa que es igual de importante que lo anterior, esa persona se interesa también por ella. Muchos de nosotros llegamos a conocer a otras personas que son diferentes de nosotros, o a gente más famosa o con mayor éxito que nosotros; pero nuestro gesto no siempre se ve correspondido. Además, hay que tener en cuenta que cuando Arthur C. Clarke pasa por Chicago y pide «conexiones», es decir, pide que le presenten a otras personas, Weisberg aparece con Isaac Asimov. Ella afirma que fue pura casualidad que Asimov estuviera en la ciudad esos mismos días. Pero es que si no hubiera sido Asimov, habría sido cualquier otro.

Una de las cosas que se recuerdan de las veladas de los viernes organizadas por Weisberg, allá en la década de los cincuenta, es que siempre estaban compuestas por personas tanto de raza blanca como negra, sin haberlo hecho a propósito. Y no es que aquellas reuniones semanales fueran la única oportunidad para que los negros de aquella parte del país pudieran relacionarse con blancos. En aquella época la relación entre ambas razas no era muy habitual, pero se daba. La cuestión es que, cuando los negros de Chicago se relacionaron con los blancos en los años cincuenta, ello se debió a que un cierto tipo de persona había provocado el encuentro. Esto es lo que Asimov y Clarke querían decir cuando comentaron que Weisberg poseía eso que servía para acercar a las personas entre sí.

«No es nada esnob —dice Wendy Willrich, que ha trabajado para Weisberg—. Una vez la acompañé a visitar el estudio de un fotógrafo profesional. Recibe cartas de mucha gente y siempre las lee, y una fue de este fotógrafo que la invitaba a que fuera a verle. Ella le dijo que iría. Sobre todo hacía fotos de bodas. Y ella decidió ver de qué iba la cosa. Yo me dije: ¡Madre mía!, ¿de verdad tenemos que hacer esta excursión de tres cuartos de hora? El estudio quedaba cerca del aeropuerto. Así es la consejera de Asuntos Culturales del Ayuntamiento de Chicago. Pero ella pensó que el tipo era muy interesante.» ¿Lo era de verdad? ¿Quién sabe? A Lois le pareció interesante el fotógrafo porque, de algún modo, le parece interesante todo el mundo. Un amigo suyo me contó que Weisberg «siempre dice: "¡Ah!, acabo de conocer a una persona genial. Te va a encantar." Y se entusiasma tanto como cuando conoció a la primera persona que le pareció genial. Lo curioso es que suele tener razón». Helen Doria, otra de sus amigas, me dijo que «Lois ve cosas en ti que ni tú mismo sabes», que es como decir que, por algún capricho de la naturaleza, Lois y las personas que son como ella poseen un cierto instinto que las ayuda a entablar una relación con las personas que se cruzan en su camino. Cuando Weisberg mira a su alrededor, igual que cuando Roger Horchow ocupa su asiento en el avión, no están viendo lo mismo que vemos los demás. Ellos encuentran en todo una posibilidad y, mientras la mayoría perdemos el tiempo decidiendo a quién nos gustaría conocer, rechazando a los que no nos parecen bien o a los que viven cerca del aeropuerto o a los que no hemos visto en sesenta y cinco años, a Lois y a Roger les agradan todos por igual.

IV

En el trabajo realizado por el sociólogo Mark Granovetter hay un ejemplo muy bueno de cómo funcionan los conectores. En su estudio *Getting a Job,* todo un clásico de 1974, Granovetter analizó varios cientos de trabajadores profesionales o técnicos de la zona residencial de

Newton, en Boston, y los entrevistó con cierto detalle acerca de su historia laboral. Descubrió que el 56 por 100 de ellos habían encontrado su empleo a través de un contacto personal, un 18,8 por 100 recurrieron a las vías formales (anuncios, cazatalentos) y apenas un 20 por 100 solicitaron el puesto directamente. Estos datos no son nada sorprendentes: la mejor forma de entrar en cualquier empresa es a través de un contacto personal. Pero, curiosamente, Granovetter descubrió que, de aquellos contactos personales, la mayor parte eran «nexos débiles». De todos los que se valieron de un contacto para encontrar trabajo, sólo el 16,7 por 100 veían «a menudo» a su contacto (más o menos con la misma frecuencia que si fuera un buen amigo suyo) y el 55,6 por 100 le veían «de vez en cuando». El 28 por 100 veía a su contacto «muy rara vez». Es decir, que la gente no encuentra empleo a través de los amigos, sino a través de conocidos.

¿Por qué? Granovetter explica que, a la hora de buscar un nuevo empleo (y aquí podríamos decir: información, nuevas ideas), los «nexos débiles» son siempre más importantes que los nexos fuertes. Al fin y al cabo, nuestros amigos se desenvuelven en el mismo mundo que nosotros. Puede que trabajen con nosotros, o que vivan cerca, vayan a la misma iglesia, al mismo colegio, a las mismas fiestas. Así pues, ¿cuánto más sabrán que nosotros no sepamos también? Por el contrario, nuestros conocidos ocupan, por definición, un mundo diferente del nuestro. Y por eso es más fácil que puedan saber cosas que nosotros desconocemos. Para denominar esta paradoja aparente, Granovetter acuñó una expresión genial: la fuerza de los nexos débiles. En definitiva, los conocidos representan una fuente de poder social; cuanta más gente conozcamos, más poderosos seremos. Conectores como Lois Weisberg o Roger Horchow (auténticos maestros del nexo débil) son personas extraordinariamente poderosas. Confiamos en ellos para poder acceder a oportunidades y a mundos a los que no pertenecemos.

Por supuesto, este principio es válido no sólo en lo relativo a puestos de trabajo. Sirve también para restaurantes, películas, tendencias en la moda y todo lo que se transmita de boca en boca. No se trata sólo de que, cuanto más cerca estemos de un conector, más poder o más dinero o más oportunidades vamos a encontrar. Se trata además de que, cuanto más cerca de un conector llegue una idea o un producto, también tendrá más poder y más oportunidades. ¿Podría esto explicar por qué los Hush Puppies se convirtieron de repente en una moda que rebasó fronteras? Un conector o una serie de conectores, entre East Village y la América profunda, debió de enamorarse del estilo Hush Puppies y, gracias a su enorme red de contactos sociales, sus largas listas de nexos débiles y su actividad en mundos y subculturas diversos, parece ser que logró lanzar esta nueva moda en mil direcciones a la vez, hasta que el fenómeno alcanzó el punto clave. Así pues, los Hush Puppies vivieron todo un golpe de suerte. Quizá una de las razones por las que tantos estilos nuevos no consiguen imponerse en el mercado estadounidense sea que, sencillamente, y por pura mala suerte, no llegan a recibir la aprobación de un conector.

Sally, la hija de Horchow, me contó la historia de cuando llevó a su padre a comer a un restaurante japonés recién inaugurado donde un amigo de ella trabajaba como jefe de cocina. A Horchow le gustó la comida, así que, al volver a casa, encendió el ordenador, extrajo los nombres de todos los conocidos que vivieran cerca del restaurante, y les informó por fax del fantástico sitio que acababa de descubrir y les animó a conocerlo. Esto es, en pocas palabras, lo que quiere decir «de boca en boca». No se trata de que yo le hable a usted de un restaurante que sirve una comida deliciosa, y que luego usted se lo cuente a un amigo, y éste a otro, y así sucesivamente. El fenómeno del boca a boca comienza cuando, en algún punto a lo largo de la cadena, alguien le cuenta la noticia a una persona como Roger Horchow.

V

Así podríamos explicarnos que la carrera a caballo de Paul Revere en mitad de la noche diera comienzo a una epidemia de boca en boca y que la de William Dawes no. Paul Revere era el Roger Horchow o el Lois Weisberg de su época. Era un conector. Debía de ser una persona que disfrutaba en compañía de la gente, alguien muy sociable. Cuando falleció, asistió a su funeral «una multitud», según una crónica periodística del momento. Era tanto pescador como cazador, tan amante de jugar a las cartas como de ir al teatro, tan asiduo a los bares como buen hombre de negocios. Participaba activamente en la logia masónica de la ciudad y era miembro de varios selectos clubes sociales. Era una persona muy dinámica y poseía una «habilidad misteriosa para estar siempre en el epicentro de cualquier acontecimiento», como escribió David Hackett Fischer en su magnífica obra *Paul Revere's Ride:*

> Cuando en 1774 la ciudad de Boston importó las primeras farolas, le solicitaron que formara parte del comité encargado de la negociación. Cuando el mercado local necesitó una regulación, Paul Revere fue elegido como escribano. Tras la Revolución, durante un periodo de epidemias, fue elegido oficial encargado de los asuntos de salud, y juez de instrucción del Condado de Suffolk. Cuando un incendio

arrasó la parte vieja de la ciudad, ayudó a crear la Mutua de Seguros contra Incendios de Massachusetts, y su nombre fue el primero en aparecer en los estatutos de constitución. En la época en que la pobreza pasó a ser un problema acuciante en la nueva república, Revere convocó la reunión que organizó la Asociación Mecánica de Caridad de Massachusetts, y fue elegido primer presidente. Cuando la población de Boston vivió la conmoción del juicio por asesinato más sensacional de su época, Paul Revere fue nombrado portavoz del jurado.

Si se le hubiera entregado una lista con 250 apellidos escogidos al azar del censo de Boston de 1775, sin duda habría obtenido fácilmente más de cien puntos.

En 1773, tras el Boston Tea Party, cuando la ira de los colonialistas contra los gobernantes británicos empezó a desbordarse, surgieron por toda Nueva Inglaterra docenas de comités y congresos de enfurecidos separatistas. No disponían ni de organización formal ni de medios de comunicación. Sin embargo, Paul Revere emergió enseguida como un nexo de unión entre todos aquellos focos revolucionarios distantes entre sí. Solía cabalgar hacia Filadelfia o Nueva York, o hacia el norte en dirección a New Hampshire, portando mensajes de un grupo a otro. También dentro de la ciudad misma de Boston desempeñó una función especial. En aquellos años revolucionarios había siete grupos de *Whigs* (revolucionarios), que sumaban un total de unos 255 hombres. La mayoría (más del 80 por 100) formaban parte de uno solo de aquellos grupos. Ningún hombre era miembro de los siete grupos a la vez. Sólo dos hombres formaban parte al mismo tiempo de cinco agrupaciones, y Paul Revere era uno de ellos.

Por lo tanto, no es ninguna sorpresa que Revere se convirtiera en una especie de cámara de compensación extraoficial para las fuerzas antibritánicas, cuando el ejército británico comenzó su campaña secreta en 1774 con el objetivo de saquear y destruir los almacenes de armas y municiones que poseía el inexperto movimiento revolucionario. Si yo hubiera sido aquel mozo de cuadras que, la tarde del 18 de abril de 1775, oyó a dos oficiales británicos comentar que al día siguiente se iba a armar la gorda, yo también habría elegido a Paul Revere como receptor de la noticia. No es de extrañar que, cuando partió hacia Lexington aquella noche, supiera perfectamente cómo difundirla lo más lejos y rápido posible. Por su natural sociable, seguro que se detendría un instante a hablar con las personas que encontrara por el camino. Al llegar a una ciudad o a un pueblo, ya sabía a qué puerta tendría que llamar, quién era el cabecilla de la milicia local y quiénes eran las personas clave en la ciudad. Los conocía a todos de antes, y ellos le conocían bien y le tenían un gran respeto.

¿Qué decir de William Dawes? Fischer encuentra inconcebible que pudiera cabalgar durante 27 kilómetros en dirección a Lexington sin cruzar palabra con nadie. Es evidente que carecía de la habilidad social de Revere, pues casi nadie recuerda haberle visto pasar aquella noche. «A lo largo de la ruta norte que cogió Paul Revere, los cabecillas locales y los capitanes de compañía dieron la voz de alarma enseguida —escribe Fischer—. En la ruta del sur, la de Dawes, no sucedió hasta más tarde. Dawes no despertó a los padres locales ni a los jefes de la milicia de Roxbury, Brookline, Watertown y Waltham.» ¿Por qué? Pues porque ni Roxbury, ni Brookline, ni Watertown, ni Waltham eran Boston, y Dawes, casi con toda seguridad, era un hombre con una vida social normalita, es decir, que (como nos habría pasado a la mayoría) al salir de su ciudad natal no supo a qué puertas llamar. Parece ser que sólo una pequeña comunidad que encontró a su paso recibió el mensaje: un grupo de granjeros de una zona llamada Waltham Farms. Pero avisando nada más que en un puñado de casas la alarma no alcanzó el punto clave. Las epidemias que se propagan de boca en boca son labor de los conectores, y William Dawes no era más que un hombre corriente y moliente.

VI

Sin embargo, sería un error considerar que los conectores son las únicas personas que cuentan en las epidemias sociales. Roger Horchow envió una docena de faxes promocionando el restaurante del amigo de su hija. Pero no fue él quien descubrió el local, sino que alguien le habló de él. Del mismo modo, en algún momento del resurgimiento de los Hush Puppies, uno o varios conectores descubrieron los zapatos y provocaron la expansión de la marca por todas partes. Pero ¿quién les habló de los Hush Puppies? Quizá los conectores dan con informaciones novedosas mediante un proceso puramente azaroso, pues como conocen a tanta gente tienen acceso a cosas nuevas allá donde surgen. Sin embargo, si se analizan las epidemias sociales, queda claro que igual que hay personas en las que confiamos para que nos conecten con otras gentes, también hay personas en las que confiamos para que nos conecten con información y datos nuevos. Es decir, existen especialistas en gente y especialistas en información.

A veces, por supuesto, ambas especializaciones se funden en una sola. Parte del poder especial de Paul Revere, por ejemplo, radicaba no sólo en que era un hombre con contactos o que tenía la agenda más grande del Boston colonial, sino que se dedicaba activamente a recabar información acerca de los británicos. En el otoño de 1774 organizó un grupo secreto que se reunía regularmente en la taberna del Green Dragon, con el objetivo expreso de poner en común informaciones sobre los movimientos de las tropas británicas para poder controlarlas. En diciembre de aquel año, el grupo se enteró de que los británicos planeaban hacerse con un alijo de municiones que una milicia tenía almacenado cerca del puerto de Portsmouth, a 80 kilómetros al norte de Boston. La gélida mañana del 13 de diciembre, Revere cabalgó a través de campos cubiertos por una espesa capa de nieve, en dirección al norte, para avisar a la milicia local de que los británicos estaban de camino. Había ayudado a descubrir una información valiosa y luego se la había comunicado a los interesados. Era un conector. Pero era también un *maven,* que corresponde al segundo tipo de personas que controlan las epidemias que se difunden boca a boca.

La palabra *maven* proviene del *yiddish,* y significa «el que acumula conocimientos». En los últimos años, los economistas han dedicado muchas horas a analizar a los *mavens,* por la razón obvia de que si los mercados dependen de la información, las personas que posean el máximo de datos tienen que ser las más importantes. Por ejemplo, si un supermercado quiere incrementar las ventas de un producto determinado, pondrán un cartel delante que diga algo como «¡De oferta todos los días!». El precio seguirá siendo el mismo, pero el producto resulta más visible de esta forma. Así, los supermercados verán aumentar las ventas del producto hasta el máximo, como si lo hubieran puesto de rebajas.

Si lo pensamos con detenimiento, veremos que se trata de un dato potencialmente perturbador. Las rebajas, o las ofertas especiales de los supermercados, se apoyan en la premisa de que los consumidores tenemos muy en cuenta los precios de las cosas y reaccionamos en consecuencia.

Es decir, compramos más si el precio es bajo, y menos si es alto. Pero si compramos más incluso cuando el precio de un producto no ha sido rebajado, ¿qué va a impedir que los supermercados se nieguen a rebajar los precios? ¿Qué va a convencerles de que dejen de engañarnos con sus frases tipo «De oferta todos los días»? Pues bien, todo vendedor sabe que existe un reducido grupo de personas que, a diferencia de la mayoría de nosotros (que no nos fijamos demasiado en el precio de los productos), sí saben descubrir una incongruencia, una promoción que no es de verdad una promoción, y que harán algo al respecto cuando se den cuenta. Son esas personas que descubren que un comercio está haciendo publicidad engañosa una y otra vez, por lo que no dudan en quejarse a los responsables ni en aconsejar a sus amigos y conocidos para que eviten comprar allí. Gracias a estas personas la ética comercial puede mantenerse a raya. Hace unos diez años que se identificó a esta clase de personas, y desde entonces los economistas han ido comprendiendo cómo actúan. Han descubierto que están en todos los ámbitos de la vida y en todos los grupos socioeconómicos. A veces reciben el nombre de «vigilantes de los precios», pero la denominación más común es *market mavens* («informados, líderes de opinión y, aunque no es frecuente, en ocasiones se les conoce también como "freaks" »).

Linda Price, profesora de *marketing* en la Universidad de Nebraska y pionera en el estudio de los *mavens,* ha grabado en vídeo las entrevistas que ha realizado a varios de ellos. En una de las cintas se ve a un hombre muy bien vestido que habla con gran entusiasmo sobre lo que hace cuando va a la compra. A continuación reproduzco el fragmento completo:

> Como me gusta mucho leer las páginas de noticias financieras, voy descubriendo tendencias. Un ejemplo clásico es

> el del café. Cuando se produjo la primera crisis en el sector, hace diez años, yo ya llevaba tiempo siguiendo la información relativa a la escarcha en Brasil, con la idea de que podría tener un impacto a largo plazo en el precio del café. Por eso me decidí a comprar mucho para almacenarlo.

En este punto del relato se le dibuja en el rostro una sonrisa de oreja a oreja.

> Acabé con unos treinta y cinco o cuarenta paquetes de café en casa. Y lo había comprado a un precio irrisorio, cuando un paquete costaba 2,79 o 2,89 dólares... Hoy viene a costar unos seis dólares. Me lo pasé muy bien haciendo aquello.

¿Se percibe el grado de obsesión en este hombre? Es capaz de recordar los precios exactos de los paquetes de café que compró hace diez años.

La clave para comprender a los *mavens* es que no son meros recolectores de información. No se trata sólo de que se obsesionen por saber cómo hacer un buen negocio comprando paquetes de café. Lo que los distingue es que, al darse cuenta del truco, lo que quieren es contárselo a todo el mundo. «Un *maven* es una persona que posee información sobre un montón de productos, precios o sitios diferentes. A estas personas les gusta embarcarse en discusiones con otros consumidores y contestar a sus preguntas —explica Price—. Les encanta ofrecer su ayuda en temas comerciales. Te regalan cupones, te acompañan a la compra, incluso se ofrecen a hacerte ellos la compra... Regalan hasta cuatro veces más cupones que otra gente. Estas personas han calado las estrategias del medio comercial y conectan a otros con dicho medio. Se conocen todos los secretos de cada tienda. Ése es el tipo de información que ellos poseen.» Son algo más que meros expertos. Según Price, un experto «hablará de coches, por ejemplo, porque le apasionan. Pero no te hablará de coches porque tú le apasiones y quiera ayudarte a escoger. Eso es lo que sí hace un *maven.* Tienen una motivación más social».

Price afirma que más de la mitad de los estadounidenses conocen a algún *maven,* o a alguien con características muy similares. Ella misma elaboró el concepto a partir de una persona a la que había conocido cuando estaba estudiando un curso de posgrado. Era un hombre tan extraordinario que su personalidad ha servido para que Price basara en ella lo que hoy es todo un campo de investigación dentro del mundo del *marketing.*

«Estaba en el curso de doctorado en la Universidad de Texas —recuerda Price—. Sin ser consciente de ello, acababa de conocer al *maven* perfecto. Es judío. Estábamos en Semana Santa y yo andaba buscando jamón, y le pregunté. Me contestó: —Bueno, ya sabes que soy judío, pero el *delicatessen* al que deberías ir es "tal" y el precio que deberías pagar es "tal".» Price se echó a reír al recordar aquello. «Deberías intentar localizarle. Se llama Mark Alpert.»

VII

Mark Alpert es un hombre delgado, lleno de energía, de unos cincuenta años. Pelo negro, nariz prominente y ojos pequeños que denotan que es una persona inteligente y sagaz. Habla deprisa, con precisión y absoluta autoridad. No es de esa clase de personas que dirían «ayer hizo calor», sino «ayer tuvimos una máxima de 40 °C». Tampoco sube las escaleras a paso normal, sino a saltitos, como un niño. Da la sensación de tener curiosidad e interés por todo, y que si le regalaran un juego de química para niños no dudaría en sentarse acto seguido para ponerse manos a la obra y crear algún mejunje nuevo.

Alpert creció en el Medio Oeste. Su padre fue el hombre que abrió el primer economato de Minnesota, en el norte. Se doctoró por la Universidad de California del Sur y trabaja como profesor en la Escuela de Administración de Empresas de la Universidad de Texas. De todos modos, no hay ninguna relación entre su *status* como economista y su «mavenismo». Aunque hubiera sido fontanero, habría seguido siendo igual de riguroso, meticuloso y buen conocedor de la dinámica del mercado.

Quedamos a comer en Austin, frente al lago. Yo llegué primero y escogí mesa. Cuando llegó él, quiso convencerme de cambiar a otra que decía que era mejor. Sí que lo era. Después le pregunté cómo compra él algo que se ha decidido a comprar, y comenzó el relato. Me explicó por qué tiene televisión por cable en vez de por satélite. Me describió con pelos y señales la última guía de cine de Leonard Maltin. Me dio el nombre de un contacto que tenía en el hotel Central Park de Manhattan, gracias al cual siempre conseguiría un buen precio. («Malcolm, el hotel sólo vale noventa y nueve dólares, ¡pero te piden ciento ochenta y nueve de precio *rack!»)* A continuación me explicó qué era un precio *rack* (el que se pide inicialmente por una habitación de hotel, pero que es rebajable). Señaló el magnetófono: «Me parece que la cinta se ha terminado», dijo. Era verdad. Me explicó por qué no debía comprarme un Audi. («Son alemanes, así que es un lío si necesitas un repuesto. Hubo una época en que daban una garantía bajo cuerda, pero ya no lo hacen más. La red de concesionarios es reducida, así que es difícil encontrar servicio. Me encanta conducir un Audi, pero no me compraría uno.» Lo que debería tener, me dijo, era un Mercury Mystique, que vienen a ser muy parecidos a un sedán europeo, pero mucho más baratos. «Como no se venden muy bien, seguro que encontrarías uno a buen precio. Busca uno de estos vendedores que ya tiene varios coches. Pero ve a verle a fin de mes. Ya sabes...») A continuación me hizo la descripción increíblemente larga, por momentos divertida, de los muchos meses que tardó en comprarse un aparato de televisión. Si a mí, o a usted, nos hubiera tocado pasar por la misma experiencia (que incluyó devolver televisores a la tienda cada dos por tres y comparar laboriosamente cada mínimo detalle electrónico y de la garantía) sospecho que nos habría parecido un infierno. Pero daba la impresión de que a Alpert le resultaba muy estimulante todo lo sucedido. Según Price, los *mavens* son ese tipo de persona que devora la revista especializada en consumo *Consumer Reports.* Pues bien, Alpert es de ese tipo de *maven* que escribe a la revista para corregirles. «Una vez dijeron que el Audi 4000 se basaba en el Volkswagen Dasher. Te hablo de finales de los setenta. El Audi 4000 es un coche mucho más grande. Así que les escribí una carta. Luego vino el desastre del Audi 5000. *Consumer Reports* lo metió en su lista negra por culpa de aquel problema que tuvieron de aceleración repentina. Yo me informé bien sobre el asunto en prensa especializada y deduje que había sido un bulo... En fin, les escribí y les dije que tenían que echar un vistazo a la información que les enviaba. Sin embargo, no supe nada de ellos. Y eso me molestó horrores. Se supone que deberían ocuparse de averiguar qué había de cierto en aquellos rumores.» Estaba muy disgustado, y se le notaba. Acababa de mostrarse ante mí como el perfecto *maven.*

De todos modos, hay que decir que Alpert no es ningún sabelotodo repelente. Claro que es fácil comprender que está a un paso. Él mismo se da cuenta. «Un día estaba en la caja del supermercado esperando a que un chaval mostrara su carné de identidad porque quería comprar cigarrillos. Estuve tentado de decirle que me habían diagnosticado cáncer de pulmón. En cierto sentido, este deseo mío de ser de ayuda para otros puede llegar demasiado lejos. Se puede volver uno bastante pesado. Así que trato de ser un *maven* muy, muy pasivo... Al fin y al cabo, cada uno tiene su vida y toma sus decisiones.» Lo que le salva es que jamás da la impresión de estar pavoneándose de nada. Su nivel de implicación en el mercado es algo automático, reflejo. No es un acto decidido de antemano. Es muy parecido a lo que pasa con el instinto de Horchow y Weisberg para las relaciones sociales. Por ejemplo, me empezó a explicar la complicada historia de cómo sacar el máximo partido a los cupones de Blockbuster. De repente, se detuvo un instante, como dándose cuenta de lo que estaba diciendo, y se echó a reír a carcajadas. «¡Es que te puedes ahorrar hasta un dólar! En un año, podría ahorrar bastante para una botella de vino.» Alpert es un tipo casi patológicamente servicial. No puede evitarlo. Un *maven* es una persona que quiere ayudar a otros a resolver sus problemas, en general cuando ve que ha dado con una manera de resolver los suyos propios. «Un *maven* es una persona que, al ir solucionando sus propios problemas, quiere solucionar también los de los demás», me dijo él mismo. Es cierto, aunque sospecho que también sería válido decirlo justo al revés: que un *maven* es alguien que resuelve sus problemas (sus necesidades emocionales) arreglándoles la vida a los demás. Es decir, se notaba que Alpert se sentía satisfecho con saber que iba a comprarme una televisión o un coche, o a reservar una habitación de hotel en Nueva York, haciendo uso de la información que él me había facilitado.

«Mark Alpert es un hombre maravilloso y nada egoísta —me dijo Leigh MacAllister, colega suyo de la Universidad de Texas—. Me atrevería a asegurar que gracias a él me ahorré quince mil dólares cuando llegué a Austin. Me ayudó a negociar la compra de una casa, pues conoce bien el juego inmobiliario. También necesitaba una lavadora y una secadora, y él me encontró una ganga. Cuando me iba a comprar el coche, quería un Volvo porque es que quería ser igual que él. Y me mostró un servicio de Internet que facilitaba todos los precios de la marca en todo el estado de Texas y me acompañó a comprar el coche. Me ayudó también con el laberinto de los planes de jubilación de la universidad. Con él todo parecía más sencillo. Lo tiene todo procesado. Así es Mark Alpert. Así son los *market mavens*. ¡Que Dios le bendiga! Gracias a gente como él, el sistema de vida de Estados Unidos es fantástico.»

VIII

¿Qué hace que personas como Mark Alpert sean un punto clave en el inicio de una epidemia? Evidentemente, saben cosas que los demás desconocemos. Leen más revistas y periódicos que la mayoría. Incluso puede que sean los únicos lectores del correo comercial. Mark Alpert es todo un experto en equipos electrónicos, hasta el punto de que, si apareciera una nueva generación de televisores o de videocámaras, seguro que todos sus amigos se enterarían de los detalles enseguida. Los *mavens* poseen los conocimientos y las aptitudes para iniciar una epidemia de las que se difunden de boca en boca. Sin embargo, el rasgo más distintivo no es tanto lo que saben como el modo en que lo comunican. El *maven* quiere ayudar a los demás simplemente porque le gusta ayudar, y esto resulta ser un modo tremendamente efectivo de atraerse la atención de la gente.

Casi con toda seguridad, ésta es la explicación de por qué el mensaje de Paul Revere tuvo un impacto tan enorme aquella noche en que cogió su caballo. La noticia del avance de los británicos no llegó ni por fax, ni mediante un correo electrónico colectivo, ni fue anunciada en el telediario de la noche en medio de un montón de publicidad. Fue un hombre quien la comunicó personalmente, un voluntario que se ofreció a cabalgar en la fría noche sin otro motivo que la preocupación por la libertad de sus semejantes. Quizá con los Hush Puppies pasó algo así, que llamaran la atención a un conector justo porque no formaban parte de ninguna moda impuesta y comercial. Quizá todo empezó cuando un *maven* loco por la moda fue a darse una vuelta al East Village, en busca de ideas nuevas, y descubrió que, por un módico precio, se podían encontrar estos viejos zapatos tan chulos en una tienda de ropa de segunda mano; y se lo contó a sus amigos, que acudieron a comprarse sus pares de zapatos porque la opinión personal, desinteresada y experta de un *maven* surte efecto. Por ejemplo, ¿por qué las guías Zagat de restaurantes tienen tanto éxito? Pues en parte se debe a que son unas guías muy cómodas y completas donde figuran todos los restaurantes de una ciudad determinada. Pero su verdadera fuerza reside en el hecho de que las críticas gastronómicas las hacen, voluntariamente, personas que han cenado en un local y quieren compartir su opinión con los demás. En cierto modo, se ofrecen así recomendaciones más atrayentes que las de los expertos dedicados a evaluar restaurantes.

Mientras hablaba con Alpert, mencioné que al cabo de unas semanas iba a ir a Los Ángeles. Sin dudar un instante, me dijo: «Conozco un sitio en Westwood que me encanta. Se llama The Century Wilshire. Es un hotelito estilo europeo, con habitaciones muy coquetas, piscina climatizada y aparcamiento subterráneo. La última vez que estuve, hace unos seis o siete años, había habitaciones dobles desde setenta dólares y una individual costaba unos ciento diez. Seguro que te hacen un precio especial por una semana. Tienen un número 902.» En fin, como era el «padre» de los *mavens* el que me lo estaba diciendo, acabé en el Century Wilshire cuando pasé por Los Ángeles. Era todo lo que me había dicho y mucho más. En las semanas siguientes a mi regreso a casa había recomendado el Century Wilshire (debo añadir que en un gesto totalmente extraño en mí) a dos amigos míos, y en el mes siguiente, a dos más, y, al imaginar que las personas a las que yo les había hablado del sitio se lo habrían recomendado también a otras tantas, me di cuenta de que acababa de formar parte de una de las miniepidemias generadas por Mark Alpert difundidas de boca en boca. Claro que Alpert probablemente no conoce a tanta gente como un conector como Roger Horchow, por lo que carece de su poder de transmisión. Sin embargo, si hablara con Roger Horchow la víspera de mi viaje a Los Ángeles, podría ser que no pudiera aconsejarme ningún alojamiento en particular, mientras que Alpert siempre tendría alguna sugerencia. Y si Horchow me recomendara algo, podría hacerle caso o no. Es decir, que me tomaría el consejo igual que si viniera de algún amigo mío. Pero tratándose de Mark Alpert, no dudaría en seguir su consejo ni por un momento. La diferencia es que un conector puede decirle a diez amigos dónde podrían alojarse si van a Los Ángeles y la mitad de ellos podrían seguir su consejo, mientras que un *maven* podría decírselo sólo a cinco personas, pero es que recomendaría con tanto detalle el hotel que al final todos le harían caso. Se trata de personalidades distintas con motivos diferentes. De todos modos, ambos tienen en sus manos la capacidad de hacer saltar la chispa de las epidemias difundidas de boca en boca.

IX

Un *maven* no es un persuasor. Su motivación para actuar radica más bien en su deseo de educar y ayudar que en un empeño por convencernos de algo. Por ejemplo, mientras charlaba con Alpert hubo varios momentos curiosos en que notaba que quería sonsacarme información, como para añadir lo que yo sabía a su formidable base de datos. Un *maven* es una especie de profesor, pero a la vez, y casi de forma más llamativa, un estudiante. Son auténticos agentes de intercambio y mercadeo de información. Sin embargo, para dar comienzo a una epidemia social tiene que haber personas dispuestas a dejarse persuadir. Volviendo a un ejemplo anterior, muchos de los que compraron Hush Puppies, en otro momento, no lo habrían hecho ni borrachos. De la misma manera, una vez que Paul Revere comunicó la noticia, seguro que todos los hombres que componían el movimiento miliciano se reunieron sin demora para diseñar un plan contra los británicos. Aun así, no debió de ser algo automático: unos se mostrarían dispuestos a lo que fuera por la patria, otros tendrían sus dudas respecto a la idea de enviar una milicia novata contra un ejército profesional, otros (quizá los que no conocían personalmente a Revere) dudarían de la precisión de la información. Si, al final, acabaron todos unidos es algo que se podría atribuir a la presión ejercida por el grupo, cosa que no siempre se produce de forma automática o inconsciente. Dicha presión consiste en que, la mitad de las veces, alguien presiona a otro hasta convencerle. En toda epidemia social, los *mavens* vienen a ser como los bancos de datos, es decir, son los que facilitan la información. Y los conectores son algo así como el pegamento social, los que extienden la noticia. Además de estos dos, hay otro grupo selecto (los vendedores natos) que posee la habilidad de persuadirnos cuando no estamos demasiado convencidos de lo que acabamos de oír. Su papel es igualmente decisivo a la hora de iniciar una epidemia de las difundidas de boca en boca. ¿Quiénes son estos vendedores natos? ¿Y por qué se les da tan bien lo que hacen?

Tom Gau es analista financiero en Torrance (California), justo al sur de Los Ángeles. Su empresa, Kavesh and Gau, es la primera en el sector en la parte sur de California, y una de las más importantes del país. Obtiene beneficios millonarios cada año. Un psicólogo de la conducta, Donald Moine, que ha escrito mucho sobre la persuasión, me recomendó que visitara a Gau, pues, según me dijo, es un hombre «hipnotizador». Efectivamente, lo es. Tom Gau vende servicios de análisis financieros, pero podría vender cualquier cosa que se propusiera. Si deseamos saber cómo es la personalidad de un auténtico persuasor, parece que Gau es un buen punto de partida.

Gau es un hombre de unos cuarenta años, con buena presencia aunque no especialmente guapo. Talla mediana, flaco, cabello negro algo greñudo, bigote, y cierta expresión pudorosa. Con un caballo y un sombrero, parecería el clásico vaquero. Me recuerda al actor Sam Elliot. Cuando nos encontramos, me saludó con un apretón de manos. Más tarde me contaría que normalmente saluda dando un abrazo o, si se trata de una mujer, un beso. Como era de esperar en un gran vendedor, sus modales son de una exuberancia natural.

«Mira, yo es que adoro a mis clientes, les amo. Haría lo que fuera por ellos —me decía Gau—. Para mí los clientes son mi familia. Y se lo digo a ellos, que tengo dos familias: mi mujer y mis hijos, y ellos.» Gau habla deprisa, a trompicones. Primero se acelera y luego se para. A veces, si está haciendo un aparte en una explicación, habla aún más deprisa, como para que quede claro que ha hecho un paréntesis verbal. También inserta muchas preguntas retóricas. «Me encanta mi trabajo. Es que me encanta. Soy un adicto al trabajo. Llego a las seis o las siete de la mañana y salgo a las nueve de la noche. Manejo mucho dinero. Soy uno de los mayores productores del país. Pero eso no se lo digo a mis clientes. Porque yo no estoy aquí para eso, sino para ayudar a las personas. Me encanta ayudar a la gente. Tengo suficiente dinero como para no tener que trabajar nunca más. Así que ¿por qué pasarme tantas horas aquí? Pues porque me encanta ayudar a la gente. Me encanta la gente. Es lo que se dice "una auténtica relación".»

Su argumento comercial es que en su negocio los clientes encuentran un nivel de servicio y profesionalidad difícilmente disponible en otras empresas. La puerta contigua a Gau es un gabinete de abogados, afiliado a Kavesh and Gau, que lleva testamentos, administraciones fiduciarias y otros asuntos legales relacionados con la planificación financiera. Gau cuenta con especialistas en seguros que se ocupan de las necesidades en esa materia, con agentes de Bolsa que se encargan de las inversiones, y con especialistas en jubilaciones para los clientes de más edad. Sus argumentos son racionales y coherentes. Moine ha elaborado, con ayuda de Gau, lo que podría ser el guión de todo analista financiero. Moine sostiene que la diferencia entre un gran vendedor y un vendedor mediocre es la cantidad y calidad de respuestas que puede dar ante las objeciones que puedan presentarles los clientes potenciales. Hizo una grabación de todas las respuestas de Gau y, a continuación, las transcribió. Moine y Gau calculan que hay unas veinte cuestiones para las que debe estar preparado todo profesional dedicado a elaborar planes financieros. Por ejemplo, el cliente podría decir: «Esto lo puedo hacer yo solo.» El libro de Moine ofrece cincuenta respuestas posibles. Una sería: «¿No le preocupa cometer algún error y no tener a nadie a quien pedir ayuda?» Otra podría ser: «No dudo de que sabe administrar muy bien su dinero. Pero ¿sabe usted que la mayoría de las esposas viven más que los maridos? Es decir, si a usted le ocurriera algo, ¿podría su mujer ocuparse de todo ella sola?»

Puedo imaginarme a alguien comprando el libro y aprendiéndose de memoria cada respuesta. También puedo imaginar que, pasado un tiempo, esa misma persona se habrá familiarizado tanto con el material sugerido que empieza a darse cuenta de cuáles son las respuestas que funcionan mejor en cada caso particular. Si alguien transcribiera las conversaciones de esta persona con sus clientes se podría reconocer a Tom Gau, pues estaría utilizando su mismo vocabulario. Según las medidas empleadas hoy para evaluar el grado de persuasión de una persona (la lógica y la adecuación de los argumentos esgrimidos por el persuasor), toda la gente que utilice el libro de Moine llegaría a ser tan convincente como el propio Gau. Cabe preguntarse si esta afirmación es cierta. Resulta que lo más interesante de Tom Gau es que consigue convencer, al margen del contenido de su argumentación. Es como si tuviera una especie de rasgo indefinible, poderoso, contagioso, irresistible, algo que va más allá de lo que dice su boca y que hace que la gente que le conoce quiera estar de acuerdo con él. Se trata de una energía especial, de entusiasmo, de encanto personal, del don de caer bien. Es todo eso y algo más. Llegado cierto momento de nuestra conversación, le pregunté si era feliz, y casi dio un bote en la silla.

«Mucho. Creo que soy la persona más optimista que puedas imaginar. Si coges al más optimista que conozcas y lo llevas a la centésima potencia, ése soy yo. Porque, ¿sabes una cosa?, con el poder del pensamiento positivo uno es capaz de superar muchas cosas. Hay tanta gente negativa... Unos dicen: "Bah, no lo conseguirás". Y yo respondo: "¿Qué me quieres decir?" Mira, hace unos cinco años nos fuimos a vivir a Ashland, en Oregón. Encontramos una casa que nos gustó mucho. Llevaba ya un tiempo en venta, y era un poco cara. Le dije a mi mujer: "¿Sabes qué? Voy a hacerles una oferta ridícula, bajísima". Ella me contestó que no la iban a aceptar ni locos. Yo le dije: "Puede que no. Pero no perdemos nada por intentarlo. Lo peor que nos puede pasar es que nos digan que no. No voy a insultarles. Sólo les soltaré mi rollo de por qué se me ha ocurrido hacerlo, les voy a dejar claro lo que estoy sugiriendo". Pues bien, ¿a que no te lo imaginas? Acabaron aceptando mi oferta.» Mientras me iba contando esta historia, podía verle convenciendo al vendedor para que se deshiciera de su casa tan mona a cambio de un precio ridículo. «¡Mecachis, hombre!, si no lo intentas, nunca lo conseguirás», dijo Gau.

X

Saber qué hace que alguien o algo resulte convincente es más difícil de lo que parece. Lo sabemos en cuanto lo vemos, pero no siempre es obvio. Consideremos dos casos extraídos de la psicología. El primero es un experimento que se llevó a cabo durante la campaña presidencial de 1984 que enfrentó a Ronald Reagan y Walter Mondale. En los ocho días previos a la votación, un grupo de psicólogos encabezado por Brian Mullen, de la Universidad de Syracuse, grabó en vídeo las emisiones de los tres telediarios de última sesión que se retransmiten a todo el país. Eran el de Peter Jennings (ABC), el de Tom Brokaw (NBC) y el de Dan Rather (CBS). Mullen examinó las cintas y seleccionó todas las referencias a los candidatos presidenciales, hasta obtener 37 fragmentos, de unos dos segundos y medio cada uno. A continuación se mostraron, sin volumen, a un grupo de personas escogido al azar, a las que se pidió que dieran su opinión sobre la expresión facial de cada presentador en cada segmento. Aquellas personas desconocían la clase de experimento en que estaban participando y qué estaban diciendo los presentadores en aquellas secuencias. Sencillamente, se les pidió que evaluaran el contenido emocional de las expresiones de esos tres hombres, en una escala de 21 puntos, correspondiendo la puntuación más baja a «extremadamente negativa» y la más alta a «extremadamente positiva».

Los resultados fueron fascinantes. Dan Rather obtuvo 10,46 puntos (que equivalía a una expresión casi del todo neutral) cuando hablaba de Mondale y 10,37 puntos cuando hablaba de Reagan. Es decir, su expresión casi no cambiaba cuando se refería al candidato republicano y al demócrata. Lo mismo pasó con Brokaw, que obtuvo 11,21 puntos al hablar de Mondale y 11,50 en el caso de Reagan. Pero el caso de Peter Jennings, de ABC, fue muy diferente. Cuando se refería a Mondale fue puntuado con 13,38 puntos, pero cuando hablaba de Reagan su rostro se iluminaba tanto que le hizo conseguir 17,44 puntos. Mullen y sus colegas comenzaron a buscar una explicación inocente para lo que acababan de observar. Por ejemplo, ¿podría ser que Jennings fuera sencillamente más expresivo que los demás? La respuesta parecía ser no. Mostraron al grupo de trabajo una serie de fragmentos en que los tres presentadores hablaban sobre dos noticias, una inequívocamente triste y otra alegre (el funeral de Indira Gandhi y un avance científico en la lucha contra una enfermedad congénita). En esta prueba, Jennings no puntuó más en la noticia buena ni menos en la mala, en comparación con los demás presentadores. En todo caso, más bien parecía el menos expresivo de los tres. Además, Jennings no es una persona que tenga siempre una expresión alegre en el rostro. Al contrario. En los segmentos «felices» que se presentaron con fines comparativos obtuvo 14,13 puntos, un resultado bastante más bajo que Rather y Brokaw. La única conclusión posible, según el estudio, es que Jennings demostraba un «prejuicio significativo, y evidente en la expresión de su rostro», a favor de Reagan.

Aquí es donde el estudio comienza a ser interesante. Mullen y sus colegas decidieron llamar a grupos de personas de una serie de ciudades de todo el país, que solían ver cada noche los telediarios. Les preguntaron a quién habían votado. En cada ciudad había más votantes de Reagan entre los que veían las noticias de ABC que entre los que veían las de CBS o NBC. Por ejemplo, en Cleveland, el 75 por 100 de los espectadores de ABC votó a los republicanos, frente al 61,9 por 100 de espectadores de CBS o de NBC. En Williamstown (Massachusetts) había votado a Reagan el 71,4 por 100 de los espectadores de ABC, y sólo el 50 por 100 de los seguidores de las otras dos cadenas. En Erie (Pennsylvania) la diferencia era de un 73,7 por 100 frente a un 50 por 100. En conclusión, parece que la expresión sutil de Jennings a favor de Reagan influyó en la elección del voto de los espectadores de ABC.

Como era de esperar, ABC News rebate con fuerza este estudio. (Mullen dijo: «Tengo el convencimiento de que soy el único sociólogo que goza del dudoso privilegio de haber sido llamado "zoquete" por el señor Peter Jennings.») Y es que cuesta creerlo. En mi opinión, la mayoría consideraríamos de manera instintiva que la causalidad va justo en sentido contrario, es decir, que los votantes de Reagan eligieron ver las noticias de ABC porque notaban la actitud favorable de Jennings, y no al contrario. Sin embargo, Mullen explica de modo bastante convincente que esto no es posible. Por ejemplo, en otros niveles, más obvios (como puede ser la selección de las noticias), ABC ha mostrado ser la cadena más hostil a Reagan, por lo que es fácil imaginar que los seguidores más acérrimos de los republicanos escogieran ver los telediarios de las otras cadenas, en detrimento de ABC. Para contestar a los comentarios que aseguraban que Mullen había acertado de pura chiripa, cuatro años después, durante la campaña que enfrentó a Michael Dukakis y George Bush, volvió a hacer el mismo experimento. Obtuvo exactamente los mismos resultados. «Jennings siempre sonreía más cuando hablaba del candidato republicano —dijo Mullen—; y, de nuevo, en una encuesta telefónica, los espectadores que veían las noticias de ABC solían ser los que más votaron a Bush.»

Pasemos a analizar el otro caso acerca de las sutilezas de la persuasión. Se reunió a un grupo numeroso de estudiantes para llevar a cabo lo que les dijeron que era un estudio de mercado de una empresa fabricante de auriculares de alta tecnología. A cada uno se le entregó un equipo y se les dijo que la empresa quería comprobar si funcionaban bien mientras el usuario estaba moviéndose (digamos: bailando dando botes, o sencillamente meneando la cabeza). Todos los estudiantes tenían que escuchar canciones de Linda Ronstadt y de los Eagles, y después un comentario radiofónico que defendía que había que subir los gastos de la matrícula en su universidad (que era de 587 dólares) hasta 750 dólares. A un tercio de los estudiantes se les dijo que tenían que mover la cabeza de arriba abajo sin parar mientras escucharan la grabación radiofónica. A otro tercio se les dijo que menearan la cabeza de un lado a otro. Y el tercio restante fue el grupo de control: les dijeron que no movieran la cabeza en absoluto. Al acabar, se entregó a cada estudiante un cuestionario sobre la calidad de las canciones y sobre el efecto de los movimientos de cabeza en la audición. Al final del cuestionario estaba la pregunta que más interesaba a los que hacían el estudio: «¿Cuál crees que debería ser el precio anual de la matrícula para estudiantes no graduados?»

Es tan difícil creer el resultado de este cuestionario como lo fue el resultado de la encuesta sobre los presentadores de los telediarios. Los estudiantes que no movieron la cabeza no acusaron el impacto del comentario radiofónico. En general, consideraron que el precio de la matrícula tenía que ser de 582 dólares, es decir, más o menos el precio del momento. Los que tuvieron que mover la cabeza de un lado a otro mientras escuchaban aquella grabación se mostraron claramente en contra de la propuesta de subida, por mucho que creyeran que estaban realizando una prueba sobre la calidad de unos auriculares. Contestaron que el precio debería bajar, como media, a 467 dólares. Por su parte, los que tuvieron que asentir sin parar encontraron el comentario de lo más convincente. Como media, dijeron que la matrícula debería subir a 646 dólares. El simple hecho de menear la cabeza arriba y abajo (evidentemente, por motivos del todo diferentes) bastó para incitarles a recomendar una política encaminada a sacarles más dinero de su propio bolsillo. En definitiva, el hecho de asentir tuvo, de alguna manera, la misma importancia que las sonrisas de Peter Jennings durante la campaña de 1984.

En mi opinión, en ambos estudios encontramos pistas para comprender por qué es tan eficaz alguien como Tom Gau (y, en este sentido, cualquier vendedor nato que conozcamos). La primera pista es que hay pequeños detalles que pueden, aparentemente, suponer una diferencia tan considerable como otros más grandes. En el estudio de los auriculares, el comentario radiofónico no produjo ningún impacto en los que no movieron la cabeza. No les pareció especialmente convincente. Por el contrario, para los que tuvieron que asentir, fue muy convincente. En el caso de Jennings, Mullen afirma que los gestos sutiles de una persona a favor de un político u otro no suelen influir en los demás. Pero, teniendo en cuenta que los teleespectadores se ponen delante de la pantalla de un modo particular, desprevenidos, de repente ese pequeño prejuicio puede significar mucho. «Cuando una persona ve las noticias, no elimina los prejuicios sobre lo que está viendo, ni siente un rechazo especial frente a la expresión del rostro del presentador —explica Mullen—. No es como si estuviera diciéndole: Éste es un magnífico candidato; vótele. No se trata de un mensaje verbal obvio contra el cual no dudamos en reaccionar como si nos hubieran pinchado. Se trata de algo mucho más sutil y, por lo tanto, mucho más insidioso. No provoca nuestra reacción en contra tan fácilmente.»

La segunda implicación de estos estudios es que el lenguaje no verbal es tan importante o más que el verbal. Puede que las formas sutiles en que decimos algo cuenten más que lo que decimos en sí. Al fin y al cabo, Jennings no introducía en sus telediarios un montón de comentarios a favor de Reagan. En realidad, como ya he mencionado, se observó que ABC había sido la cadena más hostil a Reagan. Una de las conclusiones a las que llegaron los autores del estudio de los auriculares (Gary Wells, de la Universidad de Alberta, y Richard Petty, de la Universidad de Missouri) fue que «los anuncios televisivos serían mucho más efectivos si los espectadores tuvieran que mover la cabeza arriba y abajo repetidas veces para seguir la imagen (por ejemplo, de una pelota rebotando)». Los movimientos físicos y las observaciones más simples pueden afectar al modo en que sentimos y pensamos.

La tercera implicación de estos estudios quizá sea la más importante. Consiste en que la persuasión suele funcionar sin que nos demos cuenta. Las sonrisas y los movimientos de cabeza no son mensajes subliminales, sino algo directo y fácil de ver. Pero son increíblemente sutiles. Si se preguntara a los estudiantes que tuvieron que asentir todo el rato por qué querían que aumentara tanto el precio de la matrícula (gasto que tenían que pagar de su bolsillo), ninguno diría que era porque estaba asintiendo mientras escuchaba el comentario. Probablemente dirían que el comentario radiofónico les pareció muy inteligente o acertado. Es decir, atribuirían su actitud a causas más obvias o más lógicas. Asimismo, los espectadores de ABC que votaron a Reagan no nos dirían, ni borrachos, que lo hicieron porque Peter Jennings sonreía cada vez que hablaba del presidente. Más bien dirían que le votaron porque estaban de acuerdo con sus decisiones políticas o que les parecía que estaba haciendo un buen trabajo. Jamás se les habría ocurrido que quizá algo tan arbitrario y aparentemente insignificante como una sonrisa o un gesto de aprobación de un presentador televisivo pudo persuadirles de tomar cierta decisión y no otra.

XI

¿Qué ocurre cuando dos personas conversan? Es algo primordial para nuestro propósito, pues la conversación es el contexto básico en que se produce toda persuasión. A lo largo de una conversación las personas hablan, se callan, escuchan, interrumpen, mueven las manos. En el caso de mi encuentro con Tom Gau, el entorno era un despacho mediano; yo ocupaba una silla que había colocado enfrente de su mesa, tenía las piernas cruzadas y, sobre ellas, un cuaderno y un lápiz. Llevaba una camisa azul, pantalones negros y una chaqueta del mismo color.

Tom se sentó en una silla con respaldo alto. Llevaba unos pantalones azules de traje, una camisa blanca impecable y una corbata roja. Pasó bastante rato casi recostado sobre la mesa, con los codos apoyados un poco por delante. A ratos se echaba hacia atrás para apoyarse en el respaldo, y gesticulaba con las manos. Coloqué la grabadora entre los dos, sobre la superficie despejada de la mesa. Esto es lo que cualquiera habría podido ver si hubiera grabado en vídeo nuestro encuentro. Pero si esta supuesta grabación se ralentizara hasta quedar en secuencias separadas de fracciones de segundo se vería algo totalmente diferente. Se nos habría visto enzarzados en lo que sólo podría describirse como una danza elaborada y precisa.

El pionero de esta clase de análisis, es decir, del estudio de microrritmos culturales, es William Condon. Uno de sus proyectos de investigación más conocidos de los años sesenta fue su intento por descodificar un segmento de cuatro segundos y medio de una película, en la que una mujer les dice a un hombre y a un niño, mientras están cenando: «Deberíais venir todas las noches. Hacía meses que no teníamos una cena tan agradable.» Condon seccionó el fragmento en fotogramas, cada uno de los cuales venía a representar un cuarentaicincoavo de segundo. Y después los observó con mucha atención. Ésta es su descripción:

> Para estudiar con cuidado la organización y secuencia de estos cortes, el acercamiento debe ser naturalista. Es decir, hay que sentarse a mirar una y otra vez, durante miles de horas, hasta que empieza a emerger el orden inherente a la materia observada. Es algo así como esculpir... Cuanto más se estudia, se van descubriendo más datos sobre ese orden. Mientras miraba una y otra vez este fragmento de película, tenía una visión errónea del universo que se crea cuando tiene lugar la comunicación entre las personas. De alguna

> manera, éste era mi modelo: alguien emite un mensaje, otra persona lo devuelve. Los mensajes están por todas partes, pero había algo curioso en todo aquello.

Condon dedicó un año y medio a este breve fragmento de película, hasta que, por fin, gracias a esta visión periférica, vio lo que siempre había sentido que encontraría: «la mujer gira la cabeza justo cuando el marido mueve las manos hacia arriba». A partir de ahí, empezó a percatarse de otros micromovimientos, otros patrones que se repetían sin cesar, hasta que se dio cuenta de que, además de hablar y escuchar, las tres personas sentadas a la mesa estaban también participando en lo que denominó «sincronía interactiva». Su conversación poseía una dimensión física rítmica. En cada fotograma de un cuarentaicincoavo de segundo (o en dos o en tres) cada persona movía un hombro, una mejilla, una ceja o una mano, mantenía el gesto, lo detenía, cambiaba de dirección y volvía a empezar de nuevo. Dichos movimientos se acompasaban perfectamente con las palabras que esa misma persona pronunciaba (enfatizando, subrayando, elaborando el proceso de articulación), de modo que el hablante estaba, en efecto, danzando su propio discurso. A la vez, las otras personas de la mesa danzaban también, moviendo la cara, los hombros, las manos y todo su cuerpo al mismo ritmo. No era que todos se estuvieran moviendo igual. Tampoco cuando se baila al son de una misma canción todo el mundo se mueve igual. Era que el compás de los micromovimientos de cada persona (los gestos del cuerpo y del rostro) se sucedía en perfecta armonía.

Investigaciones posteriores han revelado que esta armonía existe no sólo en la secuencia de gestos, sino también en el ritmo de la conversación. Cuando dos personas hablan, el volumen y la entonación de ambos se nivelan. Se equilibra lo que los lingüistas llaman tasa de discurso, es decir, el número de sonidos por segundo. Lo mismo sucede con la latencia, o lapso de tiempo que va desde que uno de los hablantes hace una pausa hasta el momento en que el otro comienza a hablar. Dos interlocutores pueden partir de dos patrones de conversación muy diferentes, pero casi instantáneamente alcanzan un nivel común. Nos pasa a todos, todo el tiempo. Los bebés de uno o dos días sincronizan sus movimientos de cabeza, codos, hombros, caderas y pies con los modelos de diálogo de los adultos que los rodean. Se ha encontrado este tipo de sincronía incluso en las interacciones de humanos con monos. Es algo que forma parte de nuestra constitución esencial.

Casi desde el instante en que Tom Gau y yo nos sentamos uno enfrente del otro en su despacho, empezamos a movernos y a hablar con esa armonía. Estábamos bailando. Antes incluso de desplegar sus tácticas de convicción, ya me había tendido un puente con sus gestos y su discurso. ¿Cómo noté que Gau podía convencerme con mucha más fuerza que las personas con las que hablo todos los días? Gau no estaba haciendo un esfuerzo deliberado por llevarse bien conmigo. Hay libros sobre tácticas de venta que recomiendan copiar la manera de moverse o de hablar de los clientes para establecer así una proximidad, pero se ha demostrado que no funciona porque hace que la gente se sienta incómoda, o sea, justo lo contrario de lo que se pretendía. Queda falso, y se nota.

Por lo tanto, se trata más bien de una habilidad psicológica básica, una especie de reflejos de los que casi no somos conscientes. Como ocurre con todos los rasgos humanos especializados, hay personas que dominan estos reflejos mucho mejor que otras. Por eso, gozar de una personalidad potente o persuasiva significa, en parte, que uno es capaz de hacer que los demás bailen a su ritmo y de establecer los términos de la interacción. Se ha demostrado en varios estudios que los alumnos con mayor grado de sincronía con sus profesores están más contentos, más interesados en las materias y son más amables. Lo que sentí con Gau es que me estaba seduciendo, no en un sentido sexual, evidentemente, pero era él quien marcaba la pauta de nuestra conversación, no yo. Joseph Cappella, profesor en la Annenberg School of Communication de la Universidad de Pennsylvania, dice lo siguiente: «Es algo que conocen los buenos músicos y los buenos oradores. Por los movimientos del público, su lenguaje corporal, su quietud en momentos de máxima atención, notan cuándo se produce esta sincronía.» Cuesta admitirlo, y más cuando yo mismo no quería reconocer que Tom me metió de lleno en su ritmo. Más bien, estaba alerta para no caer. Pero la esencia de un vendedor nato es que, en algún nivel, no hay quien se resista a su capacidad de convicción. «Tom es capaz de crear en cinco o diez minutos el grado de confianza y conexión que al resto nos costaría media hora», me comentó Moine.

Además de todo lo dicho, hay que tener en cuenta otra dimensión más específica. Me refiero a que, cuando dos personas conversan, no sólo se produce una armonía física y «química» entre ambos, sino que también hay un mimetismo. Es lo que sucede cuando se muestran fotos de una cara sonriente o de una cara de mal humor. La gente que las ve tiende a sonreír o a ponerse seria, aunque quizá mediante movimientos musculares tan fugaces que sólo pueden captarse con sensores electrónicos. Si me doy un martillazo en el pulgar, seguro que la mayoría de la gente que lo vea va a poner cara de dolor. Habrán mimetizado mi estado emocional. Dicho con términos técnicos, esto es lo que se denomina empatía. Los seres humanos imitamos las emociones de los demás como medio para expresar nuestro apoyo e interés y, en un nivel aún más esencial, como forma de comunicarnos con los otros.

Los psicólogos Elaine Hatfield y John Cacioppo, junto con el historiador Richard Rapson, dieron un paso más. En su brillante obra de 1994 *Emotional Contagion* afirman que el mimetismo sirve también para contagiar emociones. Si sonrío y otra persona me ve y me devuelve la sonrisa (aunque sea una minisonrisa que no dure más que unas milésimas de segundo) no será sólo que esa persona me ha imitado o ha empatizado conmigo; puede ser también que yo le haya transmitido mi alegría. La emoción se contagia. En cierto modo, se trata de un descubrimiento más o menos intuido. Todos hemos sentido alguna vez cómo nos animamos cuando estamos con alguien que está de muy buen humor. Sin embargo, si se piensa con detenimiento se verá que es una idea bastante elaborada. Por ejemplo, solemos creer que la expresión del rostro refleja el estado de ánimo. O sea, si me siento feliz, sonrío, y si me siento triste, pongo cara de compungido. Creemos que la emoción es algo que va de dentro a fuera. Pues bien, el contagio emocional viene a decir que lo contrario también es cierto, que si yo consigo que la otra persona sonría, quiere decir que puedo hacer que se sienta alegre. Y si logro que el otro ponga cara de pena, conseguiré que se sienta triste. En este sentido, la emoción viaja de fuera a dentro.

Si pensamos en las emociones de esta manera (como una reacción de fuera hacia dentro, en vez de dentro a fuera) podremos comprender cómo ciertas personas ejercen una gran influencia en los demás. En definitiva, si algunos son capaces de expresar muy bien emociones y sentimientos es porque son mucho más contagiosos emocionalmente. Los psicólogos llaman a estas personas «emisores». Los emisores poseen una personalidad especial. También poseen una psicología diferente. Por ejemplo, los científicos que han estudiado los rostros dicen que existen enormes diferencias en la localización de los músculos faciales, en su forma y, curiosamente, en su prevalencia. Cacioppo explica: «Es una característica conocida en el ámbito de la medicina. Unas personas son emisoras, o muy expresivas, y otras son especialmente susceptibles. El contagio emocional no es ninguna enfermedad, pero viene a funcionar como si lo fuera.»

Howard Friedman, psicólogo de la Universidad de California, en Riverside, ha desarrollado lo que él denomina el test de comunicación afectiva. Lo usa para medir esta capacidad de emitir emociones y contagiarlas a los demás. Consiste en un cuestionario de trece preguntas. Por ejemplo: si uno es capaz de estarse quieto mientras escucha buena música de baile, si su carcajada es muy fuerte, si toca a sus amigos mientras habla con ellos, si se le dan bien las miradas seductoras, o si le gusta ser el centro de atención. La puntuación más alta es de 117 puntos, y la media, según Friedman, es de unos 71 puntos.

¿Qué significa una puntuación elevada? Para obtener una respuesta, Friedman llevó a cabo un experimento fascinante. Seleccionó a una docena de personas que habían tenido puntuaciones muy altas (más de 90 puntos) y luego a otra docena que había puntuado muy bajo (menos de 60 puntos), y les pidió a todos que rellenaran un cuestionario en que se medía cómo se sentían «en ese momento». A continuación metió en habitaciones separadas a parejas formadas por una persona que hubiera obtenido una puntuación elevada y una que hubiera obtenido puntuación baja. Les pidió que se sentaran un par de minutos. Podían mirarse pero no hablar. Pasados esos dos minutos, les pidió de nuevo que rellenaran un cuestionario muy detallado sobre cómo se sentían. Friedman descubrió que en sólo dos minutos, y sin haber cruzado palabra, los que habían tenido puntuaciones bajas habían terminado contagiados por el humor de los que tenían más puntuación. Si uno con carisma personal partía de un estado depresivo y otro poco expresiva comenzaba muy contento, pasados los dos minutos el poco expresivo acababa deprimido también. Nunca era al contrario. Es decir, sólo los carismáticos eran capaces de contagiar sus emociones al compañero.

¿Sería esto lo que me hizo Tom Gau? Durante nuestra entrevista, lo que más me llamó la atención fue su voz. Tenía tantos registros como un cantante de ópera. Por momentos parecía un hombre muy duro. (En ese estado, su expresión favorita era: «¿Cómo dices?») En otros, pronunciaba las palabras lentamente, al estilo del sur. Otros, se reía entre dientes mientras hablaba, de manera que las palabras le salían como cantadas en medio de la risa. En cada estilo, la cara iba a juego con su forma de hablar, pasando de un estado a otro con facilidad y dominio. No había ni pizca de ambigüedad en su actuación, todo quedaba reflejado en su rostro. Claro que no podía ver mi propia cara, pero adivino que debía de ir reflejando la suya. En este contexto es interesante recordar el experimento de los auriculares y los movimientos de cabeza. Suponía un claro ejemplo de persuasión desde fuera a dentro: un gesto determinado inducía a una decisión interna. Yo no sé si estaría cabeceando mientras seguía los gestos de Tom Gau, si negaba cuando él negaba o asentía cuando él asentía. Un día llamé a Gau y le pedí que hiciera el test de Howard Friedman sobre carisma personal. Mientras le leía las preguntas, una por una, oía su risita entre dientes. Hacia la pregunta 11 ya se estaba riendo a carcajadas (el test pide que se diga sí o no a la siguiente afirmación: «Se me dan fatal las imitaciones, como por ejemplo las del juego de adivinar películas»). «¡Soy buenísimo! ¡Y en ese juego soy un hacha!», exclamó. De los 117 puntos posibles, Tom Gau obtuvo 116.

XII

En las primeras horas del día 19 de abril de 1775, los hombres de Lexington (Massachusetts) fueron congregándose en las tierras comunales de la ciudad. Había hombres de entre dieciséis y sesenta años, pertrechados con mosquetes, espadas y pistolas. A medida que iba extendiéndose la noticia aquella mañana fueron sumándoseles todas las milicias de las ciudades vecinas. Dedham envió cuatro compañías. Los hombres de Lynn salieron hacia Lexington por su propia cuenta. En las ciudades de más al oeste, adonde la noticia no llegó hasta bien entrada la mañana, los granjeros estaban tan apurados por unirse lo antes posible al batallón de Lexington que, literalmente, abandonaron los arados en mitad de los campos. En muchas ciudades, toda la población masculina partió para luchar. Carecían de uniformes adecuados. Iban con su atuendo habitual: abrigos, para hacer frente al frío gélido del amanecer, y sombreros de ala ancha.

Mientras los independentistas emprendían el camino a toda velocidad en dirección a Lexington, los *British Regulars* (como se les llamaba) marchaban en formación hacia allí también. En la tenue luz del alba, los soldados pudieron divisar a su alrededor hombres armados corriendo por los campos, adelantando a los británicos en su afán por llegar a Lexington. Cuando, al fin, los británicos llegaron a las tierras comunales de la ciudad los dos bandos se encontraron cara a cara: varios cientos de soldados británicos frente a menos de cien milicianos. En aquel primer encontronazo, los británicos se impusieron a los rebeldes, matando a siete patriotas en un breve intercambio de disparos. Pero aquélla fue sólo la primera de una serie de batallas que irían sucediéndose a lo largo del día. Cuando los británicos se desplazaron hacia Concord, pues habían sido informados de la existencia de zulos donde los rebeldes almacenaban armas y municiones, volvieron a vérselas con la milicia y esta vez fueron derrotados de forma apabullante. Así comenzó la revolución americana, una guerra que se llevó muchas vidas y dejó exhausta a la colonia. Al año siguiente los rebeldes declararon la independencia, y se celebró como una victoria de toda la nación. Pero al principio no fue así. Todo había comenzado una fría mañana de primavera, con una señal de alarma que se extendió de boca en boca a partir de un chaval que trabajaba como mozo de cuadras en Nueva Inglaterra, noticia que fue pasando entre un reducido grupo de personas muy especiales: unos cuantos vendedores natos y un hombre genial, que era al mismo tiempo un *maven* y un conector.

3
EL FACTOR DEL GANCHO: *BARRIO SÉSAMO*, *BLUE'S CLUES* Y EL VIRUS EDUCATIVO

A finales de la década de 1960, una realizadora de televisión llamada Joan Gantz Cooney se propuso difundir una nueva epidemia. Su objetivo era la población infantil de entre tres y cinco años, el agente infeccioso sería la televisión, y el «virus» que quería propagar, la alfabetización. Ideó un programa que duraba una hora y que se podría ver cinco días a la semana. Su intención era hacerlo lo más contagioso posible, para llegar al punto clave de un fenómeno educativo: ofrecer apoyo a niños y niñas de hogares con pocos recursos en edad preescolar, y propagar valores que favorecieran el aprendizaje y la alfabetización tanto entre los espectadores del programa como entre quienes no lo vieran, es decir, contagiar a los padres a través de los niños, con un efecto que durara cuando los niños no estuvieran viendo el programa. Seguramente, Cooney no habría usado estos términos para describir sus objetivos. Sin embargo, lo que se proponía era, en esencia, crear una epidemia de alfabetización, para contrarrestar las epidemias, más extendidas, de pobreza y analfabetismo. Y bautizó su idea con el nombre de *Sesame Street*, que en España se tradujo como *Barrio Sésamo*.

Se mire por donde se mire, aquélla era una idea revolucionaria. La televisión es un medio fantástico para llegar a muchísima gente de forma fácil y muy barata. Entretiene y maravilla a todos los públicos. Pero no es precisamente un instrumento muy educativo. Gerald Lesser, psicólogo de la Universidad de Harvard que se unió a Cooney para crear *Barrio Sésamo,* cuenta que, cuando le pidieron que participara en el proyecto, a finales de los años sesenta, era bastante escéptico. «Siempre me ha interesado investigar cómo encajar la forma de enseñar con lo que uno sabe del niño. Al tratar de comprender los puntos fuertes del chaval, se puede jugar con ellos para el aprendizaje. Y al conocer sus puntos flacos, es posible evitarlos. Así se puede educar y enseñar a cada niño según su perfil... Pero la televisión carece del potencial para conseguir esto.» La buena enseñanza educativa siempre es interactiva, implica a cada niño individualmente, se vale de los cinco sentidos, responde a sus necesidades. La televisión no es más que una caja que habla. Hay experimentos en que se ha demostrado que si se pide a unos niños que lean un texto y luego se les hace preguntas sobre él, invariablemente obtendrán mejores puntuaciones que los niños a los que se les ha pedido que vean un vídeo sobre el mismo tema. Los expertos en educación consideran que la televisión exige una «participación baja». La televisión afecta igual que esos virus de gripe común que se extienden entre la población a la velocidad del rayo, cuyos estragos (leves) desaparecen en cuestión de un día.

A pesar de todo, Cooney, Lesser y un tercer colaborador, Lloyd Morrisett (de la Fundación Markle, de Nueva York), se pusieron manos a la obra. Enrolaron en su proyecto a los creativos más importantes del momento. Para instruir a los niños acerca de los números usaron técnicas empleadas en publicidad. Para enseñar el alfabeto utilizaron el tipo de animaciones en directo de los dibujos animados de los sábados por la mañana. Invitaron a personajes famosos para que cantaran, bailaran y protagonizaran escenas en las que se instruía a los niños acerca de las virtudes de la cooperación o acerca de las emociones. *Barrio Sésamo* se marcó metas más altas e hizo esfuerzos mayores que cualquier otro programa infantil hasta la fecha, y lo más increíble es que funcionó. Cada vez que se ha querido evaluar la calidad educativa de *Barrio Sésamo* (y hay que señalar que ha sido el programa más analizado por el mundo académico en toda la historia de la televisión) ha quedado claro que ayuda a mejorar la lectura y el aprendizaje de sus espectadores. Son pocos los educadores y psicólogos infantiles que ponen en duda que el programa fue capaz de extender su mensaje contagioso más allá de los hogares de quienes lo veían habitualmente. Los creadores de *Barrio Sésamo* consiguieron algo extraordinario. La historia de cómo lo lograron es una buena ilustración de la segunda regla de todo punto clave: el factor del gancho. Aquellos profesionales descubrieron que si realizaban ajustes mínimos, pero decisivos, en la manera de presentar sus ideas a los niños y niñas en edad preescolar podrían vencer la debilidad de la televisión como herramienta educativa y convertir en memorable su nuevo estilo. *Barrio Sésamo* triunfó porque supo ser un programa de televisión con gancho.

I

La ley de los especiales, de la que hablé en el capítulo anterior, dice que un factor crítico de toda epidemia es la naturaleza del mensajero. Un par de zapatos, una señal de alarma, una infección o una nueva película pueden extenderse entre la población de forma contagiosa hasta alcanzar el punto clave sólo con que se implique un tipo especial de personas. Pero en todos esos ejemplos di por hecho que el mensaje mismo era susceptible de correr de boca en boca. Paul Revere inició una de estas epidemias proclamando la frase «¡Que llegan los británicos!». Si, en vez de esto, hubiera emprendido aquella carrera nocturna a lomos de su caballo para decirle a la gente que tenía una oferta de tazas de latón en su tienda, ni siquiera él, por muy carismático que fuera, habría sido capaz de galvanizar a toda la población rural de Massachusetts.

Del mismo modo, Roger Horchow envió faxes a todos sus amigos hablándoles del restaurante al que le había llevado su hija, dando así el primer paso en la creación de otra epidemia de las de boca en boca. Pero, evidentemente, para que la epidemia comenzara, el restaurante debía ser bueno. Tenía que ser uno de esos locales que causan impacto en cualquiera que vaya a cenar. En toda epidemia, el mensajero es muy importante, pues son los que dan la voz. Pero también cuenta cómo es el mensaje en sí. La cualidad concreta de todo mensaje que pretenda tener éxito es, precisamente, que tenga gancho. Hay que preguntarse si el mensaje (o comida, o película, o producto) resulta memorable, y si lo es tanto como para provocar un cambio de conducta o incitar a la acción.

Parece que, para que algo tenga gancho, ha de ser dicho a las claras. Cuando queremos que se recuerde bien lo que estamos diciendo, la mayoría de nosotros ponemos énfasis al hablar. Lo decimos más alto, y lo repetimos las veces que haga falta. Eso mismo hacen los publicistas. En el mundo de la publicidad existe una máxima que dice que es necesario ver un anuncio al menos seis veces para que la gente empiece a recordarlo. Se trata de una lección muy útil para marcas como Coca-Cola o Nike, que invierten cientos de millones de dólares en publicidad y que pueden saturar todos los medios de comunicación con su mensaje. Pero no lo es tanto para un grupo de personas que está tratando de iniciar una epidemia de alfabetización con un presupuesto modesto y una hora de programación en la televisión pública. ¿Existen formas más sutiles y más fáciles de hacer que algo tenga gancho?

Consideremos lo que ocurre en el ámbito del *marketing* directo. Por ejemplo, una empresa contrata un espacio publicitario en una revista o envía un *mailing* de cupones con la intención de que el lector los recorte y los devuelva por correo junto con un cheque para comprar alguno de sus productos. Lo más difícil del *marketing* directo no es cómo hacer llegar el mensaje al consumidor, sino llamar su atención, hacer que lea el anuncio, que lo recuerde y que haga lo que le piden. Para saber qué anuncios funcionarán mejor, los expertos en *marketing* directo llevan a cabo pruebas exhaustivas. Son capaces de crear una docena de versiones distintas del mismo anuncio y ponerlas en marcha al mismo tiempo en una docena de ciudades diferentes para comparar la cantidad proporcional de respuestas recibidas. Por el contrario, los publicistas convencionales funcionan con ideas preconcebidas sobre el éxito de un anuncio: tiene que ser divertido, el diseño debe ser ostentoso, y mejor si aparece la imagen de un famoso. Los expertos en *marketing* directo, en cambio, no trabajan con estas ideas previas, pues la cantidad de cupones-respuesta recibidos o la cantidad de personas que llaman a los números 900 en respuesta a un anuncio de televisión les dan ya una medida objetiva y certera de la eficacia de su idea. En el mundo de la publicidad, los expertos en *marketing* directo son los que analizan lo que es pegadizo y tiene gancho, y de su trabajo se han extraído algunas de las conclusiones más curiosas sobre cómo implicar al consumidor.

En la década de 1960, Lester Wunderman, una leyenda del *marketing* directo, se enfrentó a la empresa McCann

Erickson, sita en la avenida Madison, a causa de la publicidad del Columbia Record Club. Ésta era, como lo es hoy día, una de las asociaciones de venta de discos por correo más grandes del mundo, y Wunderman se había hecho cargo de la imagen pública de la compañía desde sus inicios, en los años cincuenta. Sin embargo, Columbia decidió contratar a McCann para producir unos anuncios de televisión como apoyo publicitario a los anuncios de *marketing* directo en prensa que diseñaba Wunderman. No querían anuncios de esos que se emiten a altas horas de la noche, que siempre muestran el típico número 900 y cuya única intención es captar nuevos consumidores. Lo que deseaban era una campaña clásica de publicidad en televisión con el único objetivo de recordar la existencia de la marca. Como era de esperar, Wunderman se molestó. Llevaba veinte años al mando de la publicidad de Columbia, y no le hizo ninguna gracia tener que ceder parte del negocio a la competencia. Ni estaba muy convencido de que los anuncios de McCann fueran a hacerle ningún servicio a su cliente. Así que, para poner fin a la situación, sugirió hacer una prueba. Se trataba de que Columbia contratara, en veintiséis medios de comunicación de todo el territorio nacional, un apoyo publicitario a las campañas ya creadas por Wunderman para las ediciones locales de las revistas *TV Guide* y *Parade.* En trece de ellos, McCann podría emitir sus anuncios, y en los otros trece, Wunderman presentaría su propia versión de cómo debían ser dichos anuncios televisivos. El objetivo de la prueba era ver quién de los dos conseguía el mayor incremento de respuestas comerciales de los cupones de *TV Guide* y *Parade.* El premio era que el vencedor se haría cargo, desde ese momento, de toda la publicidad de Columbia. La empresa estuvo conforme y, al cabo de un mes, contrastaron los resultados. Las respuestas en los medios asignados a Wunderman aumentaron un 80 por 100, y las de McCann, sólo un 19,5 por 100. Wunderman había ganado con creces.

La clave del éxito de Wunderman consistió en lo que él mismo llamó «la caza del tesoro». Encargó a su director artístico que colocara, en cada anuncio de *TV Guide* y de *Parade,* un recuadrito dorado en una esquina del cupón de pedido. A continuación escribió un guión para un anuncio de televisión en el que se hablaba del «Secreto de la caja de oro», y se decía a los telespectadores que si encontraban el recuadro dorado en sus ejemplares de *Parade* y de *TV Guide* podían escribir en él el nombre de cualquier disco de la lista de Columbia y lo recibirían gratis. La teoría del propio Wunderman sobre aquel recuadro dorado, que él consideraba una especie de detonador, era que daba a los espectadores un motivo para fijarse en los anuncios de *TV Guide* y de *Parade,* pues creaba una conexión entre el mensaje que los espectadores veían en la televisión y el mensaje, del mismo anunciante, que podían encontrar en una revista. La caja de oro «hizo que el lector/telespectador participara en un sistema interactivo de publicidad —explica Wunderman—. Los telespectadores eran algo más que mera audiencia. Participaban. Fue como jugar a un juego... La eficacia de la campaña fue aplastante. En 1977 no fueron rentables ninguno de los anuncios publicados en formatos grandes en las revistas. En 1978, con el apoyo publicitario del recuadro dorado anunciado por televisión, todos dieron beneficios. Fue un giro sin precedentes».

Lo interesante de esta historia es que, según todas las expectativas, McCann debería haber ganado la prueba. La verdad es que la idea del recuadro dorado suena de lo más hortera. Wunderman llevaba ya varios años tratando en vano de convencer a Columbia de que le dejaran intentarlo, pero la compañía tenía serias dudas. Mientras tanto, McCann se había convertido en uno de los niños bonitos de la avenida Madison, una empresa de muy buena fama gracias a su creatividad y sofisticación. Además, McCann invertía cuatro veces más en medios de comunicación que Wunderman. Habían comprado segmentos de máxima audiencia para sus anuncios, mientras que los de Wunderman se emitían a horas raras de la mañana. En el capítulo anterior he mencionado que las epidemias dependen, en parte, de la cantidad de personas a las que les llega un mensaje. Según esto, McCann estaba muy por delante. McCann hacía muy bien las cosas grandes, pero no supo dar el toque maestro, no supo encontrar esa caja de oro, que habría sido el gancho de sus anuncios.

Si se observa con detenimiento una idea o un mensaje epidémico, la mitad de las veces los elementos que hacen de gancho resultan ser detalles que parecen nimios, como el recuadrito dorado de Wunderman. Por ejemplo, vamos a repasar los experimentos sobre el temor, que llevó a cabo el psicólogo social Howard Levanthal en los años sesenta. Levanthal quiso comprobar si podía convencer a un grupo de estudiantes de los últimos cursos de carrera en la Universidad de Yale para que se pusieran la antitetánica. Los dividió en varios grupos y les entregó a todos un folleto de siete páginas en el que se explicaban los peligros del tétanos y la importancia de la inyección, y se anunciaba que la universidad ofrecía a todos los estudiantes interesados vacunación gratis en el centro de salud del campus. Sin embargo, los folletos se presentaban en versiones diferentes. A algunos estudiantes se les dio una versión de «temor alto», que describía la enfermedad de forma bastante tremendista e incluía fotos en color de un niño con una infección de tétanos, otras víctimas con catéteres urinarios, o con heridas causadas por las traqueotomías y los tubos nasales. En la versión de «temor bajo», el tono empleado para describir los riesgos del virus era menos apocalíptico y no aparecían fotos. Levanthal quería comprobar el impacto que producían las dos versiones en la actitud de los estudiantes respecto al tétanos y en las probabilidades de solicitar la inyección.

Los resultados fueron, en parte, bastante predecibles. Gracias a un cuestionario que después repartió entre los estudiantes, comprobó que a todos les había quedado claro el peligro que entrañaba el tétanos. Pero los que habían recibido el folleto de «temor alto» se mostraban más convencidos de sus riesgos y de la importancia de la vacunación, y más predispuestos a solicitarla. Sin embargo, todas esas diferencias desaparecieron cuando Levanthal comprobó cuántos de ellos acudieron realmente a pedir una inyección. Un mes después del experimento, casi ninguno de los sujetos sometidos al estudio (un escaso 3 por ciento) había acudido al centro de salud para recibir su inyección. Por alguna razón, los estudiantes habían olvidado todo lo que habían aprendido sobre el tétanos, y las lecciones que se les había explicado no fueron llevadas a la práctica. Esto es: el experimento no perduró, no tuvo gancho. ¿Por qué?

Si no supiéramos nada sobre el factor del gancho, probablemente sacaríamos la conclusión de que hubo algún fallo en la manera de exponer el tema a los estudiantes, que la táctica de asustarles no fuera la mejor. O que habría una especie de estigma social en torno al tétanos que hiciera que los estudiantes no quisieran reconocer que estaban en peligro. O que quizá les intimidaba precisamente el método sanitario empleado. En cualquier caso, el hecho de que sólo respondiera un 3 por ciento de los estudiantes indicaba que aún quedaba un largo camino por recorrer. Sin embargo, el factor del gancho sugiere algo completamente diferente. Apunta a que el problema no tenía nada que ver con la concepción del mensaje, y que quizá lo único que se necesitaba era insertar el pequeño recuadro dorado. Por supuesto, cuando Levanthal repitió el experimento, bastó un cambio mínimo para hacer que la tasa de vacunación ascendiera hasta un 28 por 100. Sólo hizo falta incluir un mapa del campus, con el edificio del centro de salud metido en un círculo y los horarios de atención claramente detallados.

Podemos extraer dos datos interesantes de este estudio. El primero es que ese 28 por 100 de estudiantes que acabaron vacunándose estaba compuesto a partes iguales por estudiantes que habían leído la versión de «temor alto» y por los que habían leído la versión suave. Por muy convincente que pudiera ser aquélla, lo cierto es que su tremendismo resultó irrelevante. Los estudiantes conocían los riesgos que entraña el tétanos y sabían lo que tenían que hacer, sin necesidad de ver fotos asquerosas. El segundo dato interesante es que, por supuesto, como estudiantes de último curso que eran, ya debían de saber dónde estaba el centro de salud del campus, y seguro que lo habrían visitado más de una vez. Lo que es más dudoso es si alguno de ellos usó de verdad el mapa para llegar hasta allí. Es decir, lo que hacía falta para incrementar significativamente el número de personas que se ponía la antitetánica no era una avalancha de información adicional o novedosa. Lo único que hizo falta fue un cambio sutil en la presentación. Los estudiantes necesitaban saber cómo encajar el asunto del tétanos en sus vidas, y la información adicional que implicaban aquel mapita y los horarios en que se realizaba la vacunación hizo que el folleto pasara de ser una lección abstracta sobre riesgo sanitario (una lección más dentro del conjunto de incontables lecciones académicas que habían recibido a lo largo de su carrera universitaria) a convertirse en un consejo médico práctico y personal. Así que, en cuanto el consejo se vio como algo práctico y personal, tuvo éxito.

Los experimentos sobre el temor realizados por Levanthal y el trabajo de Wunderman para Columbia Records son una gran ayuda para entender cómo se alcanza el punto clave que provoca una epidemia social. Hoy día, en nuestra sociedad, abruma la cantidad de gente que se esfuerza por llamar nuestra atención. En la década de 1990, el tiempo dedicado a publicidad en una hora punta de emisión televisiva pasó de seis a nueve minutos, y sigue aumentando cada año. La empresa Media Dynamics, con sede en Nueva York, calcula que el estadounidense medio está expuesto a 254 mensajes publicitarios diferentes cada día, casi un 25 por 100 más que a mediados de los años setenta. Hoy existen millones de páginas en Internet, los sistemas de cable suelen transmitir cincuenta canales de programación, y con un simple vistazo a la sección de revistas de cualquier librería vemos que cada semana y cada mes se publican miles de revistas, repletas de publicidad e información hasta los topes. En el negocio de la publicidad, este exceso de información es conocido como «problema de amontonamiento», que hace cada vez más difícil que un mensaje nuevo tenga gancho. Coca-Cola pagó 33 millones de dólares por los derechos de patrocinio de los Juegos Olímpicos de 1992, pero, a pesar del inmenso despliegue publicitario, sólo un 12 por 100 de los telespectadores se dio cuenta de que era el refresco oficial de los juegos, mientras que un 5 por 100 estaba convencido de que el patrocinador era Pepsi. Según un estudio realizado por una empresa de investigación dedicada a temas de publicidad, si hay al menos cuatro anuncios diferentes de quince segundos en una pausa publicitaria de dos minutos y medio, la efectividad de cualquiera de ellos cae casi a cero. Sencillamente, no recordamos gran parte de lo que leemos, vemos o nos dicen. La era de la información ha traído consigo el problema del gancho. Los ejemplos de Levanthal y Wunderman sugieren la existencia de modos más sencillos de aumentar la perdurabilidad de un mensaje, así como técnicas para controlar este aspecto. Todo esto es de una importancia evidente para los expertos en *marketing*, pero también para los profesores y los gerentes de empresas. Sin embargo, quizá no haya mejor ilustración del potencial de esta clase de técnica que la televisión educativa para niños, en particular los casos de *Barrio Sésamo* y del programa que aquél inspiró más tarde, *Blue's Clues*.

II

Barrio Sésamo se hizo famoso, entre otras cosas, por los genios creativos que participaron en su elaboración, como Jim Henson, Joe Raposo o Frank Oz, personas que supieron intuir cómo llegar a los niños. Fueron algo así como la versión televisiva de los escritores de cuentos infantiles Beatrix Potter, L. Frank Baum o el doctor Seuss. De todos modos, sería un error creer que *Barrio Sésamo* se creó en un golpe de intuición. En realidad, si el programa resultó tan especial se debió justo a todo lo contrario, es decir, a un diseño terriblemente minucioso y deliberado. Se basaba en una idea audaz: si se logra mantener la atención de los niños, es posible educarlos.

Puede parecer algo muy obvio, pero no lo era en aquella época. Todavía hoy, quienes critican la televisión sostienen que su peligro radica en que es adictiva y que los niños y muchos adultos se quedan alelados delante de ella. Según esta opinión, lo que capta nuestra atención son los aspectos formales de la televisión, es decir, la violencia, las luces chillonas, los ruidos extraños y fuertes, los planos y secuencias rápidos, el zum, la acción exagerada, y todas esas cosas que relacionamos con los anuncios de publicidad. Dicho de otro modo, para ver la tele no hace falta entender lo que estamos viendo ni asimilar los mensajes que se nos envían. A esto se refieren los que afirman que la televisión es pasiva. Miramos si hay un montón de zumbidos y porrazos, que nos parecen divertidos, y dejamos de mirar cuando lo que se ve nos parece aburrido.

Sin embargo, los pioneros en la investigación sobre este medio, allá en los años sesenta y setenta (en especial, Daniel Anderson, de la Universidad de Massachusetts), empezaron a darse cuenta de que los niños y niñas en edad preescolar no ven la televisión de esa manera. «Se tenía la idea de que un niño se sentaba delante de la tele, se ponía a mirar la pantalla y se quedaba absorto —explica Elizabeth Lorch, psicóloga del Amherst College—. Pero, cuando empezamos a observar cuidadosamente lo que hacían los niños, descubrimos que veían la televisión a vistazos breves. Los niños no se sentaban a ver la tele sin más, sino que ocurría en ellos una gran variedad de cosas. Eran capaces de dividir su atención entre un par de actividades. Pero no lo hacían al azar. Ciertas influencias predecibles les hacían volver a mirar la pantalla. Y no se trataba de cosas triviales, como destellos o golpes.» En una ocasión, Lorch reeditó un episodio de *Barrio Sésamo* desordenando las escenas importantes de algunas historietas. Si a los niños sólo les hubieran interesado el jaleo y los brillos, aquel detalle no habría tenido ninguna importancia. Al fin y al cabo, seguía habiendo canciones, teleñecos*, co-

* El nombre original de los personajes de Barrio Sésamo y de todos los que posteriormente creó Jim Henson es *Muppets*. En alguna ocasión dijo a la prensa que era una mezcla de *marionette* y de *puppet*. Pero también dijo que simplemente le gustaba cómo sonaba. (N. de la t.)

lorines, acción y todo lo que hace de *Barrio Sésamo* un programa tan divertido. Pero resultó que sí la tuvo. Los niños dejaron de mirar el televisor. Como no podían entender lo que estaban viendo, ¿para qué seguir mirando?

En otro experimento, Lorch y Dan Anderson mostraron un episodio de *Barrio Sésamo* a dos grupos de niños y niñas de cinco años, con la diferencia de que uno de los grupos lo vio en una habitación repleta de juguetes muy atractivos desperdigados por el suelo. Como era de esperar, los niños que vieron el programa en la habitación sin juguetes estuvieron viendo la tele el 87 por 100 del rato, mientras que los niños de la otra habitación, llena de juguetes, sólo atendieron durante el 47 por 100 del tiempo que duraba el programa. Es decir, los niños se distraen con los juguetes. Pero cuando los investigadores quisieron ver qué cantidad del programa eran capaces de recordar y comprender, los resultados fueron casi idénticos. Aquello los dejó perplejos. Se dieron cuenta de que los niños ven la tele de una manera mucho más sofisticada de lo que habían imaginado. Escribieron lo siguiente: «La conclusión a la que llegamos fue que los niños y niñas de cinco años que estaban en la sala llena de juguetes veían la tele de una forma estratégica, distribuyendo su atención entre el juego y el seguimiento del programa, de manera que sólo miraban cuando aparecían las partes que para ellos tenían más carga informativa. Dicha estrategia era tan eficaz que, si hubieran prestado atención mucho más tiempo, casi no se habría notado en el resultado.»

Podemos extraer una conclusión bastante revolucionaria si unimos ambos experimentos (el del estudio con los juguetes y el de edición del programa de televisión). Los niños no ven la tele cuando reciben de ella el estímulo necesario ni apartan la vista cuando sienten que les aburre, sino que la ven cuando pueden comprender y dejan de hacerlo cuando les confunde. Si usted trabaja en el negocio de la televisión educativa, comprenderá que nos enfrentamos a un dato crucial. Viene a decir que, si se quiere saber si los niños están aprendiendo de un programa televisivo, o qué están aprendiendo de él, bastará con averiguar qué es lo que deciden mirar. En este aspecto los niños y niñas en edad preescolar tienen una conducta tan sofisticada que es posible determinar el gancho de un programa de televisión con sólo observarles.

El investigador principal de *Barrio Sésamo* en los primeros años fue el psicólogo de Oregón Ed Palmer, especializado en el uso de la televisión como herramienta educativa. Cuando, en los años sesenta, se fundó el Children's Television Workshop* (literalmente, Taller de Televisión Infantil) era lógico que Palmer formara parte de él. «Yo era el único académico que investigaba sobre televisión infantil en esa época», me explicó entre risas. Le encomendaron la tarea de investigar si el elaborado currículo educativo que los consejeros académicos habían diseñado para *Barrio Sésamo* estaba logrando sus objetivos. Fue una labor crucial. Personas que trabajaron para el programa afirman que, sin Ed Palmer, no habría pasado de la primera temporada de emisión.

La innovación introducida por Palmer fue lo que él mismo bautizó como «distractor». Por ejemplo, ponía un episodio de *Barrio Sésamo* en un monitor y, junto a éste, otro en el que se ponían diapositivas que cambiaban cada siete segundos y medio. «Teníamos imágenes de lo más

---

* Children's Television Workshop (CTW) se llama hoy *Sesame Workshop* (Taller Barrio Sésamo), pues ya no se limita al trabajo exclusivamente relacionado con la televisión. Se trata de una organización educativa que trabaja a nivel mundial. Emplea todos los medios disponibles (televisión, prensa, Internet, etc.) para crear contenidos educativos innovadores y atractivos. Se puede consultar su trabajo en www.ctw.org. (N. de la t.)

variopinto —me dijo Palmer—. Había una de una persona montando en bici cuesta abajo con los brazos extendidos, una foto de un edificio altísimo, una hoja de árbol navegando por aguas rápidas, un arco iris, una imagen de lo que se ve con un microscopio, un dibujo de Escher. La idea era usar cualquier cosa que resultara nueva y llamativa.» Llevaban a los niños a la sala, de dos en dos, y les decían que vieran el programa de la tele. Palmer y sus ayudantes se sentaban a un lado, lápiz y papel en mano, e iban anotando cuándo los niños miraban la pantalla que emitía *Barrio Sésamo* y cuándo dejaba de interesarles y se ponían a ver la otra. Cada vez que cambiaba la diapositiva, Palmer y sus ayudantes tenían que tomar nota, de manera que al final disponían de un recuento casi al segundo de las partes del programa que captaban la atención del espectador y de las que no. El «distractor» era una máquina con gancho.

«Cogimos un pliego enorme de papel de embalar, de dos metros por tres, y pegamos juntas varias hojas de nuestras anotaciones. En total, contenían datos referentes a cada siete segundos y medio, lo que resulta ser casi cuatrocientos datos para un solo programa. Conectamos todos aquellos puntos con una línea roja a modo de los gráficos de valores de Wall Street. En ciertos tramos la línea se desplomaba o bien dibujaba un declive suave. ¡Madre mía! ¿Qué quería decir esto? Pero en otros tramos subía al tope de la tabla. ¡Bien! Eso significaba que ese fragmento en concreto atrapaba la atención de los chavales. Tabulamos la puntuación del "distractor" en porcentajes. A veces teníamos datos de 100 por 100. Pero la de la mayoría de los programas estaba en un 85 o un 90 por 100. Si los productores del programa conseguían esas cifras, estarían contentos, pero si obtenían un 50 por 100 tendrían que cambiar el guión.»

Palmer hizo pruebas con otros programas infantiles, como los dibujos de *Tom y Jerry* o los del *Capitán Canguro,* y comparó las secciones que mejor funcionaban. Palmer informaba de todos sus descubrimientos a los productores y guionistas de *Barrio Sésamo* para que pudieran afinar aún más el material. Por ejemplo, uno de los mitos típicos de la televisión infantil ha sido siempre que a los niños les encanta ver animales. «Los productores traían al plató un gato, un oso hormiguero o una nutria, y lo dejaban corretear y jugar a sus anchas —me decía Palmer—. Creían que era un detalle interesante, pero nuestro "distractor" les demostró que era la bomba.» Por otra parte, se había invertido mucho esfuerzo para crear al personaje llamado El Hombre del Abecedario, cuya especialidad eran los juegos de palabras. Palmer pudo comprobar que los niños lo detestaban, y fue eliminado del programa. En otra ocasión, el «distractor» demostró que la duración máxima de cada parte de *Barrio Sésamo* debía ser de cuatro minutos, siendo tres quizá lo óptimo. También obligó a los productores a simplificar los diálogos y a abandonar ciertas técnicas que habían extraído de la televisión para adultos. «Descubrimos, para nuestra sorpresa, que a nuestro público infantil no le gustaba nada ver al reparto de actores enzarzándose en una discusión —recuerda Palmer—. No les gustaba que dos o tres personas hablaran a la vez. Un productor introduce escenas de confusión creyendo que así aumenta el interés. Es como decirle al espectador que lo que está pasando es muy emocionante. Pero lo cierto era que los niños dejaban de mirar cuando tenía lugar este tipo de situación. En lugar de captar la señal de que estaba pasando algo interesante, lo que deducían era que estaba pasando algo muy confuso, sin más. Así que perdían interés en ello.

«Al acabar la tercera o cuarta temporada de emisión me atreví a asegurar que casi nunca teníamos una sección que obtuviera menos del 85 por 100 de puntuación. Prácticamente nunca descubríamos segmentos al 50 o 60 por 100 de atención, y si aparecía alguno, lo arreglábamos enseguida. ¿Conoces la teoría de Darwin sobre la supervivencia de los mejor adaptados al medio? Pues nosotros contábamos con un mecanismo útil para identificar lo mejor y decidir así qué cosas debían sobrevivir.»

No obstante, lo más importante que Palmer descubrió gracias al «distractor» se produjo al principio de sus experimentos, antes incluso de que empezara a emitirse *Barrio Sésamo.* «Fue en el verano de 1969, y nos quedaba un mes y medio antes de que empezara a emitirse el programa —me explicó Lesser—. Decidimos jugarnos el todo por el todo, es decir, producir cinco pases enteros, de una hora cada uno, antes de salir a antena, para ver qué teníamos.» Para comprobar su éxito, Palmer llevó los cinco pases a Filadelfia y, durante la tercera semana de julio de ese año, se los mostró a varios grupos de preescolares en sesenta hogares de la ciudad. Era una época difícil. Había una ola de calor, por lo que nuestros jóvenes telespectadores no paraban quietos y se distraían con facilidad. Además, esa misma semana el *Apolo XI* había llegado a la Luna, y, como era comprensible, muchos niños preferían ver las imágenes de aquel acontecimiento histórico que nuestro nuevo programa infantil. Pero lo peor de todo fueron las conclusiones del «distractor». «Casi nos dio un síncope», me dijo Lesser.

El problema era que, cuando se concibió el programa, se había decidido que los elementos realistas fueran separados de los fantásticos. Aquella decisión se había tomado teniendo en cuenta la insistencia de muchos psicólogos infantiles, que estaban convencidos de que mezclar fantasía y realidad podría ser engañoso. Así pues, los teleñecos sólo aparecían con otros teleñecos, y las escenas que transcurrían en el barrio en sí serían interpretadas sólo por adultos y niños de verdad. Lo que Palmer descubrió en Filadelfia fue que, en cuanto aparecían las escenas de la calle «real», los niños perdían todo interés. «La calle del barrio era el hilo conductor —me explicó Lesser—. Siempre se volvía a ese escenario; servía para cohesionar todo el programa. Pero no eran más que adultos haciendo y diciendo cosas de adultos, y eso a los niños no les interesaba lo más mínimo. En esas escenas obteníamos resultados increíblemente bajos, pues los niños no miraban. En cuanto volvía a aparecer un teleñeco, todos miraban. Pero no podíamos permitirnos esas pérdidas temporales.» Lesser considera que los resultados de Palmer fueron un «punto de inflexión en la historia de *Barrio Sésamo*. Nos dimos cuenta de que, si manteníamos las escenas de la calle así, el programa no tardaría en morir. ¡Qué rápido pasaba todo! Realizamos aquellas pruebas en verano y teníamos que salir a antena en otoño. Había que idear algo».

Lesser decidió desafiar la opinión de sus consejeros científicos. «Decidimos escribir una carta a todos los psicólogos del desarrollo que colaboraban con nosotros diciéndoles que, en fin, éramos conscientes de lo que pensaban sobre esto de mezclar fantasía y realidad, pero que íbamos a hacerlo de todas formas. Si no, desapareceríamos.» Así pues, los productores volvieron a empezar, y grabaron de nuevo todas las escenas de la calle del barrio. Henson y sus ayudantes crearon unos teleñecos que pudieran caminar y hablar con los adultos del programa, y que vivieran con ellos en el propio barrio. «Así nacieron Big Bird (Pájaro grande), Oscar the Grouch (Óscar el gruñón) y el señor Snuffleupagus», me contó Palmer. Lo que hoy consideramos la esencia de *Barrio Sésamo* (o sea, esa panda de picaruelos monstruos de peluche que viven entre amables adultos) surgió de un intento desesperado por encontrar un gancho.

De todos modos, el «distractor», a pesar de todas sus virtudes, no deja de ser un instrumento bastante rudimentario. Indica que un niño comprende lo que está sucediendo en la pantalla y, como consecuencia, presta atención. Pero no dice qué es lo que el niño entiende ni si está prestando atención a lo que debería en realidad prestar atención.

Por ejemplo, tomemos en consideración dos fragmentos de *Barrio Sésamo,* ambos considerados como ejercicios de «conexión visual», es decir, fragmentos en que se enseña a los niños que leer consiste en ligar dos sonidos diferentes. En una de las escenas, una teleñeca que se llama Hug (abrazo en inglés) se acerca poco a poco a unas letras situadas en el centro de la imagen, que forman la palabra *HUG.* Se coloca detrás de la primera *H,* la pronuncia claramente; luego se dirige hacia la *U,* y luego a la *G.* Lo repite de nuevo, caminando de izquierda a derecha, pronunciando aún cada letra por separado, hasta que, al final, liga todos los fonemas y dice *«hug».* Al hacerlo, aparece un teleñeco azul y grandullón (Herry) y repite a su vez la palabra. La escena termina con Herry dándole un abrazo a la pequeña muñequita, que se queda encantada.

El otro fragmento es la escena titulada «La conexión de Óscar», y en ella Óscar el Gruñón y el teleñeco Tristón juegan a un juego llamado «Palabras rompibles», que consiste en juntar letras para construir palabras y luego volverlas a separar. Óscar empieza llamando a la letra *C,* que surge de pronto en la esquina inferior izquierda de la pantalla. Óscar le explica a Tristón que la letra *C* se pronuncia como una *k.* A continuación, en la esquina inferior derecha de la pantalla aparecen las letras *at,* y Tristón las pronuncia claramente: *«at».* Y cada uno empieza a decir los fonemas una y otra vez, Óscar pronunciando la *c,* y

Tristón, *at,* cada vez más rápido, hasta que los sonidos se ligan y forman la palabra *cat* (gato). Mientras ocurre todo esto, las letras de la parte inferior van acercándose hasta formar claramente la palabra entera. Los dos teleñecos la repiten unas cuantas veces más y al final la palabra desaparece, cayéndose de la imagen, y se oye el impacto de la caída. Luego vuelve a comenzar todo el proceso con la palabra *bat.*

Los dos fragmentos son muy entretenidos. Ambos mantienen la atención del niño. Ambos obtuvieron muy buena puntuación con el «distractor». Pero cabe preguntarse si realmente enseñan los rudimentos de la lectura. Ésta es una pregunta mucho más difícil. Para responderla, los productores de *Barrio Sésamo* convocaron, a mediados de los años setenta, a un grupo de investigadores de la Universidad de Harvard, encabezados por Barbara Flagg, psicóloga experta en fotografía del movimiento ocular. Las investigaciones acerca del movimiento ocular se basan en la idea de que el ojo humano es capaz de enfocarse en un área muy pequeña en cada momento, que se denomina amplitud perceptiva. Por ejemplo, cuando leemos, asimilamos una palabra clave en cada instante, más cuatro caracteres a la izquierda y quince caracteres a la derecha. Pasamos de un fragmento a otro haciendo una leve pausa (o fijación) el tiempo suficiente para captar el significado de cada letra. Sólo podemos fijarnos en esta pequeña cantidad de texto cada vez debido a que la mayoría de los sensores de nuestros ojos (los receptores que procesan lo que vemos) se hallan agrupados en una reducida zona justo en medio de la retina, llamada fóvea. Por eso movemos los ojos mientras leemos, porque no podemos captar demasiada información acerca de la forma o el color o la estructura de las palabras a no ser que enfoquemos la fóvea directamente sobre ellas. No tiene más que intentar releer este párrafo mirando justo al centro de la página. ¡Imposible!

Si se puede observar dónde enfoca una persona la fóvea y en qué se está fijando se podrá saber con precisión extraordinaria lo que está mirando en cada momento y qué clase de información está recibiendo. Por eso no es ninguna sorpresa que los profesionales de los anuncios de televisión estén algo obsesionados con los movimientos oculares. Si se hace un anuncio de cerveza con una modelo guapa, importa muchísimo saber si el espectador medio de veintidós años, que quizá sea el objetivo de la campaña publicitaria, se fija sólo en la modelo o si finalmente presta atención a la lata de cerveza. *Barrio Sésamo* solicitó la ayuda de expertos de Harvard en 1975 por esta misma razón. Querían saber si los niños y niñas que veían la escena de «La conexión de Óscar» o la de «Hug» estaban mirando y aprendiendo algo acerca de las palabras, o si sólo se fijaban en los teleñecos.

Se realizó el experimento con veintiún niños y niñas de cuatro y cinco años de edad. Los padres estuvieron llevándolos a la Escuela de Educación de Harvard durante una semana. Los niños se iban sentando uno por uno en una vieja silla de barbero, de las de cabecero acolchado, situada casi a un metro de distancia de un monitor de televisión en color de 17 pulgadas. A su izquierda había un monitor de infrarrojos Ojo-Vista, de Gulf & Western, calibrado cuidadosamente para seguir los movimientos de la fóvea de cada sujeto. Lo que descubrió fue que la escena de «Hug» era todo un acierto. El 76 por 100 de todas las fijaciones correspondía con las letras. Además, cosa aún mejor, el 83 por 100 de todos los preescolares se fijaban en las letras de izquierda a derecha, es decir, imitando el proceso real de la lectura. Por otro lado, la escena de «La conexión de Óscar» resultó ser un verdadero desastre. Sólo el 35 por 100 del total de fijaciones recaía en las letras. Y ninguno de los preescolares leía las letras de izquierda a derecha. ¿Cuál era el problema? En primer lugar, las letras no deberían haber estado en la parte inferior de la pantalla, porque, como han comprobado casi todos los investigadores del movimiento ocular, cuando se trata de la televisión la mayoría de la gente tiende a fijarse en el centro de la pantalla. De todos modos, esta explicación es irrelevante en este caso, pues en realidad los niños no veían las letras porque estaban mirando a Óscar. Es decir, se estaban fijando en la modelo y no en la cerveza. «Me acuerdo de lo que pasó con "La conexión de Óscar" —me comentó Flagg—. Óscar no paraba de moverse. Estaba armando un follón tremendo al fondo, y la palabra quedaba muy lejos de él. Gesticulaba muchísimo. Y llevaba cosas en las manos. Es decir, que había un montón de detalles que distraían. Los niños no se fijaban en las letras porque Óscar les parecía mucho más interesante.» Óscar tenía gancho. Y la lección no lo tenía en absoluto.

III

Éste fue el legado de *Barrio Sésamo:* si se cuida el formato y la estructura del material, podremos incrementar de forma drástica el factor del gancho. Pero ¿es posible hacer un programa aún con más gancho que *Barrio Sésamo?* Esto fue lo que, a mediados de los noventa, se preguntaron tres jóvenes productores de Nickelodeon Network de Manhattan. Tenía sentido hacerse esta pregunta. Al fin y al cabo, *Barrio Sésamo* era un producto de la década de los sesenta, y en las tres décadas siguientes se habían dado grandes pasos en la comprensión del funcionamiento de la mente de un niño. Uno de los productores de Nickelodeon, Todd Kessler, había formado parte del equipo del mítico programa, pero lo había abandonado un tanto insatisfecho. No le gustaba el formato de secuencias breves a modo de magacín. «Me encanta *Barrio Sésamo* —me explicó—. Pero siempre he pensado que los niños son capaces de prestar atención durante más rato del que se dice, y que pueden estar quietos media hora.» Le parecía que la televisión infantil era demasiado estática. «Como la audiencia de los programas aún no sabe hablar o leer, es importante contar las historias recurriendo a imágenes —prosiguió—. Es un medio eminentemente visual y, si queremos que cale, si nos proponemos que tenga fuerza, hay que usar esta premisa al máximo. Hay demasiados programas infantiles en que no se para de hablar. Y a su público le cuesta mucho seguir lo que está pasando.» La colega de Kessler, Tracy Santomero, creció con *Barrio Sésamo,* y coincide con él en su descontento. «Nos propusimos aprender de *Barrio Sésamo* para ir un paso más allá —me dijo—. La televisión es un medio fantástico para la educación. Lo que pasa es que hasta ahora no se ha explorado todo el potencial que ofrece. Se ha estado usando una vía muerta. Y yo me planteé que podríamos cambiar un poco las cosas.»

El resultado de sus esfuerzos es un programa llamado *Blue's Clues* (literalmente, las pistas o las huellas de Blue). Dura treinta minutos, en lugar de una hora. No cuenta con un reparto de actores. Sólo hay un actor de carne y hueso, Steve, un veinteañero, con expresión franca, que lleva unos pantalones caqui y una camiseta de rugby, y que interpreta el papel de anfitrión. En lugar de un formato variado, al estilo de los magacines, cada episodio tiene un mismo hilo argumental: las proezas de un perro de dibujos animados que responde al nombre de Blue. El programa da una impresión de imagen plana, en dos dimensiones, más parecida a la versión en vídeo de un libro de dibujos que a un programa de televisión. El ritmo escogido es deliberado. El guión está salpicado de pausas tremendamente largas. No hay nada del humor, ni de los juegos de palabras, ni de la agudeza de ingenio que caracteriza a *Barrio Sésamo.* Uno de los personajes animados del programa, que es un buzón, se llama precisamente así, Buzón. Otros dos personajes habituales, una pala y un cubo, se llaman Pala y Cubo. Y Blue, la estrella del programa, se llama Blue porque es azul, por supuesto. Resulta difícil ver *Blue's Clues,* como adulto, y no preguntarse cómo es posible que este programa haya resultado mejor, en algún aspecto, que *Barrio Sésamo.* Pero sí que lo es. Desde su estreno en 1996, *Blue's Clues* logró sobrepasar, en cuestión de meses, al mítico *Barrio Sésamo* en los índices de audiencia. En los experimentos con el «distractor», obtiene puntuaciones más elevadas que su rival en cuanto a mantener la atención de los niños. Jennings Bryant, especialista en técnicas educativas en la Universidad de Alabama, dirigió un estudio con 120 niños y niñas, con la intención de comparar los resultados obtenidos por los espectadores habituales de *Blue's Clues* frente a los de los otros programas educativos, en una serie de tests cognitivos.

«Al cabo de seis meses empezamos a observar diferencias muy grandes —me dijo Bryant—. Según todas las medidas que empleamos en cuanto a pensamiento flexible y resolución de problemas, obtuvimos diferencias estadísticamente significativas. Si había sesenta cuestiones en el test, nos encontrábamos con que los espectadores de *Blue's Clues* identificaban correctamente cincuenta de ellas, mientras que el grupo de control sólo identificaba treinta y cinco.» En conclusión, *Blue's Clues* puede ser el programa con más gancho de la historia de la televisión.

¿Cómo es posible que un programa tan poco atractivo haya tenido más gancho que *Barrio Sésamo?* La respuesta es que *Barrio Sésamo,* siendo todo lo bueno que es, tiene algunas limitaciones sutiles aunque no por ello insignificantes. Por ejemplo, el problema que supone su insistencia en resultar ingenioso. Desde el comienzo de sus emisiones, *Barrio Sésamo* ha intentado siempre atraer tanto a los niños como a los adultos. La idea era que uno de los obstáculos con que se enfrentaban los niños (sobre todo, los de familias con menores ingresos) era que los padres no los animaban a estudiar ni participaban en su educación. Los creadores de *Barrio Sésamo* quisieron fabricar un programa que las madres vieran junto a sus hijos. Por eso está tan cargado de elementos de «adultos», como el constante juego de palabras y las referencias a la cultura *pop* como el Teatro de los Monstruos o la parodia de «Esperando a Elmo», inspirada por la famosa obra de Samuel Beckett. (El guionista principal del programa, Lou Berger, dice que solicitó empleo en *Barrio Sésamo* por una escena de la rana Gustavo (Kermit, en inglés) que vio con su hijo en 1979. «Era uno de aquellos cuentos de hadas disparatados. Estaban buscando a una princesita en apuros. Gustavo parte en pos de su teleñeca-princesa y dice —aquí Berger puso exactamente la misma voz que la rana Gustavo—: "Perdona, ¿eres una princesa en un aprieto?" Y ella va y dice: "¿A ti qué te parece? ¿Un traje de chaqueta?"*. Recuerdo que pensé: Es genial. Tengo que trabajar ahí.»)

---

* El juego de palabras en inglés no funciona en castellano. En el original, Gustavo pregunta *«Excuse me, are you a female princess in distress?»*, donde la pronunciación de *distress* (apuros, problemas) puede confundirse con *this dress* (este vestido), por lo que su pregunta podría entenderse también como «Perdona, ¿eres una princesa embutida en este vestido?» De ahí lo chocante de la respuesta de la muñequita. (N. de la t.)

El problema es que un preescolar no capta este tipo de chistes, y además el humor (como en el rebuscado juego de la pronunciación de *«distress»)* puede convertirse en una distracción. Hay un buen ejemplo de esto en un capítulo de *Barrio Sésamo* titulado «Roy», que se emitió en la Nochebuena de 1997. El episodio comienza con Big Bird (literalmente, Pájaro grande)*, que se choca contra una mujer cartero que nunca antes ha aparecido en el programa. La mujer le entrega un paquete, y Big Bird se queda perplejo. «Si es la primera vez que vienes por aquí, ¿cómo sabías que yo era Big Bird?», dice él.

CARTERA: ¡Bueno, tendrás que reconocer que es bastante fácil de adivinar! *(Hace un gesto señalando a Big Bird.)*

BIG BIRD *(que se mira a sí mismo):* ¡Ah, vale! El paquete es para Big Bird, y yo soy un pájaro grande. A veces se me olvida. Es verdad, soy lo que mi propio nombre indica, un pájaro grande.

Entonces, Big Bird se pone triste, porque acaba de darse cuenta de que todos los demás tienen nombre (como Óscar, o Snuffy) y él sólo tiene una descripción de sí mismo. Y le pregunta a la mujer cartero cómo se llama, a lo que ella responde: Imogene.

BIG BIRD: ¡Jopé, qué nombre más bonito! *(Mira a la cámara con cara de añoranza.)* Ojalá yo tuviera un nombre de verdad como tú, en vez de uno que sólo describe lo que soy. Es como si fuera una manzana, o una silla, o cualquier cosa.

---

* En la versión española, Big Bird tuvo breves apariciones como Paco Pico, en la versión latinoamericana se le conoce como Abelardo. En España se creó un personaje parecido que fue la Gallina Caponata y lo interpretaba la actriz Emma Cohen.

A partir de ese momento, el pájaro comienza la búsqueda de un nombre nuevo. Con ayuda de Snuffy, recorre todo el barrio pidiendo sugerencias. Y le proponen nombres como Zackledackle, Butch, Bill, Omar, Larry, Sammy, Ebenezer, Jim, Napoleón, Lancelot o Rocky, hasta que al final se decide por Roy. Pero, cuando la gente empieza a llamarle por este nombre nuevo, se da cuenta de que no le gusta nada. «Creo que no me suena bien —dice—. Me parece que he cometido un error tremendo.» Y decide volver a lo de antes. «Aunque Big Bird no sea un nombre de verdad —concluye—, así es como me llamo, y me gusta que todos mis amigos me llamen así.»

Al menos en apariencia, se trataba de un episodio excelente. La premisa era todo un reto, y era ciertamente conceptual, pero fascinante. Juega con los sentimientos, de manera cándida, y, a diferencia de otros programas infantiles, les dice a los niños que está bien no sentirse feliz y contento todo el rato. Pero, sobre todo, es divertido.

Por lo tanto, debería haber sido todo un acierto, ¿no?

Pues no. El equipo de investigación de *Barrio Sésamo* sometió el episodio a una prueba, y los resultados fueron muy decepcionantes. La primera parte, en que participan Snuffy y Big Bird, funcionaba bien. Como era de esperar, los espectadores sentían curiosidad por ver cómo se resolvía la situación. Pero después las cosas empezaron a fallar. En la segunda escena del barrio, la atención cayó hasta un 80 por 100; en la tercera, al 78 por 100; en la cuarta ya iba por el 40 por 100, y luego subió al 50 para volver a caer, esta vez al 20 por 100. Después de ver el capítulo, los niños no tenían muy claro lo que acababan de ver. «Hicimos unas preguntas muy concretas y esperábamos respuestas claras —me contó Rosemary Truglio, la directora del equipo de investigadores—. ¿De qué iba el episodio? Sólo lo supo el 60 por 100. ¿Qué quería Big Bird? Acertó sólo el 53 por 100. ¿Qué nuevo nombre eligió? Sólo contestó bien el 20 por 100. ¿Cómo se sentía al final? Sólo lo supo el 50 por 100.» En comparación, otro de los capítulos que se sometió a prueba en aquella misma sesión obtuvo un 90 por 100 más de respuestas correctas en el cuestionario posterior. Es decir, que aquel episodio no había causado ninguna impresión. No tenía gancho.

¿Dónde estaba el fallo? Era un problema de raíz, pues tenía que ver con la premisa de la historia: Big Bird no quiere que le reconozcan como lo que es, un pájaro grande. Es una broma que un preescolar es incapaz de comprender. A medida que un niño o una niña va aprendiendo a leer y escribir va sacando sus propias conclusiones sobre las palabras y su significado. Una de las más importantes es lo que la psicóloga Ellen Markman denomina como principio de exclusividad mutua. Dicho de manera sencilla, consiste en que a los niños pequeños les cuesta creer que una sola cosa pueda tener dos nombres diferentes. Markman sostiene que los niños suelen deducir de manera natural que si a una cosa o a una persona se le atribuye una segunda etiqueta es porque esta nueva denominación se refiere a una propiedad secundaria o a un atributo del objeto o persona. Se comprende que esta deducción resulta muy útil cuando uno se enfrenta a la tarea ingente de asignar una palabra a cada cosa que existe en el mundo, como deben hacer los niños de esa edad. Un niño que aprenda la palabra *elefante* sabe, con absoluta certeza, que denomina algo que no es un perro. Cada palabra nueva añade precisión al conocimiento que el niño tiene del mundo. Sin esta exclusividad mutua, por el contrario, el niño podría creer que *elefante* no es más que otra forma de decir *perro,* por lo que cada nueva palabra en realidad haría que el mundo le pareciera más complicado. Además, la exclusividad mutua le ayuda a pensar con claridad. «Pensemos —escribe Markman— en un niño que ya sabe las palabras *manzana* y *roja,* y de pronto oye que alguien dice de una manzana que es *redonda.* Gracias a la exclusividad mutua, el niño puede descartar el objeto (la manzana) y su color (roja) del significado de *redonda,* y puede intentar analizar el objeto en busca de alguna otra propiedad.»

En definitiva, todo esto quiere decir que el niño va a encontrarse con un problema cuando se enfrente a un objeto que tiene dos nombres, o a un objeto que cambie de nombre. Por ejemplo, le va a costar entender la idea de que un roble es, a la vez, un roble y un árbol; o bien deducirá que en ese caso *árbol* es el nombre colectivo de los robles.

Por eso, la idea de que Big Bird ya no quiera que le llamen Big Bird, y decida llamarse Roy, seguro que va a hacer un lío a más de uno. ¿Cómo es posible que alguien que ya tiene un nombre decida tener otro? Big Bird dice que su nombre no es más que una descripción del tipo de animal que es, y lo que quiere es un nombre particular. Metafóricamente, no quiere ser un árbol, sino un roble. Sin embargo, los chavales de tres y cuatro años no comprenden que un árbol pueda ser también un roble. En la medida en que entienden algo de lo que ocurre en el episodio, probablemente creerán que Big Bird está intentando convertirse en otra cosa, por ejemplo, en otro tipo de animal o en un grupo de animales. Pero ¿cómo se puede hacer eso?

Además, hay otro problema aún más profundo. La concepción del programa. *Barrio Sésamo* consta de cuarenta segmentos diferentes, ninguno de los cuales supera los tres minutos: escenas en el barrio con los actores reales y los teleñecos, animaciones e historietas breves grabadas fuera del estudio. Lo que pretendían los guionistas con escenas como la de «Roy», a finales de los años noventa, era unir por primera vez algunas de estas piezas, siguiendo un mismo tema. Durante la mayor parte de la historia del programa los segmentos habían sido totalmente autónomos. Así, la mayoría de los programas nuevos que se iban grabando utilizaban fragmentos animados y secuencias rodadas que estaban en los archivos, mezclados con escenas nuevas del barrio.

Los creadores del programa tenían sus motivos para querer construir *Barrio Sésamo* de esta forma, ya que estaban convencidos de que los preescolares carecían del aguante necesario para mirar con atención nada que no fueran fragmentos muy cortos y muy específicos. «Estudiamos la conducta de los niños pequeños, y descubrimos que lo que más les gustaba ver era *Laugh-In** —me dijo Lloyd Morrisett, miembro del equipo fundador del programa—. Parecía que a los niños les encantaba ese tipo de escenas muy cortas y un tanto surrealistas.» Los creadores de *Barrio Sésamo* se quedaron aún más impresionados con la atracción que ejercían en los niños los anuncios publicitarios. La década de los sesenta fue la época dorada de Madison Avenue, y parecía lógico pensar que si un anuncio de sesenta segundos era capaz de vender cereales para el desayuno destinados a niños de cuatro años, muy bien podría servir para «venderles» el abecedario. En realidad, si los creadores del programa contrataron a Jim Henson y sus teleñecos fue, en gran parte, porque en los sesenta Henson había dirigido un taller de publicidad que obtuvo mucho éxito. Muchos de los teleñecos más famosos se crearon precisamente para sus campañas publicitarias: Big Bird es la variación de un dragón de dos metros crea-

* Programa humorístico de los años sesenta, en que aparecía, entre otros, la actriz Goldie Hawn. (N. de la t.)

do por Henson para los anuncios de La Choy; el Monstruo de las Galletas presentaba anuncios de Frito-Lay; Coco salía en cortos promocionales de IBM. (Los teleñecos de los anuncios creados por Henson son desternillantes, pero usaban un humor negro y crispado que, como es comprensible, no se mantuvo en su trabajo posterior en *Barrio Sésamo.)*

«Considero que el rasgo más significativo del formato de un anuncio publicitario es que se centra en una sola cosa —me dijo Sam Gibbon, uno de los productores iniciales de *Barrio Sésamo*—. Se trata de vender una idea. Nuestra intención de fragmentar la producción del programa en unidades lo suficientemente pequeñas que pudieran dedicarse a un único objetivo educativo, como por ejemplo una letra, se debió en gran medida a esa técnica publicitaria.»

Cabe preguntarse si es válida esta teoría del aprendizaje mediante técnicas extraídas de la publicidad. Daniel Anderson dice que hay nuevas investigaciones que demuestran que en realidad a los niños no les gustan los anuncios tanto como pensábamos, porque «no narran cuentos, y los cuentos son un elemento muy importante para la gente menuda». El *Barrio Sésamo* del comienzo era antinarrativo. Se había diseñado como una colección inconexa de escenas divertidas. «No sólo el primer *Barrio Sésamo* recibió la influencia de la publicidad —sostiene Anderson—. Además, en aquella época se tenía una perspectiva teórica basada, en parte, en Piaget [el influyente psicólogo infantil], que decía que un niño en edad preescolar no podía seguir una narración extensa.» Sin embargo, desde finales de los sesenta, se ha rechazado esta idea. Se considera que los niños de hasta cinco años quizá no puedan seguir los acontecimientos complejos de una historia, pero, para ellos, la narración en forma de cuento o historia es un elemento imprescindible. «Es su forma de organizar el mundo y sus experiencias en él —dice Jerome Bruner, psicólogo de la Universidad de Nueva York—. Como aún son incapaces de organizar las cosas en términos de causa y efecto, las organizan a modo de historietas, y cuando tratan de comprender su propia vida recurren a la versión historiada de su experiencia como base para la reflexión. Si no captan algo enmarcado en esta estructura narrativa, no llegan a fijarlo en la memoria correctamente, y parece que no les sirve para reflexionar con posterioridad.»

A principios de los años ochenta, Bruner participó en un proyecto fascinante llamado *Narratives from the Crib* (Narraciones desde la cuna), que ayudó de manera decisiva a modificar las ideas de muchos expertos infantiles. El proyecto tenía como protagonista a Emily, una niña de dos años que vivía en New Haven y cuyos padres —ambos, profesores universitarios— se dieron cuenta de que su hija, antes de dormirse cada noche, se ponía a hablar consigo misma. Intrigados, colocaron una pequeña grabadora en la cuna y registraron, durante varias noches a la semana en los quince meses siguientes, tanto las conversaciones que tenían con Emily en el rato en que la metían en la cama como los monólogos que la niña mantenía antes de dormirse. Un grupo de lingüistas y psicólogos, dirigido por Katherine Nelson, de la Universidad de Harvard, analizó las transcripciones (122 en total). Lo que descubrieron fue que aquellos monólogos eran más avanzados que las conversaciones que la niña mantenía con los padres. Carol Fleisher Feldman, miembro del equipo que se reunió a analizar las cintas de Emily, escribiría lo siguiente:

> En general, el lenguaje que usaba para hablar consigo misma era tan rico y complejo [comparado con el que usaba

> con los adultos] que, como estudiosos del desarrollo del lenguaje que éramos, empezamos a dudar de si la descripción ofrecida por la literatura científica hasta la fecha acerca de la adquisición del lenguaje no estaría quizá representando erróneamente la conducta real de conocimiento lingüístico. En cuanto se apagan las luces y los padres salen de la habitación, Emily manifiesta un dominio asombroso de formas de lenguaje que jamás habríamos sospechado a juzgar por su forma [cotidiana] de hablar.

Feldman se refería a cosas como el vocabulario, la gramática y, aún más significativo, la estructura de los monólogos de Emily. Se inventaba cuentos, narraciones que explicaban y organizaban todo lo que sucedía cada día. A veces, estas historias eran lo que los lingüistas llaman narraciones temporales: inventaba un cuento para tratar de integrar acontecimientos, acciones y sentimientos en una estructura. Es un proceso que constituye una parte crítica en el desarrollo mental de un niño. A continuación reproduzco una de las historias que inventó, cuando tenía treinta y dos meses de edad. La cito en toda su extensión para recalcar lo sofisticado que puede llegar a ser el lenguaje de un niño cuando está a solas.

> Mañana cuando nos levantemos de la cama, primero yo y vosotros, papá y mamá, desayunamos... desayunamos como de costumbre, y luego vamos a jugar y luego en cuanto llega papá, llega Carl, y vamos a jugar un ratito. Y luego Carl y Emily se van a ir juntos en el coche de alguien, vamos a la guardería *[en un susurro]*, y luego, cuando lleguemos, vamos a salir todos del coche, entrar en la guardería, papá nos va a dar besos y luego se va a ir, y luego decimos, luego diremos adiós, luego él se va a trabajar y nosotros vamos a jugar a la guardería. ¿A que es divertido? Porque yo a veces voy a la guar-

dería porque es día de guardería. A veces me quedo con Tanta toda la semana. Y a veces jugamos a mamás y papás. Pero normalmente, a veces, ehm, ah, voy a la guardería. Pero hoy voy a la guardería por la mañana. Por la mañana, papá por la, cuando y como siempre, vamos a desayunar hacemos siempre, y luego vamos a... luego vamos a... jugar. Luego vamos a, luego va a sonar el timbre, y aquí está Carl, y luego Carl, luego vamos a jugar, y luego...

Emily describía así su rutina de cada viernes. Pero no se trata de un viernes en concreto, sino de lo que para ella es un viernes ideal, un viernes hipotético en el que todo lo que quiere que pase, pasa. Como escriben Bruner y Joan Lucariello sobre ese fragmento:

> Es un esfuerzo notable de creación del mundo... utiliza énfasis tonales, prolongaciones de palabras clave, y una especie de «reconstrucción» con reminiscencias del *cinéma-vérité* (su amiguito Carl aparece en la narración prácticamente desde que llama al timbre). Como si se lo supiera al dedillo, desarrolla el monólogo con un soniquete rítmico. Y, a lo largo del soliloquio, se permite incluso hacer comentarios sobre lo animada que se va poniendo la cosa («¿A que es divertido?»).

A la vista de estos datos sobre la importancia de la forma narrativa, resulta asombroso que tuviera semejante éxito un programa como *Barrio Sésamo,* que se carga lo que resulta ser el modo más importante de llegar a los niños más pequeños y que diluía su atractivo con juegos de palabras que sólo podía comprender el público adulto. Sin embargo, tuvo un gran éxito. El genio de *Barrio Sésamo* radicaba en sus guiones brillantes y en el carisma y calidez de los teleñecos, de manera que logró superar lo que en otros casos habrían sido obstáculos insalvables.

Pero así resulta más fácil entender cómo se podría hacer un programa infantil con más gancho aún que *Barrio Sésamo:* haciéndolo totalmente literal, sin juegos de palabras ni comedias que podrían confundir a los preescolares. Y enseñando a los niños a pensar de la manera en que ellos aprenden a pensar, es decir, mediante la narración. En definitiva, así se haría un programa como *Blue's Clues.*

IV

Todos los capítulos de *Blue's Clues* están construidos de forma idéntica. Steve, el presentador, anuncia al público un misterio en el que va a participar Blue, el perro de dibujos animados. En uno de los capítulos, el reto es averiguar cuál es el cuento favorito de Blue. En otro se trata de descubrir su plato favorito. Para ayudar a los espectadores a averiguar el misterio, Blue va dejando una serie de pistas, a modo de huellas de sus propias pisadas. Entre las pistas, Steve va jugando con el público a una serie de juegos (breves misterios que hay que resolver) que tienen que ver con el tema del misterio central. Por ejemplo, en el capítulo del cuento preferido de Blue, uno de los minimisterios presenta a Steve y Blue sentados con los Tres Ositos, cuyos cuencos de papilla aparecen mezclados, y animando a los niños a que les ayuden a devolver el cuenco pequeño, el mediano y el grande a Mamá Oso, Papá Oso y al Bebé Oso. Mientras va desarrollándose el programa, Steve y Blue pasan de una escena a otra, de una salita de estar a un jardín y luego a un sitio de fantasía, saltando a través de puertas mágicas, llevando a los espectadores a un viaje de descubrimientos, hasta que, al final de la historia, Steve regresa a la salita de estar. Allí, como sucede en el punto culminante de cada programa, se acomoda en un sillón y se pone a pensar. Por supuesto, el sillón se llama, en este mundo literal de *Blue's Clues,* el Sillón de Pensar. Le da vueltas a las tres pistas de Blue y trata de dar con la respuesta al enigma.

Evidentemente, hasta aquí, todo esto constituye una vía muy alejada de *Barrio Sésamo.* Pero, después de haber dado la espalda a esa parte concreta del legado de *Barrio Sésamo,* los creadores de *Blue's Clues* volvieron atrás para tomar prestadas las partes que pensaban que sí que funcionaban. Bueno, fueron un poco más allá. Utilizaron los elementos con más gancho y trataron de hacerlos todavía más atractivos. El primero consistía en que cuanto más se implique a los niños, tanto intelectual como físicamente, en lo que están viendo más se llenará de sentido y más memorable resultará. «Me había fijado en que algunos fragmentos de *Barrio Sésamo* solicitaban la interacción de los niños —dice Daniel Anderson, que trabajaba con Nickelodeon en el diseño de *Blue's Clues*—. Se me quedaron grabados en la mente esos momentos en que la rana Gustavo estiraba el índice en dirección hacia la cámara y dibujaba una letra, y los niños estiraban sus dedos índice y dibujaban la letra a la vez que Gustavo. O aquellas veces en que un personaje hacía una pregunta y se oía un pelotón de niños dando la respuesta a voces. Pero parece que *Barrio Sésamo* no desarrolló más estas ideas. Sabían que a veces los niños hacían esas cosas, pero no intentaron hacer un programa entero así. Nickelodeon realizó varios programas piloto antes de emitir *Blue's Clues,* y en ellos se pedía a los niños que participaran, y, mira por dónde, quedaba muy claro que estaban dispuestos. Así pues, de la unión de estas ideas (que los niños muestran más interés cuando participan intelectualmente al ver la televisión, y que, si se les da la oportunidad, se muestran muy activos) surgió la filosofía de *Blue's Clues.*

Como resultado, Steve se pasa la mayor parte del tiempo hablando directamente a la cámara. Cuando anima a que los niños le ayuden desde sus casas, lo hace de verdad. A menudo se ve un plano corto de su cara, que puede dar la sensación de que está en el salón con los telespectadores. Cada vez que formula una pregunta, hace una pausa. Pero no una pausa normal, sino una pausa de preescolares, o sea, un poquito más larga que la que haría cualquier adulto en espera de una contestación. Al final, el público invisible del plató dice la respuesta a voz en grito. Pero, al mismo tiempo, al niño que ve la tele desde su hogar se le da la oportunidad de gritar él también su respuesta. A veces, Steve se hace el tonto, hace como que no logra dar con una pista que podría resultar evidente para el público que está en casa, y mira con cara de súplica hacia la cámara. Es la misma idea: que los niños participen verbalmente, que se impliquen activamente. Si se ve *Blue's Clues* con un grupo de niños, queda claro el éxito de esta estrategia. Es como ver un partido de béisbol junto a un grupo de seguidores locos por los Yankees.

El segundo elemento que *Blue's Clues* cogió de *Barrio Sésamo* fue la idea de la repetición. Se trata de algo que ya fascinaba a los pioneros del CTW. En los cinco programas piloto que Palmer y Lesser llevaron a Filadelfia en 1969 había una miniescena de un minuto titulada *Wanda the Witch* (La bruja Wanda), en que se repetía una y otra vez el sonido de la *w* en la frase *«Wanda the Witch wore a wig in the windy winter in Washington»* («La bruja Wanda llevaba una peluca durante el frío invierno de Washington»). «No sabíamos con cuánta frecuencia podíamos repetir escenas —dice Lesser—. La pusimos tres veces el lunes, tres veces el martes, tres veces el miércoles, no se puso el jueves y volvimos a repetirla en el último pase del programa, el viernes. Algunos niños, hacia el final del miércoles, nos decían "por favor, *La bruja Wanda* otra vez no". Pero cuando volvía a aparecer el viernes, se ponían a aplaudir y a dar saltos de alegría. Es decir, los niños llegan a un punto de saturación y luego sienten la nostalgia.»

Poco después, y casi por casualidad, los guionistas de *Barrio Sésamo* descubrieron por qué a los niños les gusta tanto la repetición. El segmento en cuestión presentaba al actor James Earl Jones recitando el abecedario. Tal como se grabó en una primera versión, Jones intercalaba largas pausas entre las letras, porque la idea era insertar otros elementos entre una y otra. Pero, como era de suponer, Jones se lo tomó tan en serio que al final los productores del programa dejaron la grabación tal cual y la repusieron muchas veces a lo largo de los años. Aparecía la letra *A* o la *B*, se hacía una larga pausa y, a continuación, Jones pronunciaba el nombre de la letra y ésta desaparecía. «Nos dimos cuenta de que al principio los niños decían el nombre de la letra después de que Jones lo hubiera dicho —dice Sam Gibbson—. Al cabo de unas cuantas repeticiones, los niños reaccionaban nada más aparecer la letra, y decían su nombre durante la pausa, antes que Jones. Después, tras suficientes repeticiones, ya eran capaces de anticipar qué letra iba a aparecer en pantalla. Primero aprendieron a asociar el nombre de la letra con su aparición, y al final habían aprendido toda la secuencia del abecedario.» Un adulto considera aburrida la repetición constante, porque supone una reiteración de la misma experiencia una y otra vez. Pero en el caso de los preescolares esto no es así, pues cada vez que ven algo lo viven de un modo totalmente diferente. CTW bautizó la idea del aprendizaje mediante la repetición como efecto James Earl Jones.

Blue's Clues es un programa construido esencialmente sobre el efecto James Earl Jones. En lugar de emitir un episodio nuevo tras otro, para volver a presentarlos como reemisiones en temporadas posteriores, como hace cualquier otro programa de televisión, Nickelodeon emite el mismo episodio de *Blue's Clues* durante cinco días consecutivos, de lunes a viernes, antes de pasar al siguiente. Como se puede imaginar, esto no fue algo a lo que Nickelodeon llegó fácilmente. Santomero y Anderson tuvieron que convencerles. (También ayudó el hecho de que Nickelodeon no disponía del dinero necesario para grabar toda una temporada del programa.) «Tenía el programa piloto en casa. Por aquella época, mi hija tendría unos tres años y medio, y lo veía todos los días —cuenta Anderson—. Yo le seguí la cuenta. Lo vio catorce veces sin perder una pizca de entusiasmo.» Cuando se emitió a modo de prueba, eso fue lo que pasó. Se emitió cinco días seguidos ante un grupo numeroso de niños y niñas en edad preescolar, y en realidad tanto la atención como la comprensión fueron en aumento a lo largo de la semana, con excepción de los niños más mayores, los de cinco años, cuya atención cayó hacia el final del periodo de prueba. Igual que había pasado con los niños que vieron aquella escena de James Earl Jones, también en esta ocasión los niños respondían cada vez de una manera diferente, mostrándose animados a responder a las preguntas de Steve cada vez en menos tiempo . «Los preescolares están rodeados de un montón de cosas que no entienden, que son totalmente nuevas para ellos. Así que su motivación procede menos de la búsqueda de lo nuevo, como pasa con los niños más mayores, y más de una búsqueda de lo inteligible y de lo predecible —explica Anderson—. Para los más jóvenes, la repetición es algo realmente valioso. Lo piden ellos mismos. Cuando ven una y otra vez el mismo programa, no sólo lo están entendiendo mejor, lo cual es una forma de poder, sino que al ser capaces de predecir lo que ocurrirá creo que tienen una sensación auténtica de seguridad y valía propia. *Blue's Clues* duplica esa sensación, pues saben que están participando en algo. Notan que están ayudando a Steve.»

Claro que a los niños no siempre les gusta la repetición. Vean lo que vean, debe ser lo suficiente complejo como para que la repetición permita niveles de comprensión cada vez más profundos. Al mismo tiempo, no debe ser tan complejo que la primera vez les deje anonadados y haga que pierdan el interés. Para lograr ese equilibrio, *Blue's Clues* conlleva más o menos el mismo tipo de investigación que *Barrio Sésamo,* pero en un nivel más intenso. Mientras los experimentos sobre *Barrio Sésamo* analizan un solo capítulo cada vez, y cuando éste ya está terminado del todo, *Blue's Clues* comprueba los capítulos hasta tres veces antes de salir a antena. Asimismo, mientras *Barrio Sésamo* normalmente hacía pruebas en un tercio de los capítulos, *Blue's Clues* pone a prueba todos los suyos.

Acompañé al equipo de investigadores de *Blue's Clues* en una de sus excursiones semanales, en las que organizan encuentros directos con los preescolares. A la cabeza iba Alice Wilder, directora de investigación, una mujer de cabellos oscuros y llena de vitalidad que acababa de terminar su doctorado en educación en la Universidad de Columbia. Con ella iban otras dos mujeres de poco más de veinte años, Alison Gilman y Allison Sherman. La mañana en que las acompañé iban a hacer una prueba sobre una propuesta de guión en una escuela de párvulos en Greenwich Village.

El guión trataba sobre conducta animal. Era un primer borrador dibujado en un cuaderno, que más o menos se correspondía con cómo iba a desarrollarse el verdadero episodio, escena por escena. La persona que guiaría la prueba haría el papel de Steve, y revisaría el guión junto con los niños, anotando meticulosamente cada respuesta correcta que dieran, así como las que parecían dejarles confundidos. Por ejemplo, en un momento determinado, Sherman se sentó con un rubiales de cinco años llamado Walker y una niña de cuatro años y medio llamada Anna que llevaba una falda a cuadros púrpura y blanco. Sherman empezó a leer el guión. Blue tenía un animal favorito. ¿Querrían ayudarnos a descubrir cuál era? Los niños no le quitaban ojo. Ella fue recorriendo cada uno de los enigmas. Les mostró un dibujo de un oso hormiguero.

—¿Qué come un oso hormiguero? —les preguntó.

—Hormigas —respondió Walker.

Sherman pasó la página. Apareció un dibujo de un elefante y ella señaló la trompa.

—¿Qué es esto?

Walker echó un vistazo.

—Una trompa.

Entonces, Sherman señaló los colmillos.

—¿Sabéis qué son estas cosas blancas?

Walker volvió a mirar con atención.

—Las aletas de la nariz.

A continuación les mostró un dibujo de un oso, y luego llegó la primera pista de Blue, una pequeña mancha blanca y negra que el perro deja marcada con una pisada.

—Eso es blanco y negro —dijo Anna.

Sherman miró a los dos niños.

—Blue quiere saber algo acerca de un animal, ¿cuál? —Pausa. Anna y Walker tenían cara de estar hechos un lío. Al final, Walker rompe el silencio y dice:

—Mejor enséñanos la siguiente pista.

La siguiente ronda era un poco más difícil. Ante el dibujo de un pájaro, a los niños se les pregunta qué está haciendo (la respuesta era «cantar»), y luego por qué lo hacía. Hablaron un ratito sobre castores y gusanos, y llegó la segunda pista de Blue (un iceberg). Anna y Walker seguían confundidos. Continuaron con la tercera ronda, una larga discusión sobre peces. Sherman les mostró un dibujo de un pececito que aparecía medio camuflado en el fondo del mar, mirando un pez grande.

—¿Por qué se esconde el pececito? —preguntó Sherman.

—Tiene miedo al pez gigante —contestó Walker.

—Porque se lo comerá —replicó Anna.

Llegaron así a la tercera pista de Blue. Era un cartón recortado con la forma de huella de Blue. Sherman cogió la huella y la fue acercando hacia Walker y Anna, con movimientos ondulados.

—¿Qué hace esta cosa? —les preguntó.

A Walker se le arrugó toda la cara de tan concentrado que se puso.

—Anda como una persona —respondió.

—¿No se mueve haciendo ondas como una persona? —preguntó Sherman.

—Anda como un pato —dijo Anna.

Sherman repasó las pistas por orden: blanco y negro, hielo, andares de pato.

Siguió un silencio. De repente, a Walker se le iluminó la cara.

—¡Un pingüino! —Lo dijo a voz en grito, llevado por la emoción del descubrimiento—. Los pingüinos son blancos y negros. ¡Y viven en el hielo, y andan como los patos!

Las historias de enigmas de *Blue's Clues* funcionan en la medida en que las pistas se van dando en el orden correcto. Hay que empezar por pistas fáciles, para que los espectadores ganen confianza en sí mismos, y luego tienen que ir haciéndose cada vez más difíciles, para que al desafiar la capacidad de los preescolares se sientan más involucrados en la resolución del enigma. El primer grupo de incógnitas, el de los osos hormigueros y los elefantes, debe ser más sencillo que el de los castores y los gusanos, el cual debe ser, a su vez, más sencillo que el último grupo de pistas sobre el pez. Esta construcción en etapas hace que un niño pueda ver el programa unas cuatro o cinco veces, ya que cada vez que lo ve va dominando más detalles y adivinando correctamente cada vez más datos, hasta que, al final, es capaz de anticipar todas las respuestas.

Después de la sesión matinal de ensayos con los niños, el equipo de *Blue's Clues* se sentó a analizar los resultados, uno por uno. De los veintiséis niños y niñas, trece acertaron correctamente que los osos hormigueros comen hormigas, pero no era un resultado demasiado bueno teniendo en cuenta que sólo se trataba de la primera pista. «Preferimos empezar con fuerza», dijo Wilder. Prosiguieron con el análisis, murmurando entre dientes mientras revisaban los papeles. Los resultados de un acertijo sobre castores hizo que Wilder se pusiera muy seria. Se les había mostrado un dique de un castor, y casi ningún niño acertó la primera pregunta (¿Qué está haciendo el castor?), mientras que diecinueve de ellos dieron con la segunda respuesta sin problemas (¿Por qué lo está haciendo?). «Los pasos están equivocados», dijo Wilder. Quería que siempre estuvieran primero las cuestiones más fáciles. En cuanto a la pregunta sobre el pez (¿Por qué el pececito se esconde del pez grande?), Sherman revisó sus notas y dijo: «Yo tengo aquí una respuesta muy buena. Que el pececito no quiere asustar al pez grande. Y que por eso se esconde.» Todos se echaron a reír.

Al final llegaron a lo más importante: ¿era correcto el orden de las pistas de Blue? Wilder y Gilman habían presentado las pistas en el orden que estipulaba el guión; es decir: primero el hielo, luego los andares de pato, y al final el blanco y negro. Cuatro de los diecisiete niños y niñas con los que hablaron adivinaron, con la primera pista, que se trataba de «pingüino», otros seis necesitaron la segunda, y cuatro, las tres pistas. Wilder se giró hacia Sherman, a la que le había dado las pistas en un orden diferente: primero el blanco y negro, después el hielo y, por último, los andares de pato.

—Ninguno de mis nueve niños respondió correctamente después de la primera pista —comentó—. Después de la del hielo, uno acertó. Y después de los andares de pato acertaron seis.

—O sea, que tu pista broche era la de los andares de pato, ¿no? Pues así parece que funciona bien —respondió Wilder—. Pero ¿iban diciendo otros animales mientras tanto?

—Oh, sí —dijo Sherman—. Después de mi primera pista dijeron perro, vaca, oso panda y tigre. Después del hielo me decían oso polar y puma.

Wilder asintió. El orden que había empleado Sherman hacía que los niños pensaran al máximo ya desde el principio del programa, pero mantenía la intriga hasta el final. El orden que les había parecido idóneo mientras escribían el guión delataba la respuesta demasiado pronto. El orden seguido por Sherman mantenía el misterio, y el original, no. Habían pasado una mañana con un grupo de chavales justo para dar con lo que buscaban. Se trataba de un cambio mínimo. Sin embargo, a veces basta con cambiar un pequeño detalle.

Parece que, a juzgar por estos tres ejemplos, la definición de algo con gancho resulta profundamente contradictoria. Wunderman se mantuvo al margen de las horas de máxima audiencia y emitió sus anuncios en horas marginales, lo cual va en contra de todos los principios de la publicidad. Renunció a los típicos mensajes «creativos» y hábiles, en favor de su aparentemente hortera caza del tesoro con aquel invento de la caja de oro. Levanthal se dio cuenta de que la vía dura no funcionaba, es decir, tratar de asustar a los estudiantes para convencerles de que se vacunaran contra el tétanos, mientras que lo que realmente sirvió fue facilitarles un mapa, que ni siquiera necesitaban, para indicarles dónde estaba la clínica que todos conocían de antes. Por último, *Blue's Clues* renunció a la originalidad y al ingenio que habían hecho de *Barrio Sésamo* el programa preferido de su época, para crear un programa literal, lento y un poco pesado, y además repetir cada capítulo cinco días seguidos.

Todos queremos pensar que, para causar impacto en los demás, la clave consiste en la calidad de las ideas que usemos. Pero en estos tres casos nadie modificó sustancialmente el contenido de las ideas existentes. Por el contrario, llegaron al punto clave con pequeños retoques del mismo mensaje: cambiaron la presentación de la idea, colocaron al teleñeco detrás de la palabra *HUG,* juntaron a Big Bird con actores de verdad, repitieron los capítulos y las escenas, hicieron que Steve aguardara un poco más de lo normal cada vez que hacía una pregunta, colocaron un pequeño recuadro dorado en la esquina del anuncio. Dicho de otro modo, la línea divisoria entre hostilidad y aceptación, entre una epidemia que alcanza el punto clave y otra que no lo consigue, a veces es mucho más delgada de lo que parece. Los creadores de *Barrio Sésamo* no tiraron a la basura todo el diseño del programa después del desastre de Filadelfia, sino que les bastó con incluir a Big Bird, que cambió la cosa por completo. Howard Levanthal no redobló sus esfuerzos para amedrentar más aún a los estudiantes, sino que insertó un mapa y una leyenda con las horas de vacunación del centro de salud. La ley de los especiales dice que existe un tipo especial de persona capaz de iniciar una epidemia social. Lo único que hay que hacer es dar con ellas. En cuanto al factor del gancho, estamos en lo mismo. Existe una forma muy simple de presentar el mensaje de modo que, en las circunstancias adecuadas, resulte irresistible. Lo único que hay que hacer es dar con ella.

4
EL PODER DEL CONTEXTO (PRIMERA PARTE) BERNIE GOETZ Y LA ASCENSIÓN Y CAÍDA DEL CRIMEN EN NUEVA YORK

El 22 de diciembre de 1984, es decir, el sábado antes de Navidad, Bernhard Goetz salió de su apartamento en Greenwich Village, en Manhattan, y se fue dando un paseo hasta la estación del metro en la esquina de la calle Cuarta con la Séptima. Goetz era un hombre delgado, de unos treinta y ocho años, pelo rubio, con gafas y vestido ese día con vaqueros y cazadora. Iba a coger el tren expreso número 2 que habría de llevarle al centro de la ciudad. Al montarse en el vagón habría unas veinte personas. La mayoría sentada en un extremo, lejos de cuatro adolescentes de raza negra que, como varios testigos declararían después, no paraban de «hacer el gamberro» y «alborotar». Parece que a Goetz no le importó, y se sentó cerca de ellos. «¿Qué tal, tú?», le dijo uno, Troy Canty, nada más entrar en el vagón. Canty estaba casi tumbado en uno de los bancos corridos. Él y otro de los chavales, Barry Allen, se le acercaron pidiéndole cinco dólares. Otro de ellos, James Ramseur, le hizo gestos para que se fijara en un bulto sospechoso que llevaba en el bolsillo, dando a entender que se trataba de una pistola.

—¿Qué queréis? —inquirió Goetz.

—Te dicho que me des cinco dólares —repitió Canty.

Goetz levantó la vista y, como luego explicaría, vio que los ojos de Canty «brillaban mucho, y que se lo estaba pasando bien a su costa... Tenía una sonrisa de oreja a oreja» y, por alguna razón, aquella sonrisa y aquella mirada le dieron miedo. Así que se metió la mano en el bolsillo, sacó una Smith & Wesson del 38, cargada con cinco balas, y descerrajó un tiro a cada uno. Darrell Cabey, el cuarto de los chicos, estaba tendido en el suelo, gritando, y Goetz se le acercó para decirle: «Tienes pinta de estar bien. Aquí va otro más», y le disparó la última bala en la columna vertebral, dejándole paralítico de por vida.

En medio del tumulto, alguien tiró del freno de emergencia. Los demás pasajeros echaron a correr hacia el vagón contiguo, excepto dos mujeres a las que el pánico había dejado petrificadas. «¿Se encuentra bien?», le preguntó Goetz a una de ellas con mucha educación. «Sí», dijo ella. La otra mujer estaba tumbada en el suelo, haciéndose la muerta. «¿Se encuentra usted bien?», le preguntó Goetz. Ella asintió sin decir palabra. El revisor, que acababa de llegar al vagón, le preguntó a Goetz si era un agente de la policía.

—No —respondió—. No sé por qué lo he hecho. —Silencio—. Querían rajarme.

El revisor le pidió a Goetz la pistola, pero él se negó a dársela. Entonces salió por la puerta del vagón, soltó la cadena de seguridad, saltó a las vías y echó a correr hasta perderse de vista en la negrura del túnel.

Los días siguientes se hablaba del tiroteo por todo el país. Resultó que los cuatro adolescentes tenían antecedentes penales. Cabey había sido detenido en una ocasión por atraco a mano armada. Canty, por robo. Tres de ellos llevaban destornilladores en los bolsillos. Eran la encarnación del tipo de banda juvenil tan temida por los ciudadanos, y el misterioso hombre que les había disparado era algo así como un ángel vengador. Los periódicos sensacionalistas le bautizaron «El vigilante del metro» o «El verdugo de los que quieren morir». La gente llamaba a la radio para ponerse de su parte o hablaba de él por la calle como si fuera un héroe que había hecho realidad el deseo oculto de cualquier neoyorquino que hubiera padecido un robo, una intimidación o un asalto en el metro. Una semana después del suceso, en Nochevieja, Goetz se presentó voluntariamente en una comisaría de policía en New Hampshire. Con motivo de su traslado a la capital, el *New York Post* publicó dos fotos en portada: una de Goetz, esposado, con la cabeza gacha, y otra de Troy Canty (negro, con gesto desafiante, tapado hasta los ojos con una capucha y con los brazos cruzados) a su salida del hospital. El titular decía: «Esposado, mientras el delincuente herido camina en libertad.» Cuando el caso llegó a los tribunales, Goetz fue absuelto con toda facilidad de los cargos de asalto e intento de asesinato. La noche en que se hizo público el veredicto se montó una fiesta improvisada en la calle, frente al edificio de su apartamento.

I

El caso Goetz se ha convertido en un símbolo de un momento particularmente oscuro en la historia de la ciudad de Nueva York, cuando el problema de la delincuencia había alcanzado proporciones de epidemia. En la década de los ochenta se producía cada año una media de unos dos mil asesinatos y seiscientos mil delitos graves. En la red del transporte suburbano la situación de aquellos días sólo se puede calificar de caótica. Antes de montarse en el tren número 2 aquel día fatídico, Goetz habría tenido que esperar en un andén mal iluminado, de paredes oscuras, húmedas y cubiertas de grafitis. Probablemente, el tren llegaría con retraso, porque en 1984 había un incendio en algún punto de la red todos los días y un descarrilamiento una semana sí y otra no. Las fotografías de la escena del crimen tomadas por la policía muestran un vagón mugriento, con el suelo lleno de basura, y las paredes y el techo repletos de grafitis, pero eso no era extraño porque en 1984 los 6.000 vagones que tenía la flota de la red de transportes estaban cubiertos de grafitis por dentro y por fuera. En invierno, los vagones estaban helados, y sólo funcionaba bien la calefacción en unos pocos. En verano eran asfixiantes, pues ninguno tenía aire acondicionado. Hoy, ese tren número 2 alcanza los 60 kilómetros por hora en su camino hacia la parada de Chambers Street, pero es muy dudoso que el que llevaba a Goetz aquella noche llegara a esa velocidad. En 1984 existían quinientas zonas señaladas en rojo, es decir, partes del tendido de raíles en las que el deterioro obligaba a los trenes a circular a un máximo de 25 kilómetros por hora. La Transit Authority perdía cada año 150 millones de dólares por culpa de la cantidad de gente que se colaba sin pagar. Al año tenían lugar unos quince mil delitos graves, cifra que alcanzaría los veinte mil al final de la década. La cantidad de usuarios había descendido a los niveles mínimos en la historia del sistema suburbano por culpa del incordio constante de mendigos y atracadores de poca monta. William Bratton, que llegaría a convertirse en un personaje clave para el éxito de la lucha contra el crimen y la violencia en Nueva York, describe en su autobiografía la sorpresa que se llevó al usar el metro neoyorquino en la década de los ochenta, después de haber vivido bastantes años en Boston:

> Después de esperar mi turno en una cola interminable para poder comprar el billete, intenté pasarlo por el torniquete y me encontré con que alguien lo había atascado a propósito. Tuve que pasar por una portezuela que un tipejo con aspecto desaliñado mantenía abierta mientras nos ten-

día la otra mano; o sea, que después de estropear los torniquetes, nos pedía que le diéramos los billetes. Mientras tanto, uno de sus secuaces iba de máquina en máquina, sacando todas las monedas atascadas con la boca y dejándolo todo babeado. La mayoría de la gente estaba demasiado atemorizada para plantarles cara. Toma, coge el dichoso billete, ¿a mí qué más me da? Otros ciudadanos saltaban los torniquetes, o pasaban por debajo o por un lado. Aquello parecía sacado del *Infierno* de Dante.

Así estaban las cosas en Nueva York en la década de 1980, mientras se abatía sobre ella una de las peores epidemias de crimen de su historia. De repente, y sin previo aviso, los datos dieron un vuelco. Desde el punto álgido de 1990, la tasa de delincuencia se lanzó a un declive vertiginoso. Los asesinatos se redujeron en dos tercios. Los delitos graves cayeron a la mitad. En otras ciudades, en ese mismo periodo de tiempo, se estaba produciendo una caída significativa de las tasas de criminalidad, pero en ningún otro lugar cayó tanto ni tan rápido como en Nueva York. Hacia el final de la década se estaban produciendo, en la red del metropolitano, un 75 por 100 menos de delitos graves que al comienzo de ella. En 1996, cuando Goetz tuvo que ir a juicio por segunda vez (demandado por Darrell Cabey), la prensa prácticamente no prestó atención al caso. Goetz era agua pasada. En esos días, cuando Nueva York se había convertido en la capital más segura del país, costaba recordar qué era lo que antaño había simbolizado aquel hombre. Ahora resultaba inconcebible que alguien pudiera convertirse en un héroe por disparar a un usuario del metro.

II

Hay que reconocer que la idea del crimen como epidemia es algo extraña. Se habla de «epidemias de violencia» u oleadas de crímenes, pero no queda claro si realmente la gente cree que la delincuencia obedece a las mismas reglas epidémicas que, por ejemplo, los Hush Puppies o la carrera a caballo de Paul Revere. Estas otras epidemias implicaron una serie de elementos bastante simples y básicos (un producto, un mensaje). Por el contrario, la palabra crimen no designa una sola cosa, sino toda una serie de comportamientos complejos y tremendamente variados. Los actos criminales tienen consecuencias muy serias. Exigen que el propio criminal se ponga en situaciones de extremo peligro. Decir que alguien es un criminal es como decir que es malvado, violento, peligroso, poco honrado, inestable o cualquier combinación de todas estas cosas, ninguna de las cuales se corresponde con un estado psicológico que parezca susceptible de ser transmitido, como por casualidad, de una persona a otra. Es decir, parece que un criminal no es una persona que haya podido caer bajo la influencia de una epidemia contagiosa. Y, sin embargo, eso fue lo que ocurrió en Nueva York. Desde el principio hasta mediados de la década de los noventa, ni hubo un éxodo masivo, ni salió nadie a las calles a enseñar a los delincuentes potenciales la diferencia entre el bien y el mal. Tanto en la época de máximos índices de criminalidad como en los momentos de menor delincuencia había en la ciudad el mismo número de personas con problemas psicológicos y con tendencias criminales. Pero por alguna razón decenas de miles de esas personas, de repente, dejaron de cometer crímenes. En 1984, el encontronazo entre un usuario enfadado del metro y cuatro chavales negros acabó con derramamiento de sangre. Hoy, en el metro neoyorquino, ese mismo encuentro ya no conlleva violencia. ¿Cómo se produjo este cambio?

La respuesta se halla en el tercer principio de transmisión de epidemias: el poder del contexto. La ley de los especiales se refería a la clase de personas que desempeñan un papel crucial en la propagación de cualquier información. El capítulo dedicado a *Barrio Sésamo* y *Blue's Clues* trataba la importancia de lo que tiene gancho y lo que no, y en él se sugiere que, para provocar una epidemia, las ideas tienen que resultar memorables e incitarnos a actuar. Hemos echado un vistazo a las personas que saben propagar una idea, y hemos analizado las características de las ideas que logran tener éxito. Este capítulo trata algo tan fundamental como los dos anteriores: el poder del contexto. Toda epidemia social está sujeta a las condiciones y circunstancias del momento y del lugar en que ocurre. En Baltimore, la sífilis se extiende más en verano que en invierno. Los Hush Puppies resurgieron gracias a que se los pusieron unos cuantos jóvenes vanguardistas de East Village, un entorno que propició que otros miraran aquellos zapatos bajo una perspectiva diferente. En cierto sentido, se podría afirmar que el éxito de la carrera a caballo de Paul Revere se debió a que había ocurrido por la noche, cuando la gente dormía, con lo cual la tarea de encontrar a las personas es más fácil que si están haciendo recados por ahí o trabajando en el campo. Además, cuando alguien nos saca de la cama para decirnos algo, asumimos automáticamente que se trata de una noticia que no puede esperar. Si en vez de por la noche la excursión hubiera ocurrido por la tarde, seguro que las cosas habrían sido de otra manera.

Creo que todo esto es bastante sencillo de comprender. Sin embargo, la lección que nos enseña la ley del poder del contexto es que las personas somos más que sensibles a los cambios que se producen a nuestro alrededor. Somos de una sensibilidad extrema. Y los tipos de cambios contextuales que pueden suponer que un fenómeno se extienda difieren de lo que se podría pensar a simple vista.

III

Durante los años noventa, la violencia y el crimen se redujeron, en general, en todo el territorio estadounidense debido a una serie de razones bastante sencillas. Empezó el declive del tráfico ilegal de cocaína tipo *crack,* que había traído consigo una oleada de violencia entre bandas callejeras y traficantes. Por otra parte, el fin de la crisis económica supuso dar trabajo a muchas personas que, de continuar así las cosas, habrían podido sentirse impelidas a delinquir. Además, el envejecimiento de la población significó una reducción del segmento responsable de la gran mayoría de los actos violentos (varones entre dieciocho y veinticuatro años). Sin embargo, el caso del declive de la criminalidad en Nueva York es un poco más complejo. Cuando empezó el descenso rápido de la epidemia de crímenes la economía de la ciudad aún no había comenzado su mejoría y seguía estancada. Precisamente, los barrios más pobres acababan de recibir un duro golpe en forma de recortes de prestaciones sociales estatales, al principio de la década. Claro que el debilitamiento del tráfico de *crack* contribuyó a mejorar algo las cosas, pero lo cierto es que llevaba bastante tiempo debilitándose, mucho antes de que comenzara el declive de la delincuencia. En cuanto al factor de envejecimiento de la población, la verdad es que en esta década la ciudad se había vuelto más joven, y no al revés, gracias a varias oleadas de inmigración ocurridas en los ochenta. De todos modos, estos tres factores implican cambios a largo plazo, y lo normal es que sus efectos sean más bien graduales, mientras que lo ocurrido en Nueva York fue todo menos gradual. Es decir, algo diferente tuvo que suceder para provocar semejante vuelco en la epidemia de crímenes de la ciudad.

Uno de los candidatos a convertirse en ese «algo diferente» se explica por la teoría de las ventanas rotas. Los padres de la misma son los criminólogos James Q. Wilson y George Kelling. Wilson y Kelling afirman que el crimen es el resultado inevitable del desorden. Si se rompe una ventana y se deja sin arreglar, la gente que pase por delante deducirá que a nadie le importa y nadie se ocupará de arreglarla. Al poco tiempo aparecerán más ventanas con los cristales rotos, y pronto el edificio afectado dará cierta sensación de anarquía a toda la calle, se transmitirá la consigna de que todo vale. Según ellos, en las ciudades hay problemas relativamente menos graves como los grafitis, el desorden público y la mendicidad agresiva, que equivalen a esos cristales rotos, es decir, vienen a ser invitaciones a cometer crímenes más graves:

> Los atracadores y ladrones, ya sean profesionales u oportunistas, creen que corren menos riesgos de ser pillados o identificados si actúan en barriadas donde las condiciones predominantes, de por sí, intimidan a sus víctimas potenciales. El caco piensa que, si el propio vecindario es incapaz de evitar que un mendigo se dedique a molestar a los transeúntes, aún es menos probable que vaya a llamar a la policía para identificar a un posible ladrón o para actuar en caso de que el robo se consume.

Esto es una teoría del crimen elaborada en términos de epidemia. Implica que la criminalidad es un hecho contagioso, como puede ser una moda, cuya propagación a toda una comunidad puede empezar por una simple ventana rota. No obstante, no se logra llegar al punto clave, en esta epidemia, gracias a una persona (un conector como Lois Weisberg o un *maven* como Mark Alpert). Más bien, el causante es algo físico, como el grafiti. El impulso que conduce a que la gente participe en determinada conducta no proviene de un tipo especial de persona, sino de una característica del entorno.

A mediados de los años ochenta, Kelling fue contratado como consejero por la Transit Authority de Nueva York (la autoridad encargada del transporte público), y les exhortó a poner en práctica su teoría de las ventanas rotas. La jefatura accedió y nombró a David Gunn nuevo director del metropolitano, con el objetivo de supervisar la millonaria reconstrucción del sistema. En esos días, muchos expertos aconsejaron a Gunn que no se preocupara por los grafitis y que se centrara en temas de mayor envergadura, como el del crimen y el de la eficiencia del servicio. Eran consejos aparentemente razonables. Ocuparse de las pintadas mientras el sistema entero estaba al borde del colapso parece tan absurdo como ponerse a cepillar las cubiertas del *Titanic* mientras iba de cabeza hacia los icebergs. A pesar de todo, Gunn insistió. «El grafiti era el símbolo de la situación desastrosa —afirma—. Al enfrentarme con el proceso de reconstruir la organización y levantar la moral, sabía que tenía que ganar la batalla contra los grafitis. Si no lo lograba, me iba a ser imposible implantar ninguna de las reformas organizativas ni ningún cambio externo. Estábamos a punto de poner en funcionamiento unos trenes nuevos que valían diez millones de dólares cada uno, y si no hacíamos algo para protegerlos, estaba claro lo que iba a ser de ellos. Al segundo día habrían sido pasto del vandalismo.»

Gunn diseñó una nueva estructura organizativa y estableció metas y plazos concretos para la limpieza de cada línea de la red y de todos los trenes de su flota. Las labores comenzaron con el tren número 7, de la línea entre Queens y el centro de Manhattan, en el que se probaron técnicas nuevas de limpieza de pintura. En los vagones de acero inoxidable sin pintar se usaron disolventes, y en los que tenían acabado de pintura lo que se hizo fue repintar encima de los grafitis. La norma de Gunn era que no debía permitirse ningún retroceso; en cuanto un vagón quedara arreglado, de ningún modo se permitiría que cayera de nuevo en manos de los vándalos. «Nos lo tomamos como una cruzada», me dijo. Estableció una estación de limpieza en el final del trayecto de la línea 1, es decir, en la parada del Bronx, donde los trenes reiniciaban la vuelta hacia Manhattan. Si un vagón llegaba allí con grafitis, había que borrarlas en lo que duraba el cambio de sentido. Y si no, ese vagón dejaba de hacer ese trayecto. Además, los vagones «sucios», o sea, los que aún tenían grafitis, no se mezclaban nunca con los «limpios». Se trataba de enviar un mensaje inequívoco a los vándalos.

«Disponíamos de un taller en Harlem, en la calle Ciento Treinta y Cinco, donde los trenes pasaban la noche —prosiguió—. Por la noche llegaban los grafiteros y pintaban de blanco uno de los flancos de un vagón. A la noche siguiente, cuando la pintura ya estaba seca, dibujaban un esbozo. La tercera noche volvían y le daban color. Vamos, que era un trabajo que llevaba tres noches. Sabíamos que los pillos estarían "trabajando" en uno de los vagones "sucios", así que decidimos esperar a que terminaran su obra. Después vendríamos nosotros con los rodillos y pintaríamos encima. Los chavales se echarían a llorar, pero los rodillos seguirían haciendo su cometido. El mensaje que les queríamos hacer llegar era que si querían pasarse tres noches destrozando un tren del metro, pues estupendo, pero sus obras no iban a ver la luz del día.»

La limpieza de grafitis, comandada por Gunn, se realizó entre 1984 y 1990, fecha en que la Transit Authority contrató a William Bratton como jefe de la policía de la red. Así comenzó la segunda fase del programa de arreglos del sistema metropolitano. Bratton, igual que Gunn, era un defensor de la teoría de las ventanas rotas. Para él, Kelling era su mentor intelectual. Por eso, su primer paso como jefe de la policía fue tan quijotesco como el de Gunn. La tasa de delitos graves alcanzaba las cotas más altas de todos los tiempos, pero Bratton se dedicó a atajar el problema de la cantidad de viajeros que se colaban sin pagar. ¿Por qué? Pues porque estaba convencido de que, igual que los grafitis, aquello no era más que una señal, una pequeña expresión de desorden, que animaba a cometer delitos más graves. Se calcula que unas ciento setenta mil personas al día se las ingeniaban para colarse sin pagar. Algunos eran niños que, simplemente, saltaban por encima de los torniquetes. Otros se escurrían por el hueco que dejaban. En cuanto una o dos personas se colaban sin pagar, otros que jamás se habrían planteado infringir las leyes también empezaban a hacerlo, escudándose en que, si había gente que entraba sin billete, por qué ellos iban a ser menos. Así, el problema se convertía en una bola que no paraba de crecer, con la dificultad añadida que tiene combatir este tipo de estratagema. En efecto, como lo que había en juego eran 1,25 dólares, la policía pensaba que no merecía la pena perseguir a los pillos, sobre todo cuando se cometían un sinfín de delitos más graves en los andenes y en el interior de los vagones.

Bratton es un hombre carismático, entusiasta, un líder nato. Pronto hizo notar su presencia. Su mujer se quedó en Boston, por lo que se sentía libre de trabajar largas jornadas. Algunas noches salía a recorrer la ciudad en metro para ver con sus propios ojos los problemas existentes y reflexionar sobre la mejor manera de resolverlos. En primer lugar, seleccionó las estaciones donde el problema de los viajeros sin billete era más acuciante, y puso a diez policías vestidos de paisano junto a los torniquetes. Pescaban a los listillos, los esposaban y los iban bajando al andén, donde los retenían a todos juntos. Era la forma más evidente de demostrarle al público que la policía de tránsito se había puesto manos a la obra para acabar con esas estratagemas. Hasta entonces, la caza de ese tipo de pillos era algo penoso para los agentes, que tenían que arrestarlos, llevarlos a la comisaría, rellenar los impresos necesarios y esperar todo un día a que se procesaran dichos formularios. Todo por un delito que normalmente sólo se penalizaba con ese rato esposados. Bratton cogió un autobús público, le cambió el diseño y lo convirtió en una comisaría ambulante, con sus aparatos de fax, teléfonos, bolígrafos y equipos de toma de huellas. Pronto el trámite del arresto pasó a durar una hora como máximo. Por supuesto, uno de cada siete arrestados ya tenía una orden por un delito anterior, y uno de cada veinte llevaba encima algún tipo de arma. De pronto, fue mucho más fácil convencer a los agentes de policía de que sí tenía sentido dar caza a los que trataban de colarse en el metro. «Para los polis fue un periodo de bonanza —afirma Bratton—. Cada nuevo arresto era como abrir un huevo Kinder. ¿A ver qué sorpresa me toca hoy? ¿Una pistola, un cuchillo, una orden de detención pendiente? ¿Qué tenemos aquí? ¿Un asesino? Al poco tiempo, los malos se lo pensaron bien, dejaron las armas en casa y empezaron a pagar el billete del metro.» En los meses siguientes desde su llegada al cargo se triplicó el número de expulsiones de las estaciones del metro (por ir borracho o por conducta inadecuada). Entre los años 1990-1994 se multiplicaron por cinco los arrestos por faltas, es decir, por aquellos delitos menores a los que antes no se había prestado atención. Bratton convirtió la policía de tránsito en una organización centrada en las infracciones menores y en los detalles de la vida del metropolitano.

Tras la elección de Rudolph Giuliani como alcalde de Nueva York en 1994, Bratton fue nombrado jefe del Departamento de Policía, y desde allí aplicó en mayor escala algunas estrategias similares. Ordenó a sus oficiales que persiguieran los delitos que afectaban a la calidad de vida de los ciudadanos, como las bandas de pedigüeños que se acercaban a los conductores en los semáforos para pedir dinero a cambio de limpiar los parabrisas o cualquier cosa que fuera el equivalente —a ras de suelo— a los grafitis del metro y los pillos que se colaban sin pagar. «Las administraciones anteriores estaban atadas de pies y manos por culpa de presupuestos restrictivos —afirma Bratton—. Pero nosotros nos liberamos de esa atadura. Presionamos para reforzar las leyes contra quienes se emborrachasen u orinasen en la calle, y arrestamos a los que reincidían, incluyendo a quienes tiraran botellas vacías a la calle o participaban en daños menores contra la propiedad. Si a alguien se le ocurría orinar en la calle, se iba directo a la cárcel.» Cuando empezó a disminuir el crimen en la ciudad, igual de rápido que había pasado en la red del metro, Bratton y Giuliani apuntaron a una sola causa. Según ellos, los delitos menores, los que atentan contra la calidad de vida de los ciudadanos, constituían el elemento clave para iniciar una oleada de violencia y criminalidad.

La teoría de las ventanas rotas y la del poder del contexto vienen a ser una misma cosa. Ambas se basan en la premisa de que se puede invertir un proceso epidémico con sólo modificar pequeños detalles del entorno inmediato. Si se piensa en ello, resulta una idea de lo más revolucionaria. Por ejemplo, pensemos en el encuentro en el metro entre Bernie Goetz y aquellos cuatro adolescentes (Allen, Ramseur, Cabey y Canty). Algunos informes dijeron que, al menos dos de ellos, se encontraban bajo el efecto de las drogas cuando tuvo lugar el incidente. Los cuatro procedían de la barriada de viviendas de protección oficial de Claremont Village, que está en una de las zonas más degradadas del sur del Bronx. Cabey tenía antecedentes por robo de armas. Canty tenía sobre las espaldas una orden de detención por posesión de objetos robados. Allen ya había sido detenido una vez por intento de atraco. Allen, Canty y Ramseur, además, tenían cargos por faltas leves, desde gamberradas hasta hurto menor. Dos años después de los disparos realizados por Goetz, Ramseur recibió una condena a veinticinco años en prisión por violación, robo, sodomía, abusos sexuales, asalto, uso ilegal de armas y posesión de objetos robados. No es de extrañar que personas así se vean envueltas en alguna clase de incidente violento.

Pero ¿y Goetz? Lo cierto es que hizo algo bastante anómalo en un hombre blanco con una profesión respetable. Por norma, alguien con este perfil no va por el metro disparando a jóvenes de raza negra. Pero hay que analizar de cerca quién era este hombre para comprender que respondía al tipo de persona que acaba mezclada en situaciones violentas. Su padre era un hombre muy estricto y severo, y Goetz normalmente era el objeto de su furia. En el colegio, todos los chicos se metían con él, siempre le elegían el último para los partidos y los juegos, y era un niño solitario que se marchaba a casa todos los días con lágrimas en los ojos. Después de su formación profesional entró a trabajar para Westinghouse, en la construcción de submarinos nucleares. Pero no duró mucho. Tenía constantes disputas con sus superiores por lo que él consideraba prácticas chapuceras y regateos con el sueldo, y más de una vez se saltó las normas de la empresa y de los sindicatos al hacer labores que tenía prohibidas por contrato. Se fue a vivir a un apartamento en Manhattan, en la calle Catorce, cerca de la Sexta Avenida, en una zona de bloques de pisos que, por aquella época, estaba repleta de mendigos y traficantes de drogas. Uno de sus vecinos de puerta, con el que Goetz trabó amistad, había sufrido el ataque de unos ladrones en la calle, que le habían molido a palos. Goetz se obsesionó con limpiar el vecindario de indeseables. No paraba de quejarse porque había un quiosco vacío junto al edificio y lo usaban los vagabundos como basurero y urinario. Una noche se incendió sin que nadie supiera cómo, y al día siguiente Goetz estaba en la calle barriendo los escombros. Otro día, durante una reunión de vecinos, dijo, para asombro de los demás, que «la única manera de poder limpiar esta calle es librándonos de los negratas y los latinos». En 1981 le atracaron tres chavales negros cuando se disponía a entrar en la estación de Canal Street, un día a media tarde. Salió corriendo de allí, con los tres delincuentes pisándole los talones. Le quitaron el equipo electrónico que llevaba, le golpearon y le empujaron contra una luna de cristal lo cual le provocó daños permanentes en el pecho. Con ayuda de un empleado de limpieza que salía de trabajar en esos momentos consiguió reducir a uno de sus atracadores. Pero aquella experiencia le dejó amargado. Tuvo que pasar seis horas en comisaría hablando con la policía, mientras el atracador salía a las dos horas con un cargo de falta leve. Solicitó un permiso legal de armas. Se lo denegaron. En septiembre de 1984 murió su padre. Tres meses después se le ocurrió sentarse cerca de cuatro jóvenes de raza negra en un vagón del metro y empezó a disparar.

En definitiva, nos hallamos ante un hombre con un problema de autoridad, convencido de que el sistema no funciona y que no hace mucho ha sido objeto de un episodio humillante. Lillian Rubin, que escribió la biografía de Goetz, sostiene que su decisión de irse a vivir a la calle Catorce no fue una casualidad. «Parece que aquella zona le sedujo. Justo por las carencias e incomodidades que ofrece, era el sitio adecuado para descargar la rabia que lleva dentro. Así, al enfocarla hacia el mundo exterior, no tenía que ocuparse de sus problemas internos. Se pasa el tiempo quejándose de la suciedad, del ruido, de los borrachos, la delincuencia, los camellos, los yonquis. Y con razón.» Rubin concluye que las balas que disparó Goetz «iban dirigidas tanto a cosas del presente como a episodios del pasado».

Si analizamos lo que sucedió en el tren número 2 desde este punto de vista, aquel tiroteo era inevitable. Cuatro matones se encaran con un hombre que tiene aparentes problemas psicológicos. Que los disparos se produjeran en el metro parece lo de menos. Goetz habría disparado a esos cuatro jóvenes incluso aunque hubiera estado sentado en una mesa de un Burger King. La mayoría de las explicaciones formales que se emplean para referirse a conductas criminales siguen esta misma lógica. Los psiquiatras consideran que los criminales son personas que sufren un desarrollo psicológico defectuoso, o que tienen relaciones patológicas con sus padres, o que carecen de modelos adecuados. Hay informes científicos, relativamente nuevos, referidos a genes que pueden predisponer a ciertos individuos a cometer crímenes. Además, entre la literatura popular se encuentran numerosos libros escritos por autores conservadores que consideran el crimen como consecuencia de un deterioro en la moral, atribuyendo a los padres y a la escuela la culpa de no saber educar a los niños en el respeto al bien y al mal. Todas estas teorías son, sobre todo, formas de decir que existe un tipo de personalidad criminal, un tipo de personalidad que destaca de lo que la sociedad considera normal: la gente que tiene un desarrollo psicológico defectuoso no entiende cómo se hace para tener relaciones sanas con los demás. La gente que tiene una predisposición genética a la violencia pierde los estribos, mientras la gente normal sabe mantener la calma; la gente que, por su educación, no conoce la diferencia entre el bien y el mal carece del menor sentido de lo que es o no una conducta adecuada; la gente que ha crecido en entornos de pobreza, o sin padres, o constantemente machacada por el racismo, resulta que no tiene el mismo compromiso con las normas sociales que las personas de clase media. En este sentido, tanto Bernie Goetz como aquellos cuatro matones del metro eran prisioneros de su propio mundo, un mundo que no funcionaba correctamente.

¿Qué sugiere la teoría de las ventanas rotas y la del poder del contexto? Pues precisamente lo contrario. Ambas vienen a decir que el criminal, lejos de ser alguien movido por razones fundamentales e inherentes y que no puede escapar de su propio mundo, es en realidad una persona extremadamente sensible a su entorno, alguien que está pendiente de cualquier pista externa y que comete un crimen en función de su percepción del mundo que le rodea. Se trata de una idea bastante difícil de tragar y, en cierto sentido, un tanto increíble. Pero hay un aspecto aún más increíble a tener en cuenta. El poder del contexto es un argumento ambientalista. Sostiene que la conducta depende del contexto social. Sin embargo, es éste un tipo bastante extraño de ambientalismo. En los años sesenta, los liberales defendían un argumento muy parecido, pero cuando hablaban de la importancia del entorno se estaban refiriendo a la importancia de factores sociales fundamentales. Según ellos, el crimen era resultado de la injusticia social, de desigualdades económicas estructurales, del desempleo, del racismo, de décadas de negligencia institucional y social, por lo que si alguien se proponía acabar con el crimen tendría que acometer una serie de reformas casi heroicas. Por su parte, la teoría del poder del contexto viene a decir que el enfrentamiento entre Bernie Goetz y aquellos cuatro jóvenes en el metro tuvo muy poco que ver con la enrevesada patología psicológica que sufría Goetz, y muy poco con el pasado de miserias de los cuatro chavales que le abordaron. Por el contrario, el episodio estaba relacionado con el mensaje que transmitían un montón de paredes repletas de grafitis y un sinfín de torniquetes estropeados. El poder del contexto nos dice que para resolver una epidemia de crímenes no hay que solucionar los grandes problemas, sino que basta con borrar las pintadas callejeras y arrestar a los que se cuelan sin pagar. El comienzo de este tipo de epidemia depende de elementos tan simples y elementales como los que propagaron la epidemia de sífilis en la ciudad de Baltimore o los de la nueva moda de los Hush Puppies. A esto me refería cuando dije que la teoría del poder del contexto era una idea difícil de digerir. Giuliani y Bratton (que no son conservadores, a pesar de que se les define así) representan, en lo que al control de la delincuencia se refiere, la posición más liberal imaginable, tanto que casi no hay quien la tolere. ¿Cómo es posible que no tenga ninguna importancia la situación mental de Bernie Goetz? Y, si de verdad es así, ¿por qué cuesta tanto creerlo?

IV

En el capítulo 2, cuando me referí a lo que hace que alguien como Mark Alpert sea un elemento decisivo en la propagación de una epidemia de boca en boca, mencioné dos aspectos de la persuasión que resultan algo contradictorios a simple vista. Uno era el estudio que demostraba que las personas que veían el programa de Peter Jennings en la cadena ABC tenían más probabilidades de votar al Partido Republicano que las que veían el programa de Tom Brokaw o el de Dan Rather, pues, de modo inconsciente, Jennings era capaz de demostrar su afecto por los candidatos republicanos. El segundo estudio era el que demostraba que la gente carismática es capaz de contagiar su estado emocional a los demás, incluso sin decir nada y en un tiempo brevísimo. Las implicaciones de estos dos experimentos van directas al centro de la ley de los especiales: lo que consideramos como estados internos (preferencias, sentimientos) se ven influidos de manera muy poderosa pero imperceptible por aspectos personales aparentemente superfluos, como por ejemplo un presentador del telediario al que sólo vemos por la tele unos minutos al día, o alguien que se sienta a nuestro lado en silencio durante un ratito. El poder del contexto dice que esto mismo es aplicable a ciertos tipos de entorno, en los que nuestro estado interno resulta de las circunstancias que nos rodean, aunque no nos percatemos de ello. La historia reciente de la psicología es rica en experimentos que sirven para demostrarlo. Revisemos unos cuantos.

A principios de los setenta, un grupo de científicos sociales de la Universidad de Stanford, dirigido por Philip Zimbardo, decidió crear una prisión falsa en el sótano de la Facultad de Psicología. En una sección del pasillo, de unos diez metros, construyeron una serie de celdas con tabiques prefabricados. Transformaron las salas de laboratorio en tres celdas de dos por tres metros, a las que pusieron puertas pintadas de negro y con barrotes de acero. Uno de los lavabos de la planta quedó convertido en celda de aislamiento. A continuación anunciaron en la prensa local que se necesitaban voluntarios, varones, para participar en un experimento. Respondieron 75 hombres, de los cuales seleccionaron a los 21 que parecían los más normales y saludables en una serie de pruebas psicotécnicas. Los separaron en dos grupos, al azar. A unos les dieron uniformes y gafas oscuras. Les dijeron que ellos serían los guardianes, y que su cometido era mantener el orden en la prisión. A la otra mitad se les dijo que serían los prisioneros. Zimbardo pidió al departamento de policía de Palo Alto que «detuviera» a los prisioneros en sus casas, los esposaran, los llevaran a la comisaría, les acusaran de un crimen inventado, les tomaran las huellas dactilares, les vendaran los ojos y los llevaran a la prisión del sótano de la facultad. Allí los desnudaron y les dieron el uniforme de presos, con un número en la parte delantera y en la espalda y que sería, a partir de ese momento y hasta el final de su encarcelamiento, toda su identificación.

El propósito era tratar de averiguar por qué las prisiones son unos sitios tan repugnantes. ¿Era porque están pobladas de gente terrible, o porque la prisión en sí es un lugar tan repugnante que la gente se vuelve asquerosa allí dentro? Responder a este dilema es responder también a la pregunta que surge tras analizar el caso de Bernie Goetz y la limpieza del metro: ¿hasta qué punto influye el entorno inmediato en nuestra conducta? Lo que descubrió Zimbardo le dejó de una pieza. Los que hacían de guardianes, algunos de los cuales se habían declarado pacifistas antes de comenzar el experimento, cayeron enseguida en el rol de los típicos hombres amargados que imponen una férrea disciplina a los demás. La primera noche sacaron de la cama a los prisioneros a eso de las dos de la madrugada y los pusieron a hacer flexiones, los alinearon contra la pared y les ordenaron ejecutar otras tareas arbitrarias. A la mañana del segundo día los prisioneros se amotinaron. Se arrancaron los números de la ropa y se encerraron en las celdas, atrancadas con barricadas. Los guardianes les castigaron desnudándolos, rociándoles el contenido de varios extintores y mandando al cabecilla de la revuelta a la celda de aislamiento. «A veces nos pasábamos de la raya, gritándoles a dos centímetros de la cara —recuerda uno de ellos—. Formaba parte de la atmósfera de terror.» A medida que iba progresando el experimento, los guardianes fueron volviéndose sistemáticamente más crueles y sádicos. «No estábamos preparados para la intensidad del cambio y la velocidad a la sucedía todo», dice Zimbardo. Los que hacían de guardianes obligaban a los prisioneros a decirse uno a otro que se amaban, o a desfilar por el pasillo esposados y con bolsas de papel en la cabeza. «Me comportaba justo al revés de como me estoy comportando en estos momentos —recuerda otro de ellos—. Me parece que llegué a ser muy creativo en lo que se refiere a la crueldad mental.» Transcurridas treinta y seis horas, uno de los prisioneros empezó a ponerse histérico, y hubo que liberarlo. Otros cuatro más tuvieron que salir por «depresión emocional extrema, llantos, rabia y estados agudos de ansiedad». Zimbardo tenía la intención de realizar el experimento durante dos semanas, pero lo dio por terminado a los seis días. «Ahora me doy cuenta —dijo, al salir, uno de los que hacía de prisionero— de que, aunque sintiera que era consciente y que tenía autocontrol, mi conducta como prisionero estaba menos bajo mi control de lo que yo pensaba.» Otro de ellos dijo: «Empecé a sentir que perdía mi identidad, que la persona a la que llamo ..., la persona que se ofreció a meterse en esta prisión (ya que para mí era una prisión, sigue siendo una prisión, y no puedo considerarla como un simulacro o un experimento) era alguien muy alejado de mí, hasta el punto de que finalmente yo ya no era esa persona. Yo era 416. Era mi número, de verdad, y 416 tendría que decidir qué hacer.»

La conclusión de Zimbardo fue que existen situaciones específicas tan fuertes que pueden aturdir y confundir nuestras predisposiciones inherentes. La palabra clave aquí es «situación». Zimbardo no habla de entorno, ni de las influencias externas principales de nuestra vida. No niega que cada uno de nosotros debe su personalidad, en parte, a la manera en que nuestros padres nos han educado, ni que nuestra conducta se puede ver afectada por el tipo de colegio al que fuimos, los amigos que hemos tenido o el lugar en que vivimos. Todo esto es muy importante, sin duda. Tampoco niega que nuestros genes determinan quiénes somos. La mayoría de los psicólogos cree que nuestra manera de comportarnos se explica en gran parte por nuestra naturaleza (genética). Lo que sostiene Zimbardo es que hay ciertos momentos, lugares y condiciones en que mucho de todo eso desaparece, es decir, que hay casos en que se puede coger a alguien educado en una buena escuela, en una familia feliz y en un barrio bueno, e influir sobre su conducta de manera increíble sólo modificando los detalles inmediatos de su situación.

Ya en la década de 1920 se había avanzado este mismo argumento quizá de un modo más explícito, a raíz de una serie de experimentos que habrían de suponer un hito. Dos investigadores con base en Nueva York, Hugh Hartshorne y Mark A. May, escogieron a once mil escolares entre ocho y dieciséis años. En el transcurso de varios meses los sometieron a docenas de tests diseñados para medir la honestidad. Dado que el tipo de test que Hartshorne y May emplearon era fundamental para sus conclusiones, detallo algunos de ellos a continuación.

Por ejemplo, unos eran meros tests de aptitud diseñados por el Institute for Educational Research, institución que fue el antecesor del organismo que hoy día desarrolla los exámenes SAT*. En la parte dedicada a completar frases se pedía a los estudiantes que rellenaran las palabras omitidas en una serie de oraciones. Por ejemplo: «El pobrecito ... no tiene ... para ...; está muerto de hambre.» En el test de aritmética se les hacían preguntas matemáticas como: «Si un kilo de azúcar cuesta diez céntimos, ¿cuánto costarán cinco kilos?», indicándoles que debían escribir la respuesta en el margen. Tenían que responder a todas las cuestiones en menos tiempo del que habrían necesitado para completarlas, de modo que la mayoría dejaban muchas preguntas sin contestar, y cuando acababa el tiempo establecido se les recogían los tests para evaluarlos. Al día siguiente les daban el mismo estilo de test que el día anterior, con preguntas diferentes pero con grado de dificultad similar. Sin embargo, al final les entregaban una hoja con las soluciones, para que ellos mismos se evaluaran, bajo una mínima supervisión. Es decir, que Hartshorne y May les ponían el anzuelo en bandeja. Con la hoja de respuestas correctas en una mano y su test a medio acabar en la otra, los alumnos tenían ante sí la oportunidad de hacer trampas. Los investigadores compararían este test con el del día anterior, y verían así hasta qué punto cada chaval había engañado.

Otro grupo de tests eran los llamados tests de velocidad, con los que se podían medir más fácilmente las apti-

* *Scholastic Aptitude Tests* o *Sholastic Assessment Test*, es un test estandarizado que se utiliza con mucha frecuencia en las universidades de Estados Unidos en el proceso de selección de los alumnos. (N. de la t.)

tudes. Por ejemplo, se pedía a los alumnos que sumaran los 56 pares de números que aparecían en la hoja, y que subrayaran todas las aes que encontraran en una secuencia de cientos de letras escogidas al azar. Tenían que hacer cada prueba en un minuto. A continuación les daban los mismos tests pero sin límite de tiempo, y les permitían trabajar en ellos todo lo que quisieran. Los dos psicólogos administraban infinidad de tests diferentes en multitud de situaciones distintas. Les hacían pruebas físicas también, como flexiones de brazos en espalderas o saltos de longitud, y luego les observaban disimuladamente para ver si engañaban a la hora de explicar qué tal les había ido. Les daban tests para hacer en casa, donde tenían la oportunidad de consultar diccionarios o de pedir ayuda, y comparaban los resultados con los de otros tests similares realizados en la escuela, donde era imposible hacer trampa. Al final llenaron tres gruesos volúmenes con todos los resultados. Durante aquellos experimentos pudieron poner en tela de juicio muchas ideas preconcebidas sobre la personalidad.

Como no podía ser menos, la primera conclusión que extrajeron fue que se había producido mucho engaño. En un caso concreto, la puntuación de las pruebas en las que era posible engañar llegaba a ser de hasta un 50 por 100 más alta, como media, que la puntuación «honesta». Cuando Hartshorne y May se pusieron a buscar pautas de engaño, algunas de sus conclusiones también resultaban obvias: los chavales más listos engañan menos que los de inteligencia más reducida; las niñas engañan casi tanto como los niños; los más mayores hacen más trampas que los más pequeños; los de familias estables y felices engañan un poquito menos que los de hogares inestables o infelices. Si se analizan los datos se pueden extraer pautas generales de coherencia conductual de un test a otro.

Pero lo cierto es que la coherencia no es tan elevada como cualquiera podría esperar. Es decir, que no hay un grupo cerrado de alumnos tramposos, ni un grupo cerrado de alumnos honestos. Algunos niños engañan en casa pero no en el colegio, mientras que otros engañan en el colegio pero no en casa. El hecho de que un chaval hiciera trampas en el test de completar frases no predice de manera irrefutable que vaya a engañar también en la prueba de velocidad, por ejemplo al subrayar aes. Hartshorne y May descubrieron que, si se les daba a esos mismos niños y niñas los mismos tests, bajo las mismas circunstancias, seis meses después, los mismos que antes habían hecho trampas volverían a hacerlas, y de la misma manera que la vez anterior. Pero si se modificaba alguna de dichas variables (el material del test o la situación en que era administrado) también cambiarían los tramposos y las formas.

En definitiva, Hartshorne y May concluyeron que algo como la honestidad no es un rasgo fundamental, es decir, un rasgo «unificado», como ellos mismos lo denominaron. Un rasgo del carácter, como éste, se ve influido de manera significativa por la situación. Esto es lo que ellos mismos escribieron:

> La mayoría de los niños y niñas engañarán en determinadas situaciones, y no en otras. La relación entre mentir, engañar y robar, tal como se han medido en las situaciones de prueba empleadas en estos estudios, es poco consistente. Incluso el engaño en el aula del colegio es un tema altamente específico, pues un niño puede engañar en un test de aritmética pero no en un test de palabras. Que un niño engañe en determinada situación dependerá de su inteligencia, edad, entorno familiar, etcétera, y, en parte, de la naturaleza de la propia situación y de su relación particular con ella.

Soy consciente de que todo esto contradice de alguna manera nuestra intuición al respecto. Si le pidiera a alguien que me describiera la personalidad de sus mejores amigos, seguro que sería algo muy sencillo, y que no me diría cosas como «Mi amigo Pepe es una persona muy generosa, pero sólo cuando yo le pido algo, y no cuando su familia se lo pide»; o «Mi amiga María es una mujer muy honrada cuando se trata de su vida personal, pero en el trabajo es bastante retorcida». En vez de eso, me contestaría que su amigo Pepe es una persona muy generosa y que su amiga María es una mujer honrada. Cuando pensamos en la personalidad, todos usamos términos absolutos, y decimos que alguien es así o asá. Sin embargo, tanto Zimbardo como Hartshorne y May nos sugieren que esta forma de ver las cosas es un error, y que cuando pensamos en rasgos inherentes dejando de lado la situación nos estamos engañando a nosotros mismos sobre las causas auténticas de la conducta humana.

¿Por qué caemos en este error? Quizá tenga que ver con la evolución de nuestro cerebro y su estructura actual. Por ejemplo, los antropólogos que estudian los cercopitecos verdes saben que son un tipo de mono que no comprende muy bien el significado de muchas cosas, como un esqueleto de antílope colgando de un árbol (que es un indicio seguro de que hay un leopardo rondando) o la presencia de huellas de serpiente pitón. Se sabe que estos monos son capaces de meterse en un arbusto tan tranquilos, sin hacer caso de las huellas de una serpiente, y que luego se pegan el susto cuando se encuentran con ella. Pero esto no quiere decir que sean tontos. Son unos monos muy sofisticados en todo lo relativo a su propia especie. Por ejemplo, pueden oír la llamada de un macho y reconocer si proviene de uno de su manada o de un grupo vecino. O, si oyen el grito angustioso de una de sus crías, no miran hacia el lugar del que proviene el sonido, sino a la madre... sabiendo instantáneamente de quién es la cría. Es decir, un cercopiteco es un animal capaz de procesar cierta clase de información, y no otra.

Lo mismo sucede con los seres humanos.

Por ejemplo, consideremos el siguiente rompecabezas. Supongamos que le doy cuatro cartas señaladas con una A, una D, un 3 y un 6. La regla del juego es que la carta que contiene una vocal tiene un número par en el dorso. ¿Qué cartas haría falta girar para demostrar que esta regla es cierta? La respuesta es: la carta con la A y la carta con el 3. La inmensa mayoría de la gente no acierta. Suelen contestar que vale con dar la vuelta a la carta de la A, o la de la A y la del 6. Mal asunto. Pero permítame hacerle otra pregunta. Imagine a cuatro personas bebiendo en un bar. Una bebe coca-cola. Una tiene dieciséis años. Una bebe cerveza y otra tiene veinticinco años. Dada la regla de que a los menores de veintiún años no se les permite beber cerveza, ¿a quiénes tendremos que pedirles el DNI si queremos asegurarnos de que no se está infringiendo la ley? La respuesta es fácil. En realidad, estoy seguro de que casi todos lo adivinarían: habría que pedírselo al que bebe cerveza y al que tiene dieciséis años. Sin embargo, como señala la psicóloga Leda Cosmides (que ideó este ejemplo), se trata del mismo juego que el de las cartas. La diferencia es que esta vez se nos presenta en un contexto con personas, en vez de números y letras, y, como seres humanos, nuestra reacción es más sofisticada cuando están implicados otros de nuestra especie que conceptos abstractos.

El error que cometemos al pensar en la personalidad como algo unificado y cerrado equivale a un punto ciego en el modo en que procesamos la información. Los psicólogos denominan esta tendencia error fundamental de atribución (FAE, Fundamental Attribution Error), que resulta ser una forma muy seria de decir que, cuando se trata de interpretar la conducta de otras personas, los seres humanos cometemos invariablemente el error de sobreestimar la importancia de los rasgos fundamentales del carácter y minusvalorar la importancia del contexto y de la situación. Siempre damos con la «disposición» a algo, para explicar sucesos, en vez de acudir a una explicación contextual. Por ejemplo, en un experimento se les dijo a unas personas que miraran la actuación de unos jugadores de baloncesto, de calidad y talento similares. El primer grupo de deportistas está tirando a encestar, en un gimnasio con buena iluminación, y el segundo grupo hace lo mismo pero en un recinto mal iluminado (por lo que fallan muchos tiros). A continuación se pide a esas personas que juzguen la calidad de los jugadores. Los del gimnasio bien iluminado fueron considerados superiores. Otro ejemplo es el de un grupo de personas a las que se reúne para un experimento, y se les dice que van a jugar a un concurso de preguntas. Se forman parejas y se echa a suertes quién va a ser el que concursa y quién el que pregunta. El que hace las preguntas puede hacer una lista con diez cuestiones «difíciles pero no imposibles» basadas en áreas que le interesen especialmente o en las que sea un experto, de manera que si entiende mucho de música popular de Ucrania podría diseñar toda una serie de preguntas que tengan que ver con ese tema. Comienza la partida. Al final se pide a ambas partes que evalúen el nivel de conocimiento general del compañero. Invariablemente, los concursantes concluyen que los que hacían las preguntas son mucho más listos que ellos.

Se puede hacer esta clase de experimento miles de veces diferentes, y la respuesta siempre es la misma, incluso cuando se ofrece a la gente una explicación clara e inmediata de tipo ambiental respecto a la conducta que se le pide que evalúe: en el primer caso, el gimnasio está mal iluminado; en el caso del concurso, las preguntas llevan toda la carga de dificultad intencionada que uno se pueda imaginar. Y al final parece que nada de eso cuenta. Hay algo dentro de todos nosotros que nos hace querer, instintivamente, explicar el mundo que nos rodea en términos de los atributos esenciales de las personas: aquél es mejor jugador de baloncesto, aquel otro es más listo que yo...

Lo hacemos porque, igual que los cercopitecos, estamos mucho más atentos a las pistas personales que a las contextuales. Además, el FAE nos transmite un mundo más simple y más fácil de comprender. Por ejemplo, en los últimos años hay un interés enorme en la idea de que uno de los factores que explica la personalidad es el orden de nacimiento: los hermanos mayores son dominantes y conservadores, y los hermanos pequeños, más creativos y rebeldes. Pero cuando los psicólogos tratan de verificar esta afirmación, sus respuestas suenan a las de Hartshorne y May. Claro que todos reflejamos la influencia del orden de nacimiento, pero, como la psicóloga Judith Harris señala en *The Nurture Assumption,* sólo lo hacemos en nuestras relaciones familiares. Cuando estamos lejos de la familia, o sea, en contextos diferentes, ni los hermanos mayores tienen más probabilidades de ser dominantes ni los hermanos pequeños tienen más probabilidades de ser más rebeldes que cualquier otra persona. El mito del orden de nacimiento es un ejemplo del FAE en acción. Pero es fácil ver aquí por qué tendemos a caer en ese error. Es mucho más fácil definir a las personas en términos de su personalidad dentro de la familia. Es como usar el método de la taquigrafía para escribir más rápido. Si tuviéramos que medir constantemente cada valoración que hacemos de las personas que nos rodean, ¿cómo podríamos encontrar sentido en nuestro mundo?

¿Cuánto más difícil sería tomar las miles de decisiones que tenemos que tomar sobre si nos gusta alguien, o si amamos a alguien, o si confiamos en esa persona, o si queremos dar consejo a otra? El psicólogo Walter Mischel sostiene que la mente humana cuenta con una especie de «válvula de reducción» que «crea y mantiene la percepción de la continuidad, incluso frente a cambios observados una y otra vez en la conducta».

> Cuando nos encontramos a una mujer que a veces parece hostil y muy celosa de su independencia pero que otras parece más bien pasiva, dependiente y femenina, nuestra válvula de reducción nos hace escoger entre una de las dos actitudes. Así, decidimos que una pauta está al servicio de la otra, o que ambas están al servicio de un tercer motivo. Debe de ser una mujer muy castradora, bajo una fachada de pasividad. O bien es una mujer cálida y dependiente con una imagen exterior de agresividad como modo de autodefensa. Pero es que quizá la naturaleza sea más compleja que todas nuestras concepciones y resulte posible que esta mujer sea al mismo tiempo una señora hostil, independiente, pasiva, dependiente, femenina, agresiva, cálida y castradora. Claro que su elección de ser de una u otra forma no responde a una elección azarosa o caprichosa. Depende de con quién esté, cuándo, cómo, y muchos otros detalles. Y cada uno de estos aspectos puede ser un aspecto real y auténtico de su personalidad completa.

Así pues, la personalidad no es lo que nosotros pensamos o, más bien, lo que queremos que sea. No es un conjunto estable y fácilmente identificable de rasgos relacionados entre sí. Si eso es lo que nos parece, es por un fallo en la estructura de nuestro cerebro. La personalidad es un conjunto de costumbres, tendencias e intereses relacionados entre sí de un modo bastante vago, y que depende, en ciertos momentos, de las circunstancias y el contexto. La razón por la que parece que la mayoría tenemos una personalidad coherente es porque se nos da bien controlar nuestro entorno. Por ejemplo, yo me lo paso fenomenal en las cenas o en las fiestas y, por eso, organizo muchas. Mis amigos me ven ahí y piensan que soy divertido. Pero si no pudiera montar muchas cenas, o si mis amigos me vieran en todas las situaciones en las que yo no tengo el control (como, por ejemplo, si me las tuviera que ver con cuatro muchachitos hostiles en un metro asqueroso), probablemente ya no me verían como un tío divertido.

V

Hace unos años, dos psicólogos de la Universidad de Princeton, John Darley y Daniel Batson, decidieron organizar un estudio inspirado en la historia bíblica del buen samaritano. Como se recordará, la historia aparece narrada en el Nuevo Testamento, en el Evangelio según san Lucas, y cuenta lo que le pasó a un viajero al que habían robado, golpeado y dejado por muerto a un lado del camino que lleva de Jerusalén a Jericó. Dos hombres piadosos (un sacerdote y un levita) pasaron por allí pero ninguno se detuvo, y los dos siguieron su camino. El único que ayudó al hombre fue un samaritano (es decir, una persona perteneciente a una minoría despreciada), que se le acercó, le vendó las heridas y le llevó a una posada. Darley y Batson decidieron hacer una réplica del suceso en el Seminario de Teología de Princeton. Era un episodio muy en la línea del FAE, y es una importante demostración de cómo el poder del contexto tiene serias implicaciones para nuestro estudio sobre las epidemias sociales de todo tipo (no sólo las de crímenes y violencia).

Darley y Batson se reunieron con un grupo de seminaristas, uno por uno, y les pidieron que prepararan una charla improvisada sobre un tema dado, extraído de la Biblia, y que se acercaran a un edificio próximo para exponerla. En su camino hacia el lugar donde habría de dar su charla, cada estudiante iba a encontrarse con un hombre tirado en medio de un callejón, con la cabeza gacha, los ojos cerrados, tosiendo y gimiendo. La pregunta era quién se detendría a ayudarle. Darley y Batson introdujeron tres variables en su experimento, para que los resultados fueran más ricos. En primer lugar, antes de comenzar el experimento, entregaron a los estudiantes un cuestionario sobre las razones por las que habían escogido estudiar Teología. ¿Consideraban que la religión era para ellos una forma de adquirir crecimiento espiritual y personal? ¿Acaso buscaban una herramienta útil para dar sentido a su vida cotidiana? A continuación eligieron temas diferentes para las charlas. A unos les dijeron que tendrían que hablar sobre la relevancia del clero profesional para la vocación religiosa, y a otros les propusieron la parábola del buen samaritano. Por último, también variaban las instrucciones que se daba a cada estudiante. En algunos casos, justo antes de que el estudiante saliera camino del otro edificio, el encargado del experimento echaba un vistazo al reloj y le decía: «¡Venga, que llegas tarde! Te esperaban allí hace unos minutos. ¡Date prisa!» En otros casos, le decía: «Aún te queda tiempo, pero sería mejor que fueras yendo.»

Si pidiéramos a la gente que predijera cuál de los seminaristas hizo de buen samaritano (hay estudios posteriores que han pedido a la gente que avanzara sus predicciones) las respuestas serían bastante coherentes. Casi todo el mundo diría que los que tenían más probabilidades de pararse a ayudar al hombre serían los estudiantes que iniciaron su carrera en el seminario con la idea de ayudar a otros, así como aquellos que acabaran de recordar la importancia de tener compasión hacia los demás debido a que habían tenido que leer la parábola del buen samaritano. Creo que la mayoría estaríamos de acuerdo con esta conclusión. Pero, en la realidad, ninguno de esos dos factores tuvo peso alguno. «Resulta difícil imaginar un contexto en que las normas relativas a la ayuda a los necesitados cuenten más que para alguien que lleve en la memoria la parábola del buen samaritano. Sin embargo, aquello no incrementó de manera significativa la conducta en ayuda del hombre —concluyeron Darley y Batson—. Al contrario, más de un seminarista, a punto de dar una charla sobre el buen samaritano, se tropezó con la víctima y siguió su camino a toda velocidad.» Lo único que de verdad contaba era si el estudiante tenía prisa o no. Del grupo que sí tenía prisa, sólo el 10 por 100 de los seminaristas se detuvo a ayudar. De los que no llevaban tanta prisa, el 63 por 100 paró a echarle una mano.

Dicho de otro modo, este estudio sugiere que, al final, las convicciones de nuestro corazón y los contenidos verdaderos de nuestros pensamientos son menos importantes a la hora de guiar nuestras acciones, frente al peso que tiene el contexto inmediato. Las palabras «¡Venga, que llegas tarde!» tuvieron el efecto de convertir a alguien que, en otras circunstancias, era una persona compasiva en una persona indiferente al sufrimiento (es decir, convertir a una persona en otra totalmente diferente). Las epidemias tienen que ver, en su raíz, con este mismo proceso de transformación. Cuando intentamos que una idea, o una actitud, o un producto se propaguen, lo que estamos tratando de hacer es modificar a nuestro público en algún aspecto pequeño pero crucial. Queremos contagiarles, meterles en nuestra epidemia, superar su hostilidad y lograr que la acepten. Esto podemos hacerlo gracias a la influencia de cierto tipo especial de persona, que goza de una conexión extraordinaria. Ésa es la ley de los especiales. También lo podemos conseguir modificando el contenido de la comunicación, convirtiendo un mensaje en memorable, de tal forma que tenga gancho y permanezca en la mente de quien lo recibe y le incite a actuar de determinada manera. Éste es el factor del gancho. Pienso que ambas leyes tienen sentido. Pero necesitamos recordar que haciendo mínimos cambios en el contexto también podemos dar inicio a una epidemia, aunque aquello parezca contradecir nuestras concepciones más enraizadas sobre la naturaleza humana.

Esto no quiere decir que nuestro estado psicológico o nuestra historia personal no tengan importancia a la hora de explicar nuestro comportamiento. Un porcentaje muy elevado de quienes cometen actos de violencia, por ejemplo, poseen una especie de desorden psiquiátrico o proceden de entornos muy problemáticos. Pero hay un mundo de distancia entre tener tendencias violentas y cometer un auténtico acto violento. Un crimen es un suceso aberrante y relativamente poco común. Para que se cometa un crimen tiene que suceder algo más, algo adicional que provocará que una persona atormentada cometa un crimen. Lo que sostiene mi teoría del poder del contexto es que esas cosas extras pueden ser tan simples y triviales como una señal cotidiana de desorden como pueden ser los grafitis y la gente que se cuela en el metro. Esta idea tiene implicaciones enormes. Nuestra noción de que la predisposición lo es todo (es decir, que la conducta violenta siempre responde a una «personalidad sociopática», o a un «superego deficiente», o a la incapacidad de obtener gratificación o a algún defecto genético) se convierte, al final, en la más pasiva y reaccionaria de las ideas sobre el crimen. Es como decir que cuando atrapas al delincuente puedes tratar de ayudarle para que se vuelva mejor persona (dándole Prozac, sometiéndole a terapia, tratando de rehabilitarle), pero que hay muy poco que se puede hacer para prevenir el crimen, ya desde un principio. La vieja forma de atajar los problemas de las oleadas de delincuencia conduce inevitablemente a una preocupación con las medidas de defensa contra el crimen. Ponga usted otro cerrojo, para que el ladrón tarde más en forzar la puerta y así a lo mejor se desanima y lo intenta con la de al lado. O que se hagan más largas las condenas, para que tengan menos oportunidades de hacernos daño a los demás ciudadanos. O múdese usted a un barrio residencial de las afueras, para poner tierra por medio entre usted y la mayoría de los delincuentes.

Si logramos comprender que el contexto influye, esos detalles relativamente minúsculos pero específicos pueden servir para alcanzar el punto clave, y el derrotismo puede dar un giro de 180 grados. El punto clave que se obtiene a través del ambiente es siempre algo que todos podemos cambiar: podemos arreglar las ventanas rotas, podemos limpiar los grafitis, podemos cambiar las señales que animan al crimen. Así podemos entender mejor el crimen, y prevenirlo. Esto conlleva una dimensión más amplia. Judith Harris afirma de modo muy convincente que la influencia de los que nos rodean y de la comunidad es más importantes que la de la familia, a la hora de determinar cómo serán los niños cuando crezcan. Por ejemplo, los estudios realizados acerca de la delincuencia juvenil y del abandono de estudios en los alumnos de instituto demuestran que un niño se desarrolla mejor en un vecindario bueno, aunque su hogar esté lleno de problemas, que si vive en un barrio problemático pero en el seno de una buena familia. Dedicamos tanto tiempo a recalcar la importancia de la influencia familiar que, a primera vista, nos parece que aquello es imposible. Pero en realidad no es más que una prolongación obvia y de sentido común de la teoría del poder del contexto, que dice que los niños se ven tremendamente influidos por su entorno, que los rasgos de nuestro mundo social y físico inmediato (las calles por las que caminamos, la gente con la que nos cruzamos) desempeñan un papel fundamental para modelar nuestra personalidad y nuestra manera de comportarnos. Al fin y al cabo, no sólo las conductas criminales son extremadamente sensibles a las pistas que lanza el entorno, lo son todas las conductas. Por muy chocante que parezca, si unimos el significado del experimento de la prisión de Stanford y el experimento llevado a cabo en el metro de Nueva York, lo que ambos sugieren es que es posible ser mejores personas si caminamos por una calle limpia o si usamos un sistema metropolitano limpio que si éstos se hallan repletos de basura y de grafitis.

«En una situación así, estás en un ambiente de combate —le dijo Goetz a su vecina Myra Friedman, a la que llamó, angustiado, a los pocos días del tiroteo—. Es que no puedes pensar de manera normal. La memoria no te funciona bien. Estás excitado por todo lo que pasa. Cambian tu visión, tu perspectiva, tu capacidad. Te vuelves capaz de hacer cosas que antes no harías. Actué de forma horrible, salvaje... ¿Sabes qué pasa si arrinconas a una rata y estás a punto de matarla? Pues yo actué de una forma horrible y salvaje, exactamente igual que si fuera una rata.»

Claro que sí. Porque este hombre vivía en una ratonera.

5
EL PODER DEL CONTEXTO (SEGUNDA PARTE)
150, UN NÚMERO MÁGICO

En 1996, la escritora y actriz ocasional Rebecca Wells publicó un libro titulado *Divine Secrets of the Ya-Ya Sisterhood**. Su llegada a las librerías no fue ningún gran acontecimiento literario. Wells ya tenía publicado un primer libro *(Little Altars Everywhere)*, que sólo había tenido cierto eco en un círculo minoritario de su ciudad natal, Seattle. Wells no era ni Danielle Steel ni Mary Higgins Clark, así que sólo acudieron unas siete personas a la conferencia que dio con motivo de la publicación de su nueva obra en Greenwich (Connecticut). Aparecieron unas cuantas críticas aquí y allá, la mayoría positivas, y al final vendió la respetable cantidad de 15.000 ejemplares de la primera edición en tapa dura.

Al año siguiente se publicó la edición de bolsillo. Los primeros 18.000 ejemplares se agotaron en pocos meses, superando todas las expectativas. A comienzos del verano la edición de bolsillo había alcanzado las 30.000 copias vendidas, y tanto Wells como su editora empezaron a pensar que iba a ocurrir algo maravilloso. «A veces estaba firmando ejemplares y de pronto aparecía un grupo de seis o siete mujeres para pedirme que les firmara hasta diez li-

* *Clan ya-ya*, Barcelona, Editorial Thassàlia, 1997.

bros», recordaría Wells más tarde. Su editora, Diane Reverand, avisó al equipo de *marketing* para que empezaran a preparar una campaña de publicidad. Adquirieron un espacio en la revista *New Yorker,* en la página contigua al índice de contenidos, y las ventas se duplicaron en un mes. Wells recorrió todo el país presentando su libro, y pudo constatar ciertos cambios en la composición del público asistente a sus conferencias. «Me di cuenta de que ahora acudían madres e hijas. Las hijas solían rondar los cuarenta años o algo menos. Las madres eran de la generación que fue al instituto durante la Segunda Guerra Mundial. Después vi que venían también mujeres de tres generaciones diferentes, incluyendo veinteañeras. Y un poco más adelante, empezaron a venir adolescentes y niñas, lo cual fue una sorpresa realmente grata para mí.»

Divine Secrets of the Ya-Ya Sisterhood aún no se había convertido en un libro de éxito. No sería hasta febrero de 1998 cuando por fin entró en las listas de los más vendidos, y se mantuvo a lo largo de cuarenta y ocho reediciones, alcanzando los dos millones y medio de ejemplares vendidos. Tampoco había comenzado a destacar en todo tipo de medios de comunicación, es decir, artículos en las principales revistas femeninas y aparición en programas de televisión, que convertirían a Wells en una celebridad. Pero gracias al poder del boca a boca su libro había alcanzado el punto clave. «Creo que el punto de inflexión se produjo en California, el invierno en que se publicó la edición de bolsillo —dijo Wells—. A mis conferencias empezaron a acudir setecientas u ochocientas personas.»

¿Por qué *Divine Secrets of the Ya-Ya Sisterhood* se convirtió en una epidemia? Visto en retrospectiva, parece que la respuesta es bastante sencilla. Se trata de un libro reconfortante, bien escrito, que trata de la amistad y las relaciones madre-hija. Era un libro que llegó a la gente. Tenía gancho. Además hay que recordar algo decisivo: que Wells también es actriz. Así que en sus conferencias a lo largo y ancho del país no se limitaba a leer fragmentos de su libro, sino que los actuaba. Interpretaba cada personaje con tal destreza que convirtió sus charlas en auténticas representaciones teatrales. Wells es una vendedora nata. Además de todo esto, hay un tercer factor, menos obvio, que tiene que ver con la última ley de toda epidemia social: el éxito de *Ya-Ya* es todo un tributo al poder del contexto. Para ser más exactos, es un testimonio del poder de un único aspecto del contexto: el papel fundamental que desempeña el grupo.

I

En cierto sentido, es algo muy evidente. Cualquiera que haya ido alguna vez al cine sabe que cuanta más gente vaya a ver una película, mejor parece. Así, las comedias resultan infinitamente más divertidas y los *thrillers* son aún más impactantes si uno los ve en una sala repleta de gente. Los psicólogos vienen a decir más o menos esto mismo: si se pide a la gente que se reúna para analizar unos datos o para tomar una decisión, las conclusiones a las que se llega son muy diferentes de si se les pide que hagan eso mismo pero individualmente. Cuando formamos parte de un grupo, somos mucho más susceptibles a la presión que ejercen nuestros compañeros, a las normas sociales y a otras influencias que desempeñan un papel decisivo y que pueden arrastrarnos al punto inicial de una epidemia social.

¿Nunca se ha preguntado cómo comenzaron los movimientos de corte religioso? Se suele dar por hecho que son el resultado de la labor de predicadores muy carismáticos, como el apóstol san Pablo, Billy Graham o Brigham

Young. Pero es que, además, la expansión de cualquier ideología nueva y contagiosa tiene mucho que ver con el buen o mal uso del poder grupal. Por ejemplo, a finales del siglo XVIII y comienzos del XIX, el movimiento de los metodistas se convirtió en toda una epidemia en Inglaterra y en Norteamérica, pasando de veinte mil a noventa mil seguidores en Estados Unidos sólo en cinco o seis años, en la década de 1780. Pero su fundador, John Wesley, no era precisamente el predicador más carismático de su época. Este honor recaía en George Whitfield, un orador con tal poder y carisma que, según se dice, utilizó sus dotes encantadoras para sacarle a Benjamin Franklin una contribución de cinco libras, cuando se sabe que Franklin era todo menos un beato de iglesia. Wesley tampoco era un gran teólogo, del estilo de Juan Calvino o de Martín Lutero. Su punto fuerte era su poder organizativo. Recorrió toda Inglaterra y Norteamérica dando sermones al aire libre a miles de personas. Pero no se limitaba a predicar, sino que se quedaba en cada ciudad el tiempo necesario para formar, entre los convertidos más entusiastas, pequeñas sociedades religiosas que, a su vez, subdividía en grupos de unas doce personas. Los nuevos seguidores tenían que asistir a reuniones semanales y estaban obligados a obedecer un estricto código de conducta, y si no conseguían vivir según los principios metodistas, eran expulsados del grupo. Es decir, se trataba de un grupo que representaba algo y lo defendía. A lo largo de su vida, Wesley fue visitando incesantemente a todos sus grupos y llegó a recorrer seis mil kilómetros al año a lomos de su caballo. Con esto pretendía reforzar los principios del credo metodista. Era un auténtico conector. Era algo así como un súper Paul Revere. La diferencia es que no estaba vinculado a muchas personas, sino a muchos grupos de personas. Es un detalle pequeño pero de máxima importancia. Wesley se dio cuenta de que si se quiere producir un cambio fundamental de creencias y comportamientos es necesario crear una comunidad en la que la nueva creencia pueda practicarse, exprcsarse y nutrirse.

Creo que esto ayuda a entender por qué el libro de Wells llegó al punto clave de seguidores. La primera lista de éxitos en la que apareció *Ya-Ya Sisterhood* fue la del *Northern California Independent Bookseller.* Como dijo ella misma, fue en esa zona de California donde empezó a dar conferencias para públicos de setecientas y ochocientas personas. Fue allí donde comenzó la epidemia *Ya-Ya.* Pero ¿por qué allí? Según Reverand, la región de San Francisco es la parte del país donde la formación de grupos literarios está más extendida. Y, desde el momento de su publicación, quedó claro que *Ya-Ya* era uno de esos títulos que los libreros consideran «libro para grupo literario», es decir, una novela con riqueza de emociones, personajes fuertes y varias lecturas, que invita a la reflexión y la discusión, uno de esos libros que podía convertirse en un éxito entre las asociaciones de libro-fórum. Los grupos de mujeres que se acercaban a Wells al final de sus charlas eran miembros de este tipo de clubes, y compraban varios ejemplares de más no sólo para la familia y sus amistades, sino para llevárselos a otros miembros de su grupo de lectura. Además, al ser un libro del que se hablaba tanto y que se leía en el seno de este tipo de grupos, consiguió tener aún más gancho entre la gente. Al fin y al cabo, siempre nos es más fácil recordar algo y hacerlo nuestro si hemos estado hablando de ello entre amigos durante un par de horas. Se convierte así en una experiencia social, en un tema de conversación constante. La conexión de *Ya-Ya* con la cultura de los grupos y asociaciones de lectores hizo que sobrepasara el punto clave necesario para convertirse en una epidemia que se transmitió de boca en boca.

Wells explica que al final de sus charlas, en el rato de preguntas y respuestas, las mujeres solían decirle: «Llevamos un par de años en un grupo de lectores. Pero desde que su libro cayó en nuestras manos ha pasado algo nuevo para nosotras: hemos logrado un nivel de comunicación más íntimo, como si fuéramos buenas amigas; hemos organizado excursiones a la playa o fiestas en casa de una o de otra.» Muchas mujeres empezaron a formar grupos Ya-Ya por su cuenta, imitando al grupo protagonista de la novela. Incluso llevaban fotos para enseñárselas a Wells y que se las firmara. El metodismo de Wesley se extendió como la pólvora por toda Inglaterra y Norteamérica porque Wesley se preocupó de visitar cientos y cientos de grupos, de modo que cada agrupación recibía su mensaje directamente de él y lo hacía más suyo y más atractivo. Lo mismo pasó con *Ya-Ya Sisterhood.* Si fue haciéndose famoso entre los grupos de lectura, entre los nuevos grupos Ya-Ya y entre las personas que acudían a las charlas de Wells fue porque ésta canceló cualquier otra actividad para dedicarse en exclusiva, durante un año, a recorrer el país sin descanso.

La lección de *Ya-Ya* y de John Wesley es que los grupos pequeños y cohesionados tienen el poder de magnificar el potencial epidémico de un mensaje o de una idea. De todos modos, esta conclusión aún deja sin contestar unas cuantas preguntas cruciales. Por ejemplo, la palabra «grupo» es un término empleado para describir tanto un equipo de baloncesto como el sindicato de camioneros, dos parejas que se van de vacaciones juntas o el Partido Republicano. Si lo que nos interesa es dar comienzo a una epidemia, o sea, alcanzar el punto clave, tenemos que saber qué clase de grupo es más efectivo para nuestro fin. ¿Existe alguna regla general para distinguir a los grupos que tienen verdadera autoridad social de los que casi no tienen poder?

Parece que sí. Se denomina: la norma del 150. Y es un ejemplo fascinante de los curiosos e inesperados modos en que el contexto afecta el curso de una epidemia social.

II

En psicología cognitiva existe el concepto de la capacidad canalizadora, que se refiere a la cantidad de espacio en nuestro cerebro para ciertos tipos de información. Por ejemplo, digamos que toco para usted una serie de tonos musicales, al azar, y le pido que asigne un número a cada uno, de tal modo que si toco un tono muy, muy bajo, usted le pondría un 1; si toco uno medio, le pondría un 2; y si toco un tono alto, le daría un 3. El propósito del test es averiguar durante cuánto tiempo será usted capaz de seguir distinguiendo cada tono. Por supuesto, las personas que gozan de un oído magnífico no terminarían nunca de jugar a este juego, pues, por muchos tonos diferentes que escuchen, siempre aciertan. Pero para casi todos nosotros resulta un juego bastante más difícil. La mayoría podemos clasificar los tonos en unas seis categorías, y a partir de ahí empezamos a cometer errores, confundiendo tonos que son diferentes y metiéndolos en la misma categoría. Si tocara cinco tonos muy agudos, usted sería capaz de agruparlos aparte, y si tocara otros cinco muy bajos, también. Pensará que si combino estos tonos agudos y graves y los toco todos a la vez podrá clasificarlos en diez categorías diferentes. Pero no será capaz de lograrlo, y lo más seguro es que se quede en unas seis categorías.

Este límite natural aparece una y otra vez en tests muy sencillos. Si le pidiera que se bebiera veinte vasos de té helado, cada uno de ellos con una cantidad diferente de azúcar, y que los clasificara, sólo podría dividirlos, de nuevo, en unas seis o siete categorías diferentes y luego empezarían los errores. Otro caso: Si proyecto unos puntos sobre una pantalla a toda velocidad y le pido que me diga cuántos ve, seguro que alcanza a contar hasta siete, y luego tiene que confiar en sus dotes adivinatorias. «Parece existir cierta limitación dentro de nosotros, construida durante nuestro aprendizaje o debida al diseño de nuestro sistema nervioso, por la cual nuestras capacidades canalizadoras no pasan de este rango general», concluyó el psicólogo George Miller en su famoso ensayo «The Magical Number Seven». Por eso los números de teléfono están compuestos por siete cifras. «Bell quiso que el número fuera lo más largo posible para tener así el máximo de capacidad, pero que no fueran tan largos que resultaran demasiado difíciles de memorizar», dice Jonathan Cohen, investigador especializado en memoria, de la Universidad de Princeton. El número de teléfono excedería la capacidad humana de canalización si estuviera formado por ocho o nueve dígitos, y habría muchos más errores al hacer llamadas.

Dicho de otro modo, sólo podemos manejar determinada cantidad de información de una sola vez. En cuanto sobrepasamos cierto límite, la información nos abruma. Lo que estoy describiendo aquí es una capacidad intelectual: nuestra capacidad para procesar información en bruto. Pero, si nos fijamos, veremos que también los sentimientos quedan afectados por esta capacidad de canalización.

Por ejemplo, tómese un minuto para elaborar una lista con toda la gente que conoce cuyo fallecimiento podría dejarle realmente destrozado. Lo más probable es que acabe con un total de unos doce nombres. Ésta es, al menos, la respuesta media que da la mayoría de la gente. Estos nombres conforman lo que los psicólogos denominan grupo de compasión. ¿Por qué no es más grande este grupo? En parte, se debe a una cuestión de tiempo. Si observa los nombres de su lista de compasión, seguramente verá que se trata de las personas a las que más atención dedica en su vida, ya sea por teléfono, en persona o pensando en ellas o preocupándose por ellas. Si su lista fuera el doble de larga, si tuviera treinta nombres, querría decir que usted sólo pasa la mitad de tiempo dedicado a esas personas. Así que, probablemente, no se sentiría usted tan unido a ellas. Para ser amigo íntimo de alguien es necesario invertir mucho tiempo en la relación. Además, le exige un desgaste emocional. Cuidar y atender a alguien desde lo más hondo del corazón es agotador. A partir de cierto punto, entre las diez y quince personas, empezamos a sentir una sobrecarga, igual que nos embotamos cuando tenemos que distinguir entre demasiados tonos. Así estamos construidos los seres humanos. Como escribe el biólogo evolucionista S. L. Washburn:

> La mayor parte de la evolución humana tuvo lugar antes del advenimiento de la agricultura, cuando el hombre aún vivía en grupos reducidos, con relaciones directas, cara a cara. Como consecuencia de ello, la biología humana ha evolucionado como un mecanismo de adaptación a unas condiciones que ya hace tiempo que desaparecieron. La evolución de la especie humana nos ha llevado a tener sentimientos profundos hacia unas pocas personas, en relaciones de cercanía física, y con intervalos de separación relativamente breves; y así siguen siendo las dimensiones vitales que son importantes para el ser humano.

Sin embargo, puede que el límite natural más interesante sea lo que podría denominarse nuestra capacidad de canalización social. El antropólogo británico Robin

Dunbar ha presentado el caso más convincente de esta capacidad social. Dunbar comienza haciendo una observación muy simple. Los primates (monos, chimpancés, babuinos y humanos) son los mamíferos que poseen los cerebros más grandes. Más importante aún: una zona concreta del cerebro de los humanos y de otros primates (la región conocida como neocórtex, que tiene que ver con el pensamiento complejo y el razonamiento) es enorme, comparada con el resto de los mamíferos. Durante años, los científicos han estado debatiendo la razón de que esto sea así. Una de las teorías apunta a que nuestros cerebros evolucionaron porque nuestros antepasados comenzaron a practicar formas cada vez más sofisticadas para la obtención del alimento. Así, en vez de alimentarse únicamente de hierbas y hojas, empezaron a comer fruta, lo cual requiere un mayor intelecto. Hay que pelar la piel o la cáscara para poder comerse la pulpa. El problema que tiene esta teoría es que no se puede aplicar al caso de los primates, pues algunos poseen grandes cerebros y sólo comen hojas, y los hay con cerebros más pequeños y que comen fruta, igual que hay primates con córtex pequeños que recorren largas distancias en busca de alimento, y primates con cerebros grandes que permanecen en el mismo lugar. En definitiva, el argumento de la comida no nos lleva a ningún lado. ¿Cuál es el factor que produjo un desarrollo de cerebros grandes? La respuesta, según afirma Dunbar, es el tamaño del grupo. Si observamos cualquier especie de primate (cualquier variedad de mono o de simio) veremos que, a mayor neocórtex, más numeroso es el grupo.

El argumento que esgrime Dunbar es que el cerebro evoluciona y se hace más grande para poder manejar las complejidades que presenta un grupo social más numeroso. Pone como ejemplo que si el individuo pertenece a un grupo de cinco personas se enfrenta a diez relaciones diferentes: las que tiene con los otros cuatro miembros del grupo, más las seis relaciones que tienen lugar entre todos los pares posibles. Conocer a todos los miembros del grupo implica esto. Hay que comprender las dinámicas personales, adaptar la propia personalidad a la de los otros, hacer que todos se sientan felices, organizarse para dedicar tiempo a los demás y la atención que nos piden, etcétera. Sin embargo, cuando el individuo pertenece a un grupo de veinte personas, se enfrenta a 190 relaciones entre pares: 19 entre él y los otros miembros, y 171 con las restantes parejas posibles. Si bien el tamaño del grupo sólo se ha quintuplicado, la cantidad de información necesaria para «conocer» a los otros miembros se ha multiplicado por veinte. Es decir, un pequeño aumento en el tamaño del grupo da lugar a una carga social e intelectual significativamente mayor.

De todos los grupos de primates, los humanos son los que forman grupos de socialización más grandes, y esto es debido a que somos los únicos animales con cerebros lo suficientemente grandes como para manejar bien las complejidades de esa organización social. Dunbar ha elaborado una ecuación, que funciona en el caso de la mayoría de los primates, según la cual es capaz de calcular cuál será el máximo tamaño posible del grupo social para cada especie concreta, a partir de lo que llama el *ratio* de neocórtex (el tamaño del neocórtex, en relación con el tamaño del cerebro). En el caso del *Homo sapiens,* la estimación es de 147,8 miembros, o sea, más o menos 150. «Parece ser que la cifra 150 representa el número máximo de individuos con los que podemos mantener una auténtica relación de tipo social, ese tipo de relaciones en que basta con saber cómo se llaman los otros y de qué los conocemos. Es decir, esas personas con las que no nos da ningún apuro tomar algo en el bar si coincidimos con ellas por casualidad.»

Dunbar se ha sumergido en la bibliografía sobre antropología y se ha ido encontrando con el número 150 una y otra vez. Por ejemplo, analiza veintiuna sociedades diferentes de cazadores y recolectores sobre las que tenemos sólida evidencia histórica, desde los walbiri de Australia hasta los tauade de Nueva Guinea, pasando por los ammassalik de Groenlandia y los ona de Tierra del Fuego, y se encuentra con que el número medio de miembros en cada poblado es de 148,4. Y lo mismo puede decirse de las organizaciones militares. «Con el paso del tiempo, los estrategas militares han comprobado que, por norma general, si se quiere contar con unidades eficaces, éstas no deben sobrepasar los doscientos hombres —escribe Dunbar—. Sospecho que esto no se debe sólo a cómo se ejerce el control y la coordinación por parte de los generales, sino también a que las compañías se bloquean a partir de ese número, a pesar de todos los avances tecnológicos en medios de comunicación que se han producido desde la Primera Guerra Mundial. Más bien, es como si los estrategas hubieran descubierto, a base de ensayo y error a lo largo de los siglos, que resulta muy difícil que un número mayor de hombres consiga sentirse cercano a los demás y, por lo tanto, puedan trabajar juntos como una unidad eficiente.» Por supuesto, se puede organizar un ejército con grupos más grandes que el mencionado, pero ello implica imponer complicadas jerarquías, normas, regulaciones y medidas formales para mantener la lealtad y la cohesión. Dunbar afirma que por debajo de los 150 miembros es posible lograrlo de manera informal: «Con ese tamaño de grupo, las órdenes se aplican y la conducta desleal se controla, sobre la base de la lealtad personal y el contacto directo de hombre a hombre. Mientras que, en el caso de grupos más numerosos, no es posible.»

También está el ejemplo de los hutteritas, un grupo religioso que lleva siglos viviendo en colonias agrícolas autosuficientes en Europa y, desde comienzos del siglo XX, también en Norteamérica. Los hutteritas (que proceden de la misma tradición que los amish y los menonitas) siguen estrictamente la norma de dividir en dos toda comunidad que llegue a estar formada por 150 miembros. «Parece que lo mejor para mantener con eficacia un grupo de personas es mantenerse siempre por debajo de 150 —me explicó Bill Gross, uno de los jefes de la colonia hutterita que vive a las afueras de Spokane—. Cuando se pasa de ese número, el grupo comienza a estar formado por personas que no se conocen entre sí.» Evidentemente, los hutteritas no han extraído este principio de fuentes contemporáneas de psicología de la evolución. Llevan siglos aplicando la norma del 150. Sin embargo, su lógica encaja a la perfección con las teorías de Dunbar. Creen que, llegados a 150, empieza a pasar algo imposible de definir pero muy real, y es que la naturaleza de la comunidad, por alguna razón, cambia de un día para otro. «En grupos más reducidos, la gente se siente más unida. Forman una piña, y esto es muy importante si se quiere llevar una vida comunitaria eficaz y fructífera —me dijo Gross—. Si la comunidad crece demasiado, ya no hay bastante trabajo en común, quedan pocas cosas que se hagan en común y uno empieza a ver caras que no conoce. Y esa camaradería empieza a diluirse.» Gross lo sabía por propia experiencia. Ha estado en comunidades hutteritas que se han acercado a ese número mágico, y ha visto de primera mano lo que pueden llegar a cambiar las cosas. «Cuando se llega a ese tamaño, lo que sucede es que el propio grupo empieza a formar una especie de clanes.» Para demostrarme lo que quería decir, hizo un gesto separando las manos. «Te encuentras con que, dentro del grupo mayor, hay dos o tres grupos más pequeños. Es algo que uno realmente querría evitar, y cuando empieza a ocurrir es que ha llegado la hora de separar una rama del tronco.»

III

A lo largo de este libro hemos visto que los cambios relativamente insignificantes en el entorno que nos rodea pueden tener efectos drásticos en cómo nos comportamos y en quiénes somos. Basta con borrar los grafitis para evitar, de un plumazo, que cometan crímenes esas personas que en otras circunstancias los cometerían. Basta con decirle a un seminarista que se dé prisa para que no haga ni caso a un hombre tirado en plena calle y con evidentes signos de encontrarse mal. La norma del 150 sugiere que el tamaño del grupo es otro de esos factores contextuales tan sutiles pero que pueden significar una gran diferencia. En el caso de los hutteritas, las personas que se han unido al grupo voluntariamente y que, cuando los miembros no son más de 150, comparten sin ninguna dificultad el espíritu comunitario, de repente, y sólo por culpa de un mínimo cambio en la composición del grupo, se dividen y se alienan. En cuanto se cruza esa fina línea, en cuanto se supera el punto clave, empiezan a comportarse de una forma muy diferente.

Si lo que queremos son grupos que nos sirvan como incubadoras de mensajes contagiosos (como ocurrió en el caso de *Divine Secrets of the Ya-Ya Sisterhood* y de la primitiva iglesia metodista) tendremos que mantenerlos por debajo del punto clave de 150 miembros. Por encima de ese número surgen obstáculos estructurales que dificultan la capacidad de consenso y cohesión del grupo. Si lo que queremos es, digamos, construir colegios en áreas desfavorecidas con la idea de contrarrestar con éxito la atmósfera dañina de los barrios que los rodean, más nos valdrá levantar muchos colegios pequeños en lugar de uno o dos grandes. La norma del 150 dice que los fieles de una iglesia en rápida expansión, o los miembros de un club social, o cualquier persona que forme parte de un grupo dedicado a la propagación epidémica de ideales sociales tiene que conocer muy bien el peligro que entrañan las comunidades excesivamente numerosas, y que rebasar la línea del 150 significa un mínimo cambio que puede provocar una diferencia enorme.

Uno de los mejores ejemplos de una organización que ha superado con éxito este problema puede ser el de Gore Associates, una empresa privada con inversiones multimillonarias en tecnología punta. Tiene su sede en Newark (Delaware), y se dedica a fabricar el Gore-Tex, un tejido resistente al agua, así como la seda dental Glide, unas coberturas aislantes especiales para cables de ordenador y una amplia gama de recambios, bolsas para filtros y tubos especializados y muy sofisticados para la industria automovilística, farmacéutica, médica y de semiconductores. En Gore no hay nombres de puestos, y las tarjetas de visita de cualquiera de las personas que trabajan allí sólo llevan el nombre y, debajo, la palabra *Associate*, sin hacer distinciones entre nóminas, responsabilidades o antigüedad en la empresa. Allí no hay jefes, sino patrocinadores (mentores) que miran por sus propios intereses. La sede de la empresa es un edificio bajo, sencillo, de ladrillo rojo. Las oficinas «ejecutivas» son despachos pequeños, amueblados con austeridad, dispuestos a lo largo de un pasillo estrecho. Los despachos en las esquinas de los edificios propiedad de Gore suelen dedicarse a salas de reuniones o bien son espacios abiertos, para que nadie pueda decir que hay favoritismo en la asignación de los despachos. Cuando fui a ver a uno de los asociados de Gore, un tal Bob Hen, en una de las plantas del edificio de Delaware, fracasé en mis intentos por que me dijera cuál era exactamente su puesto en la empresa. Como era la persona que más me habían recomendado ver, deduje que debía de ser uno de los directivos de máxima responsabilidad. Pero su despacho no era más grande que el resto, su tarjeta de visita no decía más que *Associate,* parecía que no tenía secretaria —o, al menos, yo no la vi—. Iba vestido como los demás. Como yo insistía una y otra vez en lo mismo, acabó por decirme, sonriendo de oreja a oreja: «Sólo soy un fisgón.»

En definitiva, Gore es una empresa de lo más inusual, con una filosofía clara y bien articulada. Es una empresa grande y estable que trata de comportarse como un negocio incipiente. Y, a juzgar por los resultados, les ha ido muy bien. Cada vez que los expertos hacen listas de las empresas más recomendables de Estados Unidos para los que están buscando empleo, o cuando se dan conferencias sobre las empresas mejor organizadas, siempre aparece el nombre de Gore. La tasa de abandono entre sus empleados es un tercio más baja que la media. Lleva treinta y cinco años consecutivos con cuentas de resultados positivas, no para de crecer y su línea de productos de máximo beneficio es la envidia del sector. Gore ha conseguido crear el espíritu de las compañías pequeñas, tan contagioso y con tal gancho que ha sobrevivido a pesar de haberse convertido en una empresa multimillonaria con una plantilla de miles de empleados. ¿Cómo lo han conseguido? Pues, entre otras cosas, aplicando la norma del 150.

Por supuesto, Wilbert *Bill* Gore (el fundador de la empresa, ya fallecido) estaba tan influido por las ideas de Robin Dunbar como pudieron estarlo los hutteritas. Igual que éstos, parece que dio con la ley por pura experiencia, a base de ensayo y error. «Nos dimos cuenta de que, una y otra vez, al llegar a 150 todo empezaba a ir peor», dijo en una entrevista hace unos años. Así fue como la empresa empezó a limitar a 150 el número de empleados por planta de producción. Esto significa que en la división de componentes electrónicos no se construyó ninguna planta mayor de 1.600 metros cuadrados, porque así sería casi imposible meter a más de 150 personas. «La gente me preguntaba cómo nos las apañábamos para hacer planes a largo plazo —dijo Hen—. Y yo me limitaba a decir que es muy fácil: hacemos aparcamientos para 150 plazas, y cuando la gente empieza a aparcar encima de la yerba es el momento de construir otra planta de montaje.» Y esa planta no tiene que estar necesariamente lejos. En Delaware, por ejemplo, la compañía tiene tres fábricas, unas enfrente de las otras. De hecho, disponen de quince fábricas en un radio de 30 kilómetros, en Delaware y Maryland. Los edificios sólo tienen que distinguirse lo suficiente como para permitir una cultura diferente para cada uno. «Nos hemos dado cuenta de que basta con la distancia entre los aparcamientos de los edificios —me explicó Burt Chase, un asociado veterano de la empresa—. Hay que animarse a hacer el gran esfuerzo de atravesar el aparcamiento. Equivale al esfuerzo que hacemos cuando cogemos el coche para recorrer ocho kilómetros. Sólo con hacer edificios así de separados conseguimos suficiente independencia entre unos y otros.» Dado que Gore ha crecido en estos últimos años, la empresa ha llevado a cabo un proceso casi constante de división y redivisión. Otras compañías se conformarían con construir añadidos a la planta principal, o con extender una línea de producción, o con añadir más turnos. Sin embargo,

Gore está dispuesta a dividir los grupos en piezas más pequeñas. Por ejemplo, cuando visité la compañía acababan de dividir la sección de atuendo Gore-Tex en dos grupos, para mantenerse por debajo del límite de 150 empleados. El negocio de botas, mochilas y equipamiento de montaña, más orientado a la moda y al pequeño consumidor, comenzaba su andadura en solitario, y dejaba atrás la parte del negocio más dirigida a instituciones, que se dedica a fabricar uniformes de bombero y militares en tejido Gore-Tex.

No es difícil ver aquí la conexión entre este tipo de estructura organizativa y el estilo inusual y libre de Gore. La forma de unión que describe Dunbar como propia de los grupos pequeños equivale, en esencia, a una especie de presión de grupo: consiste en conocer a los demás lo suficiente como para que nos importe la opinión que tengan de nosotros. Dunbar sostenía, como hemos dicho, que la compañía es la unidad básica de toda organización militar, porque, en un grupo de menos de 150 miembros, «las órdenes se aplican y la conducta desleal se controla, sobre la base de la lealtad personal y el contacto directo hombre a hombre». Esto era lo mismo que me decía Bill Gross sobre su comunidad hutterita. Cuando se detectan fisuras que crecen demasiado, suelen ser grietas que se producen porque empieza a debilitarse la cohesión entre los miembros de la comunidad. Gore no necesita estructuras formales de dirección en sus pequeñas plantas, es decir, no necesita recurrir a las típicas capas de control medio y alto, porque en grupos tan reducidos son mucho más efectivas las relaciones informales. «Es increíble la presión que ejerce el grupo cuando no se está siendo eficiente en alguna de las plantas, cuando no se están dando buenos resultados económicos —me contó Jim Buckley, otro asociado que lleva años en la empresa—. Esto pasa si se mantienen equipos pequeños, donde todo el mundo se conoce. La presión del grupo es mucho más poderosa que la idea del jefe. Muchísimo más. Las personas se proponen cumplir con lo que el grupo espera de ellas.» Buckley me explicó que en una planta de manufacturación más grande, de tamaño convencional, es posible encontrar el mismo tipo de presión, pero sólo funciona en zonas concretas de la planta. La ventaja de una planta al estilo Gore es que todo el proceso de diseño, fabricación y publicidad de un producto determinado está sometido al mismo escrutinio por parte del grupo. «Acabo de volver de Lucent Technologies, en Nueva Jersey —siguió—. Es la empresa que fabrica las células de los teléfonos móviles y los sistemas de señales que recorren las autopistas, entre otras cosas. Pasé un día visitando la planta, en la que trabajan seiscientas cincuenta personas. Los empleados de manufacturación conocen a algunos de los de diseño, como mucho. Pero ahí queda todo. No conocen a los vendedores, ni a los de apoyo de ventas, ni a los de I+D. Ni los conocen, ni saben qué pasa en esos otros aspectos del negocio. La presión de grupo a la que me refiero es la que surge cuando en el mismo mundillo están tanto los de ventas como los de fabricación, de modo que el comercial que quiere que se cuide bien el pedido de un cliente sabe a quién tiene que acudir porque conoce al equipo de manufacturación. Ahí tenemos a estas dos personas, una intentando hacer el producto y la otra intentando venderlo; pero hablan de lo mismo. Eso es la presión del grupo. Y esto no pasa en Lucent. Están demasiado lejos unos de otros. Por ejemplo, en la parte de manufactura tenían 150 personas, trabajando muy cohesionados; había presión de grupo para ver quién era el mejor y el más innovador. Pero ahí quedaba la cosa. Los de cada fase no se conocen entre sí. Y vas a la cafetería y ves grupitos de personas. Es algo muy diferente.»

Buckley hablaba de las ventajas de la cohesión entre personas empleadas en una empresa compleja, que comparten una relación común. En psicología se usa un concepto que creo que aclara bastante este tema. Es lo que el psicólogo Daniel Wegner, de la Universidad de Virginia, denomina «memoria transactiva». Cuando hablamos de la memoria, no sólo nos referimos a ideas, impresiones y hechos almacenados en nuestra cabeza, sino a otras muchas cosas que quedan acumuladas fuera del cerebro. Por ejemplo, casi nadie se aprende de memoria la mayoría de números de teléfono que necesita, sino que nos limitamos a recordar dónde los tenemos apuntados, ya sea en una agenda o en un tarjetero. O bien nos aprendemos el número de Información. Como tampoco todo el mundo sabe cuál es la capital de Lituania o de cualquier otro país remoto. ¿Para qué? Mucho más fácil es comprarse un atlas y tener ahí guardada esa clase de información. Pero, además, almacenamos datos en otras personas. Esto lo hacen mucho las parejas. Por ejemplo, hace unos años, Wegner sometió a un test de memoria a 59 parejas, que llevaban al menos tres meses juntos. A la mitad de las parejas se le permitió quedarse juntas a hacer el test, y la otra mitad tenían que separarse y se las emparejaba con personas a las que no conocían. Wegner pidió a todos que leyeran 64 frases, en las que siempre aparecía una palabra subrayada. Por ejemplo: «Midori es un *licor* de melón japonés.» Cinco minutos después de repasar todas las frases tenían que escribir todas las que pudieran recordar. Como era de esperar, las parejas formadas por dos personas que se conocían muy bien recordaban más frases que las que no se conocían de nada. Wegner sostiene que cuando dos personas se conocen bien crean un sistema de memoria común, lo que él denomina sistema de memoria transactiva, que se basa en una comprensión tácita de a cuál de los dos se le da mejor recordar qué tipo de cosas. «A menudo se considera que el desarrollo de una relación es un proceso de apertura mutua —escribe—. Puede considerarse como un proceso de revelación interpersonal y aceptación mutua, pero también como el precursor necesario que dará lugar a la memoria transactiva, aunque pueda sonar menos romántico.» La memoria transactiva surge cuando se produce esa intimidad. De hecho, Wegner afirma que precisamente la pérdida de este tipo de memoria común contribuye a hacer más traumático un divorcio. «Las personas que se divorcian y que sufren depresión o se quejan de disfunciones cognitivas pueden estar manifestando en realidad la pérdida de su sistema externo de memoria —escribe—. Antes podían comentar sus vivencias y llegar a entendimientos. Antes podían contar con el acceso a una gran variedad de informaciones almacenadas en su compañero, y resulta que ahora todo eso ha desaparecido... La pérdida de la memoria transactiva se siente como si lo que perdiéramos fuese una parte de nuestra propia mente.»

Este proceso de compartir recuerdos y datos es más notorio en el seno familiar. La mayoría de nosotros es capaz de recordar, cada vez, sólo una fracción de los detalles e historias cotidianos de nuestra vida familiar. Pero sabemos implícitamente dónde encontrar respuestas a nuestras preguntas, por mucho que nuestra pareja no tenga que asumir la responsabilidad de recordar dónde pusimos las llaves, ni nuestro hijo de trece años esté en la obligación de saber manejar el ordenador, ni nuestra madre tenga por qué saber detalles de nuestra infancia. Cuando surgen informaciones nuevas sabemos qué miembro de la familia es el que debería recordarlas. Así emergen las especializaciones en el nivel familiar. El hijo de trece años es el experto de la casa en informática, no sólo porque es el que más usa el ordenador, sino porque se le asigna automáticamente la misión de recordar cualquier información nueva que tenga que ver con ese tema. Y la especialización conduce a una mayor especialización. ¿Para qué hacer el esfuerzo de recordar cómo se instala el *software* si tu hijo, que siempre está a mano, puede hacerlo por ti? Dado que la energía mental es un bien limitado, cada uno se concentra en lo que mejor sabe hacer. Las mujeres suelen convertirse en las expertas en cuidados infantiles, incluso en el seno de familias modernas en las que ambos progenitores trabajan fuera de casa, y es porque su mayor participación en la crianza inicial del bebé hace que se les confíe a ellas más información sobre el tema que al hombre, y esa especialización inicial conduce a que se las encargue de más y más detalles sobre el cuidado del niño, hasta que la mujer acaba siendo la responsable intelectual del hijo, a menudo sin pretenderlo. «Cuando el grupo reconoce para cada miembro la responsabilidad de determinadas tareas y hechos es inevitable caer en una mayor especialización —afirma Wegner—. Cada dominio pertenece a los pocos que están capacitados para él, y la responsabilidad sobre cada dominio se mantiene a lo largo del tiempo, en vez de reasignarse intermitentemente según las circunstancias.»

Así pues, cuando Jim Buckley comenta que trabajar en Gore es «algo muy diferente» se está refiriendo, en parte, a que su empresa goza de una memoria transactiva institucional más eficaz. Por ejemplo, un socio de Gore describe de esta manera la clase de «conocimiento» que surge en una planta de reducido tamaño: «No es sólo que conozcas a alguien. Es que realmente les conoces lo suficientemente bien como para saber cuáles son sus destrezas, habilidades y pasiones. A ti te gusta esto, tú haces esto otro, aquél quiere lograr tal cosa, y al de más allá se le da fenomenal tal otra. No es sólo saber si esa persona es maja o no.» De lo que habla este asociado de la compañía es de las precondiciones de la memoria transactiva. Consiste en conocer a una persona lo bastante bien como para saber qué tipo de cosas sabe, y así poder confiar en que domina todo lo concerniente a su especialidad. Es la recreación, a escala de organización empresarial, del tipo de intimidad y confianza existente en una familia.

Por supuesto que nada de esto puede interesarle si lo que usted tiene es una empresa que fabrica papel higiénico o se dedica a poner tuercas. No todas las empresas necesitan este grado de conexión. Pero en una de tecnología punta como es Gore, cuyo éxito depende de la capacidad de innovar y reaccionar rápidamente a las necesidades de clientes exigentes y sofisticados, este sistema de memoria global es fundamental. Gracias a él, la compañía resulta mucho más eficaz. Porque se facilita la cooperación. Porque se tarda menos en conseguir lo que se quiere, en formar equipos de trabajo, o en encontrar respuesta a un problema. Porque las personas de una parte de la empresa pueden acceder a las opiniones especializadas de otras en otra sección totalmente diferente. Puede que los 150 trabajadores de manufacturación de Lucent cuenten con una red propia de memoria. Pero ¿cuánto más eficaz no sería si, como Gore, todos los empleados de la fábrica formaran parte de un mismo sistema de memoria transactiva (si, por ejemplo, los de I+D estuvieran en contacto con los de diseño, y éstos con los de manufacturación, y éstos a su vez con los de ventas)? «Una de las primeras reacciones que obtenemos de la gente es: "¡Madre mía, ese sistema vuestro parece un caos! ¿Cómo es posible conseguir algo sin una autoridad clara?" Pero no es ningún caos. No es ningún problema —me dijo Burt Chase—. Cuesta darse cuenta si no estás trabajando de esta manera. Se trata de las ventajas de comprender cuáles son los puntos fuertes de cada uno, y de saber a quién acudir en busca del mejor consejo. Es algo que sólo puede hacerse si se conoce a la gente.»

En definitiva, lo que ha creado Gore es un mecanismo organizativo que hace mucho más fácil que las nuevas ideas e informaciones se muevan por toda la organización más rápidamente, hasta llegar a alcanzar un punto clave: pasan de una persona a una parte del grupo, y de ahí al grupo entero, casi de forma inmediata. Ésa es la ventaja de aplicar la norma del 150. Así es posible extraer un beneficio de las conexiones de la memoria y de la presión de los pares. De lo contrario, la labor de Gore habría sido mucho más difícil. O la de Rebecca Wells, si a sus conferencias hubieran acudido los lectores individualmente, en vez de ir en grupos de seis o siete personas. Si Gore hubiera probado a poner a todos los empleados en una gran sala, tampoco habría funcionado. Para crear cohesión, o para extender su cultura empresarial concreta a todos sus empleados, Gore tuvo que dividirse en piezas pequeñas semiautónomas. Ésa es la paradoja de la epidemia: que, para dar origen a un movimiento contagioso, a menudo hay que crear antes pequeños movimientos. Rebecca Wells dice que, cuando empezó a extenderse la epidemia *Ya-Ya,* se dio cuenta de que en realidad no tenía nada que ver con ella, ni siquiera con su novela, porque no era una epidemia centrada en una sola cosa, sino miles de diferentes epidemias radicadas en los grupos que se habían ido consolidando a partir de su libro. «Empecé a darme cuenta de que estas mujeres habían construido su propia relación *Ya-Ya,* o sea, no tanto de cada una hacia el libro, sino entre ellas mismas.»

6
TRABAJOS DE CAMPO (PRIMERA PARTE) RUMORES, ZAPATOS DE LONA Y EL PODER DE LA TRADUCCIÓN

Airwalking es el nombre que recibe una pirueta de monopatín en la que el patinador despega de una rampa, coge el monopatín con una mano y da dos o tres zancadas en el aire haciendo grandes aspavientos antes de aterrizar. Es una de las proezas típicas de la tradición del monopatín, un clásico. Por eso, cuando dos empresarios decidieron, a mediados de los ochenta, ponerse a fabricar calzado deportivo enfocado a intrépidos patinadores, bautizaron su nueva empresa con el nombre de Airwalk. La sede quedó establecida en las afueras de San Diego y la empresa echó raíces en el estilo de vida de la zona, donde la playa y los patines son protagonistas. En un principio se dedicaron a fabricar calzado de lona con estampados y colores vivos, que se convirtió en una especie de alegato de la moda alternativa. También fabricaron calzado especial para la técnica del monopatín, en ante, con suela gruesa y pala tan reforzada que, al menos al principio, quedaba igual de tiesa que la tabla del monopatín. Pero los patinadores estaban encantados con la novedad. Los lavaban una y otra vez, y los ablandaban pasando por encima de ellos con el coche. Airwalk entró en el ambiente. Patrocinó a profesionales del monopatín y creó todo un culto entre los seguidores de los eventos, con lo que al cabo de pocos años se había convertido en un negocio nada despreciable con beneficios de 13 millones de dólares al año.

Una empresa así podría haberse mantenido indefinidamente en un modesto punto de equilibrio, abasteciendo a un público reducido pero fiel. Sin embargo, los propietarios de Airwalk querían algo más. Su ambición era convertirse en una marca de prestigio internacional. Y a comienzos de los noventa empezaron a cambiar el rumbo. Reorganizaron las operaciones del negocio, rediseñaron el calzado, ampliaron la gama de productos para adentrarse en el mercado del *surfing*, *snowboarding*, bicicleta de montaña y ciclismo de competición, patrocinando a deportistas de todas estas disciplinas y haciendo de Airwalk un sinónimo del estilo de vida activo y alternativo. Emprendieron una agresiva campaña de base con intención de llegar también al mercado de calzado juvenil. Convencieron a Foot Locker (cadena de tiendas de zapatos muy conocida en Estados Unidos) para que vendieran su calzado deportivo a modo de experimento. Negociaron con grupos de música *rock* para que llevaran calzado de su marca en el escenario. Pero quizá lo más decisivo fue el paso de contratar a una pequeña agencia de publicidad llamada Lambesis para rediseñar toda la campaña publicitaria. Y bajo los auspicios de Lambesis se produjo la explosión Airwalk. En 1993 eran una empresa con 16 millones de dólares en beneficios anuales, pero en 1994 subieron hasta los 44 millones, en 1995 llegaron a los 150 millones y al año siguiente alcanzaron los 175 millones de dólares en beneficios. En el momento álgido, una de las principales empresas de estudios de mercado situó a Airwalk en el puesto número 13 de la lista de firmas más guays a ojos de los adolescentes de todo el mundo, y en el tercer puesto de la lista de marcas de calzado deportivo, detrás de Nike y Adidas. De alguna manera, Airwalk dio el salto desde su posición estable en el mercado playero del sur de California y, de un año para otro, conseguía el punto clave que convirtió a la marca en una epidemia.

El punto clave se ha ocupado hasta ahora de definir qué es una epidemia social y de explicar las normas de toda transmisión epidémica. El caso de Paul Revere, el de *Barrio Sésamo,* el de la tasa de criminalidad en Nueva York y el de Gore Associates ilustran una de las reglas necesarias para alcanzar el punto clave. Sin embargo, en la vida cotidiana debemos afrontar situaciones y problemas que no siempre afectan tan nítidamente a dichos principios. En este capítulo del libro me gustaría analizar problemas menos sencillos, para ver cómo el concepto del *maven,* el conector, el gancho y el contexto ayuda a explicarlos, ya sea en combinación o individualmente.

Por ejemplo: ¿por qué se propagó la epidemia Airwalk? La respuesta más corta es decir que apareció Lambesis con una campaña muy acertada debajo del brazo. En un principio, el director creativo de Lambesis, Chad Farmer, contando con un presupuesto bastante reducido, dio con una serie de imágenes impactantes. Eran fotografías en las que el dueño de las Airwalk y sus zapatillas establecían una relación estrambótica. Un joven con una Airwalk en la cabeza, con los cordones colgando a los lados como si fueran trencitas, y el barbero a punto de cortárselas. O una chica embutida en cuero que se mira al espejo y sostiene una Airwalk en vinilo reluciente a modo de barra de labios. Pusieron los anuncios en vallas publicitarias y en muros de zonas de obras, un poco en plan salvaje. También en revistas alternativas. Como la marca creció, Lambesis se lanzó a la televisión. En uno de los primeros anuncios de Airwalk, la cámara recorre el suelo de un dormitorio, con ropa tirada por todas partes. Entonces se detiene debajo de la cama, y se oyen gemidos, jadeos y el chirrido de los muelles que suben y bajan. Al final, la cámara sale de debajo de la cama y se ve a un chico joven, con pinta de alelado, que tiene una zapatilla Airwalk en la mano, y está dando saltos sobre la cama para matar una araña que hay en el techo. Todos esos anuncios buscaban el impacto visual, con un diseño dirigido al público joven de todo el mundo, con detalles curiosos y una imagen muy atractiva. Los protagonistas siempre eran antihéroes algo cretinos y bichos raros. Pero resultaban divertidos y, de algún modo, sofisticados. Eran unos anuncios muy buenos. En los años siguientes a la aparición de la publicidad de Airwalk, otras compañías en busca de ese toque *fashion* han copiado una y otra vez el estilo de aquellos anuncios. De todos modos, la fuerza de la campaña de Lambesis radicaba casi en exclusiva en la imagen. Airwalk se propagó porque su publicidad se basaba explícitamente en los principios de la transmisión epidémica.

I

Puede que se comprenda mejor lo que hizo Lambesis si volvemos a lo que los sociólogos denominan el modelo de difusión, que es la manera académica de analizar en detalle cómo se mueve entre la población una idea, un producto o una innovación. Uno de los estudios sobre difusión más famosos es el análisis realizado por Bruce Ryan y Neal Gross sobre la expansión de la semilla híbrida del maíz en Greene County (Iowa) en los años treinta. Esta semilla novedosa llegó por primera vez a Iowa en 1928. Era superior, en todos los aspectos, a la que los granjeros llevaban usando durante décadas. Pero no se incorporó de inmediato. De los 259 granjeros que fueron objeto del estudio de Ryan y Gross, sólo unos pocos habían empezado a plantar la nueva semilla alrededor de 1932 o 1933. En 1934, 16 granjeros se lanzaron a cultivarla. En 1935 les siguieron 21 más, y luego 36, al año siguiente 61 y luego, cada año hasta 1941, lo hicieron 46, 36, 14 y 3. Al llegar a esa fecha, sólo dos de los 259 granjeros seguían sin cultivar aquella nueva semilla. En el lenguaje de investigación sobre la difusión, al puñado de granjeros que empezó a probar el híbrido al principio de los años treinta se les llama innovadores, o sea, los que se aventuraron primero. A los componentes del siguiente grupo que se sintió atraído por la idea, y que era ligeramente más numeroso, se les llamó los aplicadores iniciales. Eran los líderes de opinión en su comunidad, personas respetadas y serias, que observaron y analizaron lo que estaban haciendo aquellos intrépidos innovadores y les siguieron los pasos. Por detrás llegaron todos los demás granjeros, entre 1936 y 1938, la mayoría inicial; y, por último, la mayoría final, la masa de reflexivos y de escépticos que nunca intentarían nada nuevo hasta que lo hubieran probado los otros, los más respetados. Extendieron el uso del híbrido hasta llegar a los rezagados, o sea, los más tradicionales, los que no encontraron ningún motivo para cambiar. Si se sigue el curso de esta progresión sobre un gráfico se ve que dibuja una curva casi perfecta, con un inicio lento, una posición de punto clave cuando los aplicadores iniciales empiezan a usar la semilla, un aumento acentuado cuando se les une la mayoría, y una caída al final, ya con los rezagados tratando de hacerse un hueco.

El mensaje (una nueva variedad de semilla) resultó altamente contagioso y con muchísimo gancho. Al fin y al cabo, un granjero podía ver con sus propios ojos, desde la siembra de primavera hasta la cosecha en el otoño, lo bien que crecían las nuevas semillas comparadas con las de antes. Cuesta imaginar que esta innovación en concreto no se propagara enseguida. Pero es que, en muchos casos, la expansión contagiosa de una nueva idea es en realidad bastante escurridiza.

Geoffrey Moore, consultor mercantil, utiliza el ejemplo de la tecnología avanzada para afirmar que hay una diferencia sustancial entre la gente que origina nuevas tendencias e ideas y la gente que forma el grupo de la mayoría que acaba uniéndose a los demás al final. Puede que estos dos grupos estén muy próximos en la línea del boca a boca, pero no se comunican muy bien entre ellos. Los dos primeros grupos (los innovadores y los aplicadores iniciales) están formados por visionarios. Buscan cambios revolucionarios, buscan algo que los distinga cualitativamente de sus competidores. Son los que se lanzan a comprar los artilugios más avanzados del mercado, antes de que hayan sido perfeccionados o comprobados, o antes de que su precio se haga más accesible. Suelen tener empresas pequeñas, que acaban de empezar a funcionar, y están dispuestos a asumir grandes riesgos. Se ocupan de cualquier cambio posible que pueda ir en beneficio de su complicado sistema de proveedores y distribuidores. «Mientras la meta de todos los visionarios es dar un salto espectacular hacia delante, los pragmáticos buscan obtener una mejora porcentual (progreso en incremento que pueda medirse y predecirse) —escribe Moore—. Si están implantando un producto nuevo, lo que quieren saber es qué tal les fue a otros antes. La palabra riesgo es una de las más peyorativas de su vocabulario, pues no implica para ellos ni oportunidad ni excitación, sino más bien la ocasión de malgastar tiempo y dinero. Sólo se arriesgarán si es absolutamente necesario, pero antes pondrán las redes de seguridad y analizarán los riesgos hasta el mínimo detalle.»

El argumento de Moore es que la actitud de los aplicadores iniciales y la de la mayoría inicial son incompatibles desde su misma base. Las innovaciones no son algo que pasa de un grupo al otro sin ningún esfuerzo. Entre ambos hay un abismo. Si los productos de tecnología punta fracasan, sin poder pasar nunca más allá de los aplicadores iniciales, es porque las empresas que los fabrican no saben cómo transformar una idea fácilmente comprendida y adoptada por un aplicador inicial en una que un miembro de la mayoría inicial pueda comprender y adoptar a su vez.

Moore dedica todo su libro al tema de la tecnología más avanzada. Pero, sin duda, este argumento puede aplicarse también a otros tipos de epidemias sociales. En el caso de los Hush Puppies, los chavales del centro de Manhattan que redescubrieron la vieja marca empezaron a ponérselos porque identificaban Hush Puppies con la imagen de los años cincuenta, con aquel estilo tan de otra época, tan *kitsch*. Se los ponían precisamente porque nadie más los llevaba en esos momentos. Lo que estaban buscando era una moda que significara un alegato revolucionario. Estaban dispuestos a arriesgarse, y todo para distinguirse del resto. Pero a la mayoría de nosotros, en la mayoría inicial o final, no nos va esto de hacer alegatos revolucionarios ni de arriesgarnos con la ropa. ¿Cómo consiguió Hush Puppies atravesar el abismo existente entre un grupo y el siguiente? A Lambesis le dieron un zapato que poseía un atractivo innegable para una subcultura de monopatinadores del sur de California. Su misión era hacerlo moderno y atractivo a los ojos de los adolescentes del mundo entero, incluso a los ojos de adolescentes que jamás se habían montado en un monopatín, que ni siquiera le veían algo gracioso a semejante afición y que no tenían ninguna necesidad de tipo funcional de usar calzado con suela gruesa capaz de agarrarse bien a una tabla ni con palas cuya cobertura en varias capas acolchadas amortiguara los golpes de piruetas aéreas. Y no es tarea fácil, en absoluto. ¿Cómo lo consiguieron? ¿Cómo es posible que esas cosas estrambóticas y particulares que embelesan a los más jóvenes acaben convirtiéndose en la senda a seguir por todos los demás?

Aquí es donde creo que los conectores, los *mavens* y los vendedores natos desempeñan su papel más importante. En el capítulo dedicado a la ley de los especiales hablé sobre cómo sus dotes sociales pueden hacer que comience toda una epidemia. Pero se puede ser aún más específico. Ellos son los que hacen posible que las innovaciones superen el problema del abismo. Son una especie de traductores: cogen unas ideas o una información de un mundo altamente especializado, para traducirlo a un lenguaje que los demás podemos comprender. Mark Alpert, el profesor de la Universidad de Texas al que describí como el padre de los *mavens,* es el tipo de persona que podría aparecer en casa de alguien una tarde y mostrarle cómo instalar, o arreglar, o manipular un programa informático muy complicado. Tom Gay, la quintaesencia del vendedor nato, pone en términos fáciles de comprender (y hasta de sentir) por parte de sus clientes temas extraídos de los insondables campos de las leyes fiscales y los planes de jubilación. Lois Weisberg, la conectora, pertenece a muchos mundos diferentes (política, teatro, medio ambiente, música, leyes, medicina, y muchos más), pero la clave es que hace de intermediaria entre esos mundos sociales diferentes. Una de las personas cruciales de Lambesis fue DeeDee Gordon, la anterior jefa de investigación de mercado de la agencia. Afirma que esto mismo es lo que ocurre con las modas que se van sucediendo periódicamente entre los jóvenes. Los innovadores prueban algo nuevo. Luego alguien (el equivalente quinceañero de un *maven* o de un conector o de un vendedor nato) lo ve y lo adopta también. «Son los chavales que adaptan la novedad al gusto de la mayoría. Es decir, este grupo se fija en lo que hacen los más atrevidos y lo cambian una pizca, empiezan a imitarles pero con pequeños retoques, para hacer más utilizable la nueva tendencia. Por ejemplo, puede haber un chaval al que le da por remangarse los vaqueros y agarrarse el invento con cinta aislante, porque resulta que es el mensajero en bici del colegio. Pues bien, a uno de esos traductores le gusta el efecto. Pero en vez de usar cinta aislante, le pone un poco de velcro. Otro ejemplo sería el de la moda de las camisetas de muñecas. A una chica un día le da por ponerse una camiseta encogida. Luego va a Toys R Us y se compra la camiseta de la Barbie. Y a las demás les parece superguay, pero quizá no consigan una camiseta tan diminuta, o no les haga gracia lo de la Barbie estampada. Igual piensan que está un poco desfasada. Pero seguro que dan con el pequeño retoque que haga más aceptable el invento, y la cosa funciona y se pone de moda.»

Uno de los análisis más sofisticados sobre este proceso de traducción puede ser el del estudio de los rumores, que son, como resulta obvio, los mensajes sociales más contagiosos que pueda haber. En su libro *The Psychology of Rumor*, el sociólogo Gordon Allport cuenta la historia de un rumor sobre un profesor chino que estaba de vacaciones en Maine en el verano de 1945, poco antes de la rendición de Japón a los aliados al final de la Segunda Guerra Mundial. El profesor llevaba una guía que recomendaba la vista magnífica que podía verse desde una colina determinada, así que decidió parar en un pueblo para preguntar cómo llegar. A partir de una búsqueda tan simple, empezó a extenderse el rumor de que un espía japonés iba en dirección a esa colina con intención de hacer fotografías de la zona. «Desde el primer momento, la realidad simple y llana que constituye "el núcleo verdadero" de este rumor sufrió una distorsión en tres sentidos —escribe Allport—. En primer lugar, erosionaron la historia y eliminaron todos los detalles necesarios para comprender su verdadero significado. En ningún momento se mencionó que el visitante se dirigía a los lugareños con actitud cortés y tímida. Se desconocía la nacionalidad exacta del hombre. Resultaba fácil de identificar por parte de las personas que se cruzaron en su camino.» A continuación sacaron punta a los detalles más llamativos, haciéndolos más específicos. Así, un hombre desconocido era convertido en un espía; una persona con aspecto asiático era etiquetado automáticamente como japonés; una visita a un punto con buenas vistas se convertía en un acto de espionaje; y la guía que el profesor llevaba en las manos pasaba a convertirse en una cámara. Por último, tuvo lugar un proceso de asimilación: la historia se modificó por completo para que tuviera más lógica a ojos de las personas que extendieron el rumor. «Un profesor chino de vacaciones era algo incomprensible para las mentes de la mayoría de los granjeros, pues no sabían que algunas universidades estadounidenses contratan profesores chinos, ni que estos señores tuvieran derecho a sus vacaciones de verano como todo el mundo —escribe Allport—. La novedad fue asimilada en los términos más ajustables a los marcos de referencia.» ¿Cuáles eran aquellos marcos de referencia? En 1945, en el condado rural de Maine, en una época en que prácticamente todas las familias tenían algún hijo en la guerra, la única manera de encontrarle el sentido a una historia así era encajándola en el contexto de la conflagración bélica. Y así fue como asiático terminó queriendo decir japonés, una guía turística acabó siendo una cámara fotográfica y una excursión a un punto panorámico se convirtió en espionaje.

Los psicólogos han descubierto que este proceso de distorsión es común a casi todas las propagaciones de rumores. Se ha sometido a pruebas de memoria a personas a las que se les da a leer una historia o se les pide que miren una foto, y luego se les pide que vuelvan al sitio de la prueba cada tantos meses para que reproduzcan lo que se les había mostrado. Siempre se produce alguna erosión. Sólo se mantienen pocos detalles, y el resto se elimina. Y esos pocos detalles se agudizan y se destacan. Un ejemplo clásico es el de un dibujo de un hexágono biseccionado por tres líneas, con siete círculos iguales superpuestos. Lo que un individuo típico recuerda, al cabo de varios meses, es un cuadrado biseccionado por dos líneas y 38 círculos colocados a lo largo de los bordes. «Se percibía una tendencia marcada, por la cual cualquier dibujo o historia gravitaba en el recuerdo de modo que se acercaba a lo que fuera más común en la vida del sujeto, en consonancia con su cultura y, sobre todo, con cosas que tuvieran un significado emocional especial —escribe Allport—. Al esforzarse por encontrar un sentido a algo, los sujetos los condensaban o los rellenaban con otros datos, para conseguir una mejor *Gestalt,* una mejor conclusión, una configuración más simple y plena de significado.»

A esto se refiere la traducción. Lo que hacen los *mavens,* los conectores y los vendedores natos con una idea para hacerla más contagiosa es alterarla de tal modo que se eliminan todos los detalles superfluos y los demás se exageran, para que el mensaje en sí adquiera un significado que cale más hondo. Si alguien desea provocar una epidemia, ya sea de un tipo de zapato, un comportamiento o un programa de informática, lo que tiene que hacer, de alguna manera, es emplear conectores, *mavens* o vendedores natos de esta manera. Hay que dar con las personas o los medios de traducir el mensaje de los innovadores en algo que los demás podamos entender.

II

Hay un ejemplo fantástico de la puesta en práctica de esta estrategia en Baltimore, la ciudad que tenía problemas de droga y sífilis a la que me referí al principio del libro. Allí, como en todas las ciudades en las que vive una gran cantidad de drogadictos, circula una caravana ambulante repleta de jeringuillas nuevas, que va de esquina en esquina por los barrios del centro en determinados momentos de la semana. La idea es dar a los drogadictos una jeringuilla nueva gratis por cada una usada que les lleven. En principio, este trueque parece un buen modo de combatir el riesgo del sida, ya que la propagación del virus se debe en gran parte al empleo de jeringuillas usadas e infectadas. Pero, al examinar el asunto en primera instancia, parece que presenta ciertas limitaciones. Por ejemplo, no se puede decir que los drogadictos sean personas muy organizadas o fiables, así que no hay muchas garantías de que vayan a adoptar la costumbre de acercarse a la furgoneta con sus jeringuillas. En segundo lugar, la mayoría de los heroinómanos usa una sola jeringa al día, para cinco o seis *chutes* (o más), hasta que la punta de la aguja está tan roma que ya no sirve. Esto implica que harían falta muchísimas jeringuillas nuevas, y es difícil que una caravana que aparece una vez a la semana pueda satisfacer las necesidades de drogadictos que se están *chutando* cada dos por tres. ¿Qué pasa si la furgoneta aparece sólo los jueves, y el sábado por la noche al drogadicto ya no le quedan más jeringuillas nuevas?

Para analizar la eficacia de este programa, unos investigadores de la Universidad Johns Hopkins empezaron, a mediados de los noventa, a acompañar a los ocupantes de las caravanas para poder hablar con ellos sobre el tema. Se llevaron una sorpresa. Habían asumido que los drogadictos llevarían sus propias jeringuillas ya usadas y sucias a la caravana, y que los consumidores de droga por vía intravenosa recibirían su ración de jeringuillas nuevas, como otros vamos a comprar leche, es decir: yendo a la tienda cuando está abierta y cogiendo lo necesario para toda la semana. Pues lo que estos investigadores se encontraron fue que un puñado de drogadictos se presentaba cada semana ante la furgoneta, con unas cuantas mochilas a rebosar con 300 o 400 jeringuillas usadas, lo cual, evidentemente, era mucho más de lo que ellos solos usaban. Entonces, volvían a sus calles y se dedicaban a vender las jeringuillas nuevas a un dólar cada una. Es decir, la caravana hacía el papel de negocio al por mayor, y los auténticos vendedores al detalle eran estos grupos de hombres (estos negociantes de grandes cantidades), que se recorrían las calles y husmeaban por las galerías en busca de jeringuillas tiradas, y que después se ganaban unos dólares vendiendo las jeringuillas nuevas que recibían a cambio de su labor. Al principio algunos coordinadores tuvieron sus dudas sobre si seguir adelante con el programa, porque venía a ser como facilitar los hábitos de los adictos con jeringuillas financiadas por todos los contribuyentes. Pero al poco se dieron cuenta de que habían encontrado, sin pretenderlo, una solución a las limitaciones de otros programas del mismo estilo. «Nuestro sistema es muchísimo mejor —explica Thomas Valente, que da clases en la Escuela de Salud Pública de la Johns Hopkins—. Un montón de gente se droga los sábados y los domingos por la noche, y no tienen por qué plantearse de manera racional que antes de salir de casa deben llevar consigo el instrumental limpio y nuevo. El programa de intercambio de jeringuillas no funciona a esas horas precisas, y menos aún en las galerías donde se pinchan. Pero estos [negociantes al por mayor] sí que pueden encontrarse en esos lugares a la hora a la que la gente se está drogando, es decir, cuando más necesitan jeringuillas limpias. Ellos hacen un servicio de veinticuatro horas al día, siete días a la semana, y a nosotros no nos cuesta un duro.»

Uno de los investigadores que acompañaba a las caravanas era el epidemiólogo Tom Junge. Paraba a los negociantes al por mayor y charlaba con ellos. Su conclusión fue que forman parte de un grupo especial y distinto. «Todos ellos son personas muy bien conectadas —cuenta Junge—. Conocen Baltimore como la palma de la mano. Saben adónde hay que ir si se necesita cualquier tipo de droga o cualquier tipo de jeringa. Tienen sabiduría de calle. Me atrevería a asegurar que son personas con una cantidad inusual de contactos sociales... Debería decir que el objetivo que los mueve es financiero o económico. Pero también hay por debajo un interés en ayudar a otras personas.»

¿No nos suena todo esto? Los negociantes al por mayor vienen a ser los conectores del mundillo de las drogas de Baltimore. Lo que a la gente de la Johns Hopkins le interesaría hacer es utilizarlos para dar inicio a una epidemia contra la droga, por ejemplo facilitando preservativos a estos hombres que tantos contactos tienen, que son altruistas y poseen esa sabiduría del mundo de la calle, para que los distribuyan, o educándoles acerca de la información sanitaria que todo drogadicto necesita saber. Da la impresión de que estos negociantes poseen la habilidad de saltar el abismo existente entre la comunidad médica y la inmensa mayoría de drogadictos que se encuentran alejados sin remedio de la información y de las instituciones que podrían salvarles la vida. Da la impresión de que poseen esa habilidad para traducir las ideas de un programa médico a un lenguaje que sí podrían entender los drogadictos.

III

Lambesis quería conseguir este mismo tipo de servicio para Airwalk. Pero, claro, no podían identificar directamente a los *mavens,* conectores y vendedores natos que les ayudaran a propagar la moda Airwalk, ya que sólo eran una pequeña agencia empeñada en organizar una campaña a nivel internacional. Lo que sí podían hacer, sin embargo, era empezar una epidemia en la que su propia campaña publicitaria hiciera el papel del traductor, sirviendo de intermediario entre los innovadores y todos los demás. Se dieron cuenta de que, si hacían bien los deberes, ellos mismos podrían ser quienes erosionaran, exageraran y asimilaran las ideas vanguardistas de la cultura juvenil, para que la mayoría fuera capaz de aceptarlas. Ellos mismos harían de conectores, *mavens* y vendedores natos.

Lo primero que hizo Lambesis fue desarrollar un programa de investigación del mercado local, dirigido al público joven que Airwalk se proponía conquistar. Si iban a traducir las ideas de los innovadores para hacerlas accesibles al gran público, lo primero era averiguar cuáles eran esas ideas. Lambesis contrató a DeeDee Gordon para que dirigiera la división de investigación. Gordon había trabajado anteriormente para la empresa de calzado deportivo Converse. Es una mujer impresionante, muy inteligente y a la vez un tanto desmayada, que vive en un apartamento de magnífico estilo modernista de estuco blanco y planta rectangular, en las colinas de Hollywood, a medio camino entre la mansión en que vivió Madonna y la vieja casa de Aldous Huxley. Sus gustos son tan eclécticos que cuesta creerlo. Por ejemplo, dependiendo del día de la semana, puede levantarse obsesionada por un extraño grupo de *hip-hop,* una película vieja de Peter Sellers, un artilugio electrónico japonés recién puesto a la venta o un determinado matiz del blanco que a ella le parece, repentinamente, lo más molón. Cuando trabajaba para Converse, Gordon se fijó en que algunas adolescentes blancas de Los Ángeles iban vestidas como si fueran gángsteres mexicanas, con algo que ellas llamaban el *look* de «maltratador» *(tops* blancos ajustados, con los tirantes del sujetador asomando), pantalones cortos pero con pernera larga y sandalias de baño. «Yo dije que ese estilo iba a ser la bomba —recuerda Gordon—. Ahora hay un montón de gente que se viste así. Tenemos que fabricar las zapatillas de baño.» Así pues, lo que hicieron fue cortar el talón de una zapatilla Converse y poner una suela de sandalia. Converse vendió medio millón de pares del nuevo invento. Gordon tiene un sexto sentido y sabe detectar a qué barrios, bares o clubes hay que ir, ya sea en Londres, Tokio o Berlín, para descubrir las últimas tendencias. A veces va a Nueva York y se dedica a observar las aceras de Soho o de East Village durante horas, haciendo fotos de cualquier cosa que le parece inusual. Gordon es una *maven.* Una *maven* de esa cosa tan escurridiza e indefinible que es lo guay, lo que mola.

Una vez en Lambesis, Gordon estableció una red de corresponsales jóvenes y avispados en Nueva York, Los Ángeles, Chicago, Dallas y Seattle, y en otros sitios del mundo como Tokio y Londres. Eran ese tipo de personas que fácilmente podrían haber llevado Hush Puppies en East Village a comienzos de los noventa. Todos ellos encajaban en un perfil concreto: el del innovador.

«En cierto sentido, se trata de jóvenes marginados —dice Gordon—. A lo mejor no es verdad, pero no importa. Ellos se sienten marginados, piensan que son diferentes. Si a estos chavales expertos en imponer nuevas modas e ideas se les pregunta qué es lo que más les preocupa, te dicen cosas como la guerra de los transgénicos, el terrorismo o cosas así de grandes, mientras que a los jóvenes del montón les preocupa engordar, o la muerte de sus padres, o los estudios. Entre aquellos otros siempre hay jóvenes activistas, gente con mucha pasión. Lo que yo busco es a ese individuo único, que se ha alejado deliberadamente de los demás, que no quiere parecerse a sus iguales.»

Gordon posee una especie de curiosidad irrefrenable. «Me he encontrado este tipo de personas bajo la imagen de un Don Normal y Corriente —continuó—. Si entro en un bar de copas y veo a un Don Normalito escuchando el concierto que da un grupo de *rock* duro radical, me digo a mí misma: "¡Madre mía! ¿Pero qué hace este chaval aquí?" Y la cosa me intriga tanto que tengo que acercarme y decirle: "¡Eh! ¿Te gusta mucho este grupo? ¿Qué me dices?" ¿Entiendes lo que quiero decir? Yo lo miro todo. Y si veo a un Don Normalito en una cafetería sentado con una panda que llevan todos el pelo azul, pues sé que voy a acercarme como quien no quiere la cosa, porque, vamos a ver, ¿qué pinta éste en una cafetería rodeado de gente que lleva el pelo azul?»

Gordon visitaba unas cuantas veces al año a sus corresponsales innovadores en sus puestos, para preguntarles qué música escuchaban, qué programas de la tele veían, qué ropa compraban o cuáles eran sus metas y sus aspiraciones. Muchas veces la información no tenía ni pies ni cabeza. Hacía falta algo de interpretación. Había ideas que emergían en diferentes partes del país, y a veces viajaban de costa a costa. Pero Gordon se hacía una imagen global de la situación, comparando la información llegada de Austin con la de Seattle, ésta con la de Los Ángeles, y ésta con la de Nueva York, y viendo cómo iban cambiando las cosas a lo largo de los meses. De esta manera, Gordon pudo elaborar un dibujo del ascenso de nuevas tendencias en todo el país y de su evolución. Al comparar lo que le contaban sus innovadores con lo que los jóvenes del montón hacían y decían tres meses después, o medio año o un año después, podía seguirle el rastro a esas tendencias y determinar qué clase de ideas lograban dar el salto desde las subculturas guays a la gran mayoría.

«Cojamos el ejemplo del maquillaje para hombres, toda esta historia de la apariencia andrógina, a lo Kurt Cobain —continuó—. Sabes cuánto le gustaba pintarse las uñas con Magic Marker. Pues vimos que en el noroeste la gente empezó a imitarle, y luego la moda pasó a Los Ángeles, Nueva York y Austin, donde hay una cultura musical *hip*. Después pasó a otros sitios del país. Fue algo que tardó mucho en ser adoptado por la mayoría.»

Los descubrimientos de Gordon fueron la base de la campaña de Airwalk. Descubría nuevas tendencias, ideas o conceptos que estuvieran extendiéndose como la pólvora entre los grupos de innovadores de todo el país, y esos mismos conceptos eran los que Lambesis implantaría en sus anuncios de Airwalk. Por ejemplo, en cierta ocasión Gordon se percató de que los más vanguardistas estaban empezando a mostrar bastante interés por el Tíbet y el Dalai Lama. El grupo de *rap* Beastie Boys, que goza de mucha influencia entre el público, declaró que estaba invirtiendo dinero en una campaña para la libertad del Tíbet, y en sus conciertos subían a algunos monjes al escenario para que dieran un pequeño discurso. «Los Beastie Boys empezaron con esta idea, y la hicieron aceptable», recuerda Gordon. Así pues, Lambesis diseñó un anuncio muy divertido en que un monje que lleva puestas unas Airwalk está sentado en un pupitre haciendo un examen, y se mira las zapatillas porque se ha escrito las chuletas en los lados. (Cuando sacaron la versión en cartel en San Francisco, Lambesis fue obligada a retirarlo por protestas de los monjes tibetanos, que argüían que los monjes ni se tocan los pies ni, menos aún, hacen trampas en los exámenes.) Cuando James Bond se convirtió en objetivo de los radares de los vanguardistas, Lambesis contrató al director de las películas del superhéroe para rodar una serie de anuncios en los que aparecían siempre personajes vestidos con productos Airwalk protagonizando increíbles huidas de las garras de malvados sin rostro. Cuando los más avanzados empezaron a mostrar cierto interés irónico en la cultura de los clubes de campo y les dio por ponerse las viejas camisetas de golf estilo Fred Perry e Izod, Airwalk sacó un zapato fabricado con el mismo material que las pelotas de tenis, y Lambesis hizo un cartel de una zapatilla lanzada al aire a punto de ser golpeada por una raqueta de tenis. «En una ocasión nos dimos cuenta de que todo lo relativo a la tecnología del futuro se estaba convirtiendo en un gran tema —dice Gordon—. Si se nos ocurría preguntar a algún chaval qué inventaría, si pudiera inventar algo que le apeteciera, siempre era una cosa que hacía la vida más fácil y sin esfuerzo. Como poner la cabeza dentro de una burbuja, darle a un botón y de pronto salir con un peinado perfecto. Así que convencimos a Airwalk y empezaron a fabricar esos zapatos de suela redondeada que parece una pompa. Empezamos a mezclar materiales (mallas, materiales transpirables y tejidos especiales de Gore-Tex) y los pusimos unos encima de otros.» En realidad, echar un vistazo al inventario de anuncios de Airwalk en aquel periodo crucial es como observar una guía de todas las modas pasajeras, intereses y caprichos de la cultura juvenil de la época. Hay versiones baratas de películas de *kung fu* en treinta segundos, un anuncio de televisión sobre la poesía *beat*, otro al estilo de *Expediente X* en el que un hombre que conduce camino a Roswell, en Nuevo México, sufre la abducción de sus zapatillas por parte de unos alienígenas.

Para explicar por qué esta estrategia obtuvo tanto éxito podemos encontrar dos razones. La primera es evidente. Lambesis hizo suyas varias tendencias muy contagiosas cuando aún estaban en pañales. En el tiempo que se tardó en elaborar la campaña publicitaria y el calzado que se anunciaba, la nueva moda (con suerte) ya estaba llegando a la inmensa mayoría del público. Es decir, Lambesis se había montado a caballo de ciertas epidemias sociales y había hecho que Airwalk se asociara a cada nueva ola que barría la cultura juvenil. «Todo es cuestión de tiempo —dice Gordon—. No hay más que seguir a los innovadores, ver qué están haciendo. La fabricación de este calzado requiere un año. Para cuando ha pasado el año, si la tendencia escogida era una buena tendencia, llegará a imponerse entre la inmensa mayoría de gente justo en el momento adecuado. Es como ver que la tecnología del futuro puede ser una moda, porque puedes ver ya bastantes vanguardistas en bastantes ciudades comprando esos bichos ergonómicos, o zapatos de plataforma, o Palm Pilots, y si les preguntas qué inventarían, te dicen cosas como coches voladores. Entonces, todo esto te lleva a creer que en un plazo de seis meses o un año todo hijo de vecino va a estar en la misma historia.»

Sin embargo, Lambesis no se limitó a observar pasivamente este proceso. Resulta que sus anuncios también contribuyeron a poner de moda las ideas que habían descubierto entre los grupitos de innovadores. Gordon dice que cuando algo no consigue pasar de la comunidad de vanguardistas al gran público se debe normalmente a que la nueva idea no echa raíces en la cultura. «Es porque no hay suficientes apariciones. Falta en la música, en el cine, en el arte o en la moda. En general, si hay algo que va a ser la bomba, lo verás por todas partes. Se percibe en cuáles son los programas de televisión favoritos, en qué quieren inventar si pudieran, en la música que más les gusta, incluso en los materiales que más les gusta usar como ropa. Está por todas partes. Pero si algo no consigue ese tipo de éxito, lo verás en una de esas áreas, pero no en todas.» Lambesis cogía algunas ideas y las implantaba por todas partes. De esta manera, estaban haciendo el papel crucial del traductor. Los estudios de mercado de Gordon demostraron que los innovadores de la juventud estaban muy interesados en el Dalai Lama y la liberación del Tíbet. Así que Lambesis se limitó a hacer una referencia a ese tema (con un monje tibetano), poniéndolo en una situación divertida y algo provocadora. Es decir, añadieron un pequeño retoque. En el caso de ese irónico interés tan extendido entre los innovadores acerca de la cultura de los clubes de campo, Lambesis jugó también con la idea y convirtió un zapato en una pelota de tenis, con lo que hizo más divertida la cosa y menos maliciosa. Los innovadores se fijaron también en las películas de *kung fu*, y Lambesis hizo una parodia de ese estilo de cine en un anuncio en que el héroe Airwalk se enfrenta a los malvados en combate de artes marciales montado en su monopatín. Es decir, Lambesis cogió el motivo del *kung fu* y lo fusionó con un tema de la cultura juvenil. En el caso del profesor chino de vacaciones, según dice Allport, la gente del pueblo no podía entender la situación, y dieron con una interpretación que sí tenía sentido para ellos (o sea, que el profesor era un espía) y, para que esta interpretación funcionara, «erosionaron los detalles discordantes, pulieron los incidentes para que encajaran en el tema elegido por ellos y todo el episodio se asimiló a la estructura preexistente de emociones e ideología característicos de los miembros del grupo entre los cuales se extendió el rumor». Esto mismo es lo que Lambesis llevó a cabo. Se apropió de asuntos y temas extraídos de los innovadores (que los jóvenes del montón quizá habían observado, pero sin ser capaces de encontrarles ningún sentido) y los erosionaron, exageraron y adaptaron para hacerlos más coherentes. Dio a esas señales un significado específico que antes no poseían, y presentaron esa nueva sensibilidad bajo la forma de un par de zapatillas. Por todo esto, no es ninguna sorpresa que el rumor Airwalk se expandiera tan rápidamente entre 1995 y 1996.

IV

La epidemia Airwalk no duró eternamente. En 1997, las ventas de la empresa empezaron a disminuir. La marca se encontró con problemas de producción y con dificultades para surtir las demandas de pedidos. Airwalk falló en localidades fundamentales para el negocio, y no abasteció lo suficiente para la temporada de vuelta al cole, de modo que sus fieles distribuidores dejaron de confiar en la marca. Al mismo tiempo, la empresa empezó a perder ese olfato para lo vanguardista que la había caracterizado durante tanto tiempo. «En los comienzos de Airwalk, el producto era diferente y muy novedoso. Era un calzado que iba más lejos de lo habitual —explica Chad Farmer—. El olfato de los vanguardistas era lo que guiaba nuestro *marketing*. Pero luego el producto empezó a empeorar, en el sentido de que la empresa comenzó a hacer más caso al departamento de ventas y el producto empezó a adquirir esa apariencia homogénea del calzado del montón. A todo el mundo le encantó la campaña publicitaria. En las reuniones que hacemos todavía se habla de esto, y nos preguntamos qué pasó. La queja principal se refiere a cómo fue posible que perdiéramos el estilo moderno y *fashion* del producto.» La estrategia de Lambesis se basaba en traducir el calzado de los innovadores en calzado de la mayoría. Pero, de repente, Airwalk dejó de ser un zapato para innovadores. «Cometimos otro error crítico —dice Lee Smith, anterior presidente de Airwalk—. Teníamos una estrategia de segmentación, en la que las pequeñas tiendas independientes dedicadas en exclusiva a productos de *skate* (en total, trescientas tiendas por todo el país, que fueron las que realmente nos crearon) contaban con una línea de producto que les era exclusiva. Y a ellos no les hacía gracia ver nuestra marca en los centros comerciales. Así que lo que hicimos fue segmentar el producto. A las tiendas exclusivas les dijimos que no tendrían por qué competir con los centros comerciales. Y todo salió muy bien.» Las tiendas vendían el calzado más especializado: diseños distintos, mejores materiales, más refuerzos, sistemas innovadores de acolchado, compuestos diferentes de caucho, palas más caras. «Teníamos un modelo especial firmado (el Tony Hawk) para monopatín, que era mucho más tieso y más duradero. Se podía vender al por menor a un precio aproximado de ochenta dólares.» Mientras tanto, el calzado de Airwalk que se distribuyó en cadenas como Kinney's o Champ's o Foot Locker era menos elaborado y podía venderse a un precio medio de sesenta dólares el par. Los innovadores tienen que llevar siempre ropa diferente y calzado más exclusivo que los demás. Y el cliente del montón tenía la satisfacción de llevar la misma marca que los jóvenes más lanzados.

Pero en ese momento álgido Airwalk cambió de estrategia. La empresa dejó de surtir calzado especializado a esas pequeñas tiendas. «Ahí fue cuando los vanguardistas empezaron a despreciar nuestra marca —cuenta Farmer—. Empezaron a ir a otras tiendas, donde podían encontrar todas las cosas que les gustan, y se dieron cuenta de que todo el mundo podía comprarse los mismos zapatos que ellos en JC Penney.» Así que, de repente, Lambesis se vio traduciendo el lenguaje del montón al propio montón. La epidemia terminó.

«Mi jefe me preguntó en cierta ocasión qué estaba pasando —dice Smith—, y yo le dije: "¿No has visto *Forrest Gump?*" El que es tonto se comporta como un tonto. Pues es lo mismo: lo que es guay es guay. Las marcas así tratan bien a la gente, y nosotros los hemos descuidado. Yo había dado mi palabra a algunas de esas pequeñas tiendas de que les íbamos a ofrecer un producto especial, y de repente cambiamos de opinión. Así empezó todo. En ese mundo, todo funciona por rumores que pasan de boca en boca. Cuando nos hicimos más grandes, teníamos que haber prestado más atención a las tiendas especializadas y haber mantenido un buen rollo con ellas, de modo que si luego nos venían con que nos habíamos pasado a las grandes ventas, y que nos habíamos entregado al montón, y que dábamos asco, pues nosotros podríamos haberles dicho que todo eso era mentira. Teníamos esta maravilla de empresita, y poco a poco la vendimos al gran público, y cuando lo habíamos vendido todo [pausa], ¿qué más daba? Te compras un par de zapatos de nuestra marca, ¿por qué tendrías que comprarte otros?»

7
TRABAJOS DE CAMPO (SEGUNDA PARTE) SUICIDIO, TABACO Y LA BÚSQUEDA DEL CIGARRILLO NO ADICTIVO

No hace mucho, en una isla de la Micronesia, en el sur del Pacífico, un chico de diecisiete años llamado Sima tuvo una discusión con su padre. Esos días vivía con su familia en casa del abuelo. Una mañana muy temprano su padre, un hombre severo y exigente, le ordenó salir de la cama para que fuera a buscar un cuchillo de pala de bambú para recolectar fruta. Sima pasó horas buscando el cuchillo por todo el pueblo, sin éxito, y regresó a casa con las manos vacías. Su padre se puso furioso. Agarró un machete y, blandiéndolo con furia, le dijo que, por su culpa, la familia pasaría hambre. «¡Vete de aquí ahora mismo y búscate otro lugar donde vivir!»

Sima salió de la casa del abuelo y echó a andar hacia su pueblo natal. Por el camino se encontró con su hermano de catorce años y le dijo que le prestara un bolígrafo. Dos horas después, intrigado por saber adónde habría ido su hermano mayor, se fue a buscarle. Llegó a la casa familiar, vacía esos días, y miró por la ventana. En la penumbra de la habitación distinguió, colgado de una cuerda, el cuerpo inmóvil de Sima. Estaba muerto. Había escrito una nota antes de suicidarse:

> Hoy mi vida llega a su fin. Es un día triste para mí, un día en que me toca sufrir. Pero, para papá, es un día para cele-

brar. Hoy papá me ha apartado de su lado. Gracias por quererme tan poco. Sima.

Dile adiós, mamá. Mamá, ya no tendrás que sentirte decepcionada ni preocupada por tu niño. Te quiero mucho. Sima.

A principios de los años sesenta, el suicidio era algo casi desconocido en Micronesia. Pero, por razones que nadie entiende muy bien, empezó a aumentar a pasos agigantados de año en año, hasta que al final de la década de los ochenta era el lugar del mundo con más suicidios per cápita. En Estados Unidos la tasa de suicidios de varones de entre quince y veinticuatro años se sitúa en 22 casos por cada 100.000. En el archipiélago de la Micronesia la tasa es de cerca de 160 por cada 100.000, es decir, más de siete veces mayor. A este nivel, el suicidio se convierte casi en algo común y corriente, y cualquier mínimo incidente puede provocarlo. Sima se quitó la vida porque su padre le había gritado. En medio de semejante epidemia, su trágico final no había sido nada extraño. Los adolescentes de las islas se suicidaban al ver a sus novias con otro chico, o si sus padres se negaban a darles dinero para cervezas. Un chico de diecinueve años se ahorcó porque sus padres no quisieron comprarle la túnica con la que quería graduarse. Otro chaval, de diecisiete años, se colgó porque su hermano mayor le había echado una bronca por hacer demasiado ruido. Algo que en las culturas occidentales pasa muy de vez en cuando y suele responder a alguna patología profunda, en Micronesia se ha convertido en un ritual de adolescencia, con sus reglas y símbolos. En realidad, prácticamente todos los suicidios acaecidos en estas islas son variaciones casi idénticas del caso de Sima. La mayoría de las veces, la víctima es un varón de unos diecisiete a veinte años, soltero y que vive aún en la casa paterna. El acontecimiento que provoca el suicidio es, invariablemente, de carácter doméstico: una disputa con la novia o con los padres. En el 75 por 100 de los casos, la víctima nunca había intentado suicidarse antes, ni siquiera había amenazado con hacerlo. Las notas escritas antes del suicidio tienden a expresar no tanto depresión, sino una especie de orgullo herido y autocompasión, así como una protesta contra la corriente mayoritaria. El acto suele realizarse una noche de fin de semana, normalmente después de haber estado bebiendo con los amigos. En todos los casos, salvo contadas excepciones, la víctima sigue un mismo procedimiento, como si existiera un protocolo tácito muy estricto acerca del modo correcto de quitarse la vida. Va a un sitio alejado o a una casa vacía. Coge una cuerda y hace un nudo corredizo. Pero no se cuelga, como en el típico ahorcamiento a la occidental. Lo que hace es atar la soga a una rama baja, o a una ventana, o a un picaporte, y se deja caer hacia delante, de manera que el peso de su propio cuerpo obliga al nudo a cerrarse, impidiendo el flujo de la sangre hacia el cerebro. Enseguida se queda inconsciente, y la muerte sobreviene por anoxia, es decir, por falta de riego sanguíneo en el cerebro.

Donald Rubinstein, antropólogo, escribe que en Micronesia estos rituales se han convertido en un hecho propio de la cultura local. A medida que ha ido creciendo el número de suicidios, el fenómeno se ha retroalimentado, contagiando a chavales cada vez más jóvenes y transformando el acto mismo hasta el punto de que algo que antes era impensable se toma ahora como una posibilidad más. Según Rubinstein, que ha publicado una serie de informes magníficos documentando esta epidemia:

> En determinadas comunidades de Micronesia, la idea del suicidio está muy extendida entre los adolescentes, y su

> popularidad queda de manifiesto por la cantidad de canciones recientes que se emiten por la radio, así como por los grafitis con que se adornan las camisetas y las paredes de los institutos. Unos chicos jóvenes que intentaron suicidarse explicaron que vieron u oyeron por primera vez informaciones sobre el suicidio a la edad de ocho años. Su intento respondía a un espíritu de juego experimental o de imitación. Por ejemplo, un chico de once años se ahorcó en su casa, y cuando le encontraron ya estaba inconsciente y con la lengua fuera. Más tarde explicó que sólo quería «intentar» ahorcarse. Dijo que no quería morir, aunque sabía que aquello iba a poner su vida en grave peligro. Truk ha recogido recientemente varios casos de intentos de suicidio como éste, es decir, imitativos, entre niños de hasta cinco y seis años. Es evidente que muchos de los intentos fatales entre la población adolescente de Micronesia son el resultado de semejantes experimentos. Por lo tanto, a medida que los suicidios se han ido haciendo más frecuentes en estas comunidades, la idea misma ha adquirido una cierta familiaridad a ojos de los chicos, cuando menos auténtica fascinación, y parece que se han trivializado sus consecuencias fatales. Sobre todo entre los más jóvenes, el acto del suicidio aparece como un elemento experimental y casi lúdico.

Este fragmento pone los pelos de punta. Se supone que nadie debería tomarse el suicidio como algo trivial. Pero lo que más asusta de este texto es lo familiar que resulta. Nos presenta una epidemia de autodestrucción verdaderamente contagiosa, que implica a los más jóvenes, que actúan movidos por el afán de probar cosas nuevas, de imitar a otros y de rebelarse. Es una acción descabellada que, por alguna razón, los adolescentes han adoptado como una manera especial de expresarse. De un modo extraño, la epidemia del suicidio de adolescentes de Micronesia parece mucho más nefasta que la epidemia del tabaco entre adolescentes en el mundo occidental.

I

El consumo de tabaco entre los adolescentes es uno de los fenómenos más preocupantes y extendidos de la vida moderna. Nadie sabe a ciencia cierta cómo combatirlo ni, incluso, qué es exactamente. El movimiento antitabaco esgrime como argumento principal que las empresas tabaqueras convencen a los jóvenes con mentiras, haciéndoles creer que fumar un cigarrillo es mucho más deseable y mucho menos dañino de lo que realmente es. De este modo se ha optado por restringir y controlar la publicidad del tabaco, para que las empresas no puedan mentir con tanta facilidad. También hemos subido los precios y hemos elaborado leyes contra la venta de tabaco a menores, para ponérselo más difícil a los adolescentes. Y hemos invertido en campañas públicas de salud en televisión, radio y revistas, con el fin de educarles sobre los daños causados por el tabaco.

Sin embargo, parece bastante obvio que esta manera de afrontar el problema no es del todo efectiva. ¿Por qué seguimos pensando que la clave para combatir el tabaquismo es educar sobre los riesgos de los cigarrillos? Hace poco, W. Kip Viscusi, economista de la Universidad de Harvard, pidió a un grupo de fumadores que trataran de adivinar cuántos años de vida, como media, les podría costar el fumar desde la edad de veintiún años sin parar. Supusieron que unos nueve años. Pues bien, la respuesta correcta es algo como seis o siete. Es decir, si alguien fuma no es porque calcule por lo bajo los riesgos que entraña. Fuma aunque sobrestime los riesgos. Por otra parte, no está claro hasta qué punto resulta eficaz que los adultos les digan a los adolescentes que no deben fumar. Cualquier padre de un adolescente nos diría que, gracias a la tendencia esencial de todo joven a llevar la contraria, cuanto más le sermonee sobre los peligros del tabaco, más intentará probarlo, aunque sea paradójico. Está claro que, si observamos la evolución de la adicción al tabaco en la última década más o menos, lo que ha pasado ha sido precisamente eso. El movimiento antitabaco nunca se ha hecho oír tanto como ahora, pero todo indica que le ha salido el tiro por la culata, al menos en lo que respecta a la población juvenil. Entre 1993 y 1997, el número de estudiantes universitarios que se han enganchado al tabaco saltó del 22,3 al 28,5 por 100. Entre 1991 y 1997, el número de estudiantes de instituto adictos al tabaco subió a un 32 por 100. Desde 1988, el número total de fumadores adolescentes en los Estados Unidos se ha elevado hasta un increíble 73 por 100. Pocos programas de salud pública han fracasado tanto en los últimos años como los destinados a combatir el tabaco.

La lección que se puede extraer de todo esto es que deberíamos dejar de empeñarnos en atacar el tabaco. No tiene mucho sentido la forma en que hemos pensado hasta ahora en las causas del tabaquismo. Así de simple. Por eso la epidemia de suicidios en Micronesia resulta tan interesante y potencialmente relevante, pues nos ofrece otra manera de enfrentarnos a la adicción al tabaco entre los jóvenes. ¿Y si la adicción al tabaco, en vez de obedecer a los principios racionales del mercado, siguiera la misma clase de reglas y ritos sociales misteriosos y complejos que gobiernan el suicidio adolescente? Y si resulta que es una epidemia parecida a la del suicidio micronesio, ¿cómo afecta esto a nuestro modo de combatirla?

II

Todos los que estudian el suicidio observan que, en ciertos sitios y bajo determinadas circunstancias, el acto de quitarse la vida puede resultar contagioso. Es decir, varios suicidios provocan más. El pionero en este campo es David Phillips, un sociólogo de la Universidad de California, en San Diego, que ha dirigido varios estudios sobre suicidio, cada uno más fascinante aún y aparentemente menos probable que el anterior. Empezó elaborando una lista con todos los casos de suicidio que se publicaron en primera página en los periódicos más importantes, entre los años 1940 y 1960. A continuación, los relacionó con las estadísticas de suicidio del mismo periodo. Lo que quería saber era si existía una conexión entre ambas cosas. Por supuesto, la había. Justo después de que se publicaran esos casos, la tasa de suicidios en la zona aumentaba. Si se publicaba el suceso en un periódico de tirada nacional, la tasa aumentaba en todo el país. (La muerte de Marilyn Monroe trajo consigo un aumento momentáneo del 12 por 100 de la tasa nacional de suicidios.) Phillips repitió ese mismo experimento con los accidentes de tráfico. Extrajo las noticias al respecto publicadas en *Los Angeles Times* y *San Francisco Chronicle,* y las comparó con las muertes en carretera ocurridas en el estado de California. El modelo se repetía aquí también. El día en que se hacía público un suicidio en muchos medios, el número de muertes en carretera resultaba un 5,9 por 100 más alto de lo esperado, como media. Dos días después de la publicación de un caso de suicidio, las muertes en accidente de tráfico aumentaban un 4,1 por 100. Tres días más tarde se incrementaban un 3,1 por 100, y al siguiente día alcanzaban una subida del 8,1 por 100. (Al cabo de diez días, el número de muertes en accidente de tráfico volvía a la tasa normal.) Phillips concluyó que una de las maneras elegidas para quitarse la vida era provocar un accidente fatal con el coche, y las personas que lo hacían eran tan susceptibles de caer bajo el efecto contagioso de un suicidio ampliamente publicado como las personas que decidían matarse mediante procedimientos más convencionales.

Phillips se refiere a un tipo de contagio que ni es racional ni tiene por qué ser consciente. No obedece a un argumento convincente. Se trata de algo mucho más sutil. «Es como si, mientras espero a que el semáforo se ponga en verde, se me ocurre la idea de cometer una imprudencia —dice—. Y entonces veo que alguien lo hace, y yo me animo a hacerlo también. Es una especie de imitación. Siento que se me da permiso para hacerlo si veo que alguien lo hace. ¿Es una decisión consciente? No lo sé. Quizá lo vea más claro después, pero en ese momento no sé si nos damos cuenta de hasta qué punto nuestra decisión es consciente y hasta qué punto no. Las decisiones humanas son sutiles y complicadas, y no siempre se comprenden bien.» En el caso de los suicidios, Phillips sostiene que la decisión de alguien famoso de quitarse la vida provoca el deseo de cometer un acto desviado como ése en otras personas, ya que es como si les diera permiso para hacerlo. Sobre todo afecta a los más vulnerables a la sugestión, debido a inmadurez o a alguna enfermedad mental. «Los casos publicados de suicidio vienen a ser una especie de anuncio natural para una respuesta particular a nuestros problemas —continúa Phillips—. Hay mucha gente que se siente infeliz y con dificultades para decidirse a dar el paso porque están deprimidas. Y viven con ese dolor. Y entonces ven historias que anuncian diferentes respuestas a su problema. Unas veces puede ser Billy Graham de cruzada ese fin de semana, o sea, que ven una respuesta en la religión. Otras veces son los anuncios de películas para evadirse, que también es otra respuesta. Pues bien, las historias publicadas sobre algún suicidio no hacen más que ofrecer otro tipo de alternativa.» Estas personas de las que habla Phillips, las que otorgan el permiso a los demás, son el equivalente funcional de los vendedores natos de los que hablé en el capítulo 2. Del mismo modo que con su poder de convicción Tom Gau puede lograr el punto clave que lleva a que una epidemia se propague gracias al boca a boca, las personas que mueren en suicidios a los que luego se da mucho espacio en numerosos medios de comunicación (y cuyas muertes están «dando permiso» a que otros mueran también) sirven como precursores del punto clave en epidemias de suicidios.

Lo fascinante de este asunto del permiso está en lo específico que es. Phillips dio con un modelo claro en su estudio sobre las muertes en accidente de tráfico: las noticias sobre suicidios provocaban un aumento en los accidentes en que un solo coche estaba involucrado y en los que la víctima mortal era el conductor; las noticias sobre suicidios cometidos después de asesinatos suponían un aumento en los accidentes de tráfico en que varios coches chocaban, y las víctimas mortales eran tanto conductores como viandantes; las noticias sobre suicidios entre gente joven se traducían en más accidentes de tráfico en que se veían involucradas personas jóvenes; las noticias sobre suicidios de personas mayores traían consigo aumentos en los accidentes mortales de tráfico que implicaban a personas mayores. En Inglaterra, la cobertura que se dio de una serie de suicidios por autoinmolación a finales de los setenta provocaron 82 suicidios cometidos por ese mismo procedimiento durante el año siguiente. Es decir, el «permiso» que otorga un suicidio inicial no es una invitación general a los vulnerables, sino una información con todo lujo de instrucciones para las personas que se encuentran en determinadas situaciones y que escogen morir de determinada manera. No es un gesto sin trascendencia. Es todo un discurso explicativo. En otro estudio, un grupo de investigadores de Inglaterra analizó, en los años sesenta, a 135 personas que habían sido ingresadas en un hospital psiquiátrico tras intentar suicidarse. Encontraron conexiones sociales fuertes entre ellos, como, por ejemplo, que muchos pertenecían a los mismos ambientes sociales. Su conclusión fue que aquello no era una simple coincidencia, sino que ese dato daba testimonio de cuál es la esencia de un suicidio: es un lenguaje privado entre los miembros de una misma subcultura. Merece la pena citar la conclusión del autor:

> Muchos pacientes que intentan suicidarse proceden de una parte de la comunidad en que la autoagresión se considera como un modo de transmitir cierta clase de información. Los miembros de este grupo social ven este acto como algo comprensible y coherente con el resto de su modelo cultural. [...] Si esto es cierto, se deduce que el individuo que, en determinadas situaciones (normalmente, alguien con problemas), desea transmitir a los demás información sobre sus dificultades, no tiene que inventar *de novo* un medio comunicativo [...]. El individuo que vive en la «subcultura del intento de suicidio» puede optar por un acto que está teñido de un significado evidente. Lo único que tiene que hacer es invocarlo. El proceso es similar en esencia al proceso por el cual una persona emplea una palabra concreta en un lenguaje hablado.

Esto es lo mismo que pasa en Micronesia, sólo que a un nivel mucho más profundo. Si el suicidio en el mundo occidental es una especie de lenguaje crudo, en Micronesia se ha convertido en una forma de comunicación increíblemente expresiva, rica en significados y matices, y expresada por los otorgadores de permiso más persuasivos. Rubinstein escribe acerca del extraño modelo que siguen los suicidios en la isla de Ebeye, que cuenta con unos seis mil habitantes. Entre 1955 y 1965 no se produjo ni un solo caso de suicidio en toda la isla. En mayo de 1966 un chico de dieciocho años se ahorcó en su celda después de ser arrestado por robar una bicicleta; pero su caso parece haber tenido poca repercusión. Sin embargo, en noviembre de 1966 se produjo la muerte de R., un hombre carismático, hijo de una de las familias más ricas de la isla. R. había estado saliendo con dos mujeres y había tenido dos hijos con ellas. Cuando los bebés tenían un mes, incapaz de decidirse entre las dos, decidió ahorcarse llevado por la desesperación más romántica. Las dos amantes asistieron al funeral y, al conocerse y entender lo que había pasado, se desmayaron sobre su tumba.

Tres días después de la muerte de R. hubo otro suicidio, un varón de veintidós años que estaba atravesando una mala racha en su matrimonio, con lo que la tasa de suicidios aumentó a dos en una semana, en una comunidad que sólo había conocido un caso en los doce años anteriores. El médico de la isla escribió: «Después de que R. muriera, muchos chicos han soñado con él y han dicho que les estaba animando a matarse también.» En los doce años siguientes se produjeron veinticinco suicidios más, con una frecuencia de tres o cuatro cada pocas semanas. «Varias víctimas fatales, así como otras que han intentado suicidarse últimamente, habían comentado que habían tenido una visión en la que aparecía un barco rodeando la isla, donde iban todas las víctimas anteriores invitándoles a unirse a ellos», escribió en 1973 un antropólogo que visitó la zona. Una y otra vez resurgía el tema de R. M., un estudiante de instituto que tenía una novia en un internado y otra en Ebeye, y, al volver a casa la primera, la complicación de tener a las dos novias a la vez en el mismo sitio le dio pie, según la subcultura juvenil de Ebeye, a encontrar motivos suficientes para quitarse la vida. Ésta es la nota que dejó: «Mis mejores deseos para M. y C. [las dos novias]. Ha sido precioso estar con vosotras.» Esto era todo lo que tenía que decir, ya que el contexto de su acto ya había sido creado por la muerte de R. En la epidemia de Ebeye, R. fue la persona que provocó el punto clave, el vendedor nato, la persona cuya experiencia «exageró» la de los que le siguieron. La fuerza de su personalidad y las circunstancias de su muerte se combinaron para hacer que su ejemplo tuviera una influencia que duraría años después de su muerte.

III

¿La adicción al tabaco entre los adolescentes sigue esta misma lógica? Para averiguar más datos sobre las razones por las que fuman los adolescentes, yo mismo distribuí un cuestionario entre varios cientos de personas, pidiéndoles que describieran sus primeras experiencias como fumadores. No se trataba de un estudio científico. La muestra escogida no era representativa de la sociedad estadounidense. La mayoría eran personas entre veinte y treinta años, residentes en grandes ciudades. De todos modos, las respuestas que recibí eran sorprendentes, principalmente por lo parecidas que eran entre sí. Parecía que fumar evocaba una especie de recuerdos de infancia, vívidos, precisos y con fuerte carga emocional. Una persona recuerda cuánto le gustaba abrir el bolso de la abuela, donde podía encontrar «el suave olor del cuero y los Winston baratos, mezclados con el de pintalabios y chicle de canela». Otro recuerda la ocasión en que «estaba sentado en el asiento de atrás de un Chrysler sedán, oliendo la maravillosa mezcla de azufre y tabaco que me llegaba a la nariz desde la ventana del conductor». Es apabullante cómo se asociaba el tabaco con una misma cosa en todas las respuestas: con la sofisticación. Y esto mismo se podía decir también de personas que hoy día odian el tabaco, y que consideran que fumar es un hábito sucio y peligroso. El lenguaje del tabaco, igual que el del suicidio, parece increíblemente coherente. Aquí les presento dos de las respuestas, en las que se describen recuerdos de infancia:

> Mi madre fumaba y yo lo odiaba (odiaba el olor), pero es que tenía unos dedos largos y finos, y los labios gruesos y un poco apretados, siempre pintados, y cuando fumaba me parecía muy elegante, y no sé cómo diablos yo sabía que acabaría fumando algún día. Ella decía que los que no fumaban eran gente sin sustancia. Siempre decía: si apestas por algo, al menos la cosa te hace pensar. Aunque suene horrible.

> Mi mejor amiga, Susan, era mitad inglesa mitad irlandesa. Sus padres eran jóvenes, indulgentes y liberales, a diferencia de los míos. Antes de cenar se tomaban un cóctel. El señor O'Sullivan tenía barba y siempre llevaba jerséis de cuello vuelto. La señora O'Sullivan iba siempre en babuchas y se vestía con ropa negra ajustada a juego con su pelo color azabache. Iba muy maquillada y una pizca demasiado bronceada, y prácticamente siempre tenía una boquilla larga hasta decir basta entre sus dedos arreglados con manicura.

Éste es el lenguaje compartido del tabaco, y es tan rico y expresivo como el lenguaje compartido del suicidio. En esta epidemia también hay gente capaz de provocar el punto clave, vendedores natos, otorgadores de permiso.

Una y otra vez, las personas que contestaron a mi encuesta describían al individuo concreto que les inició, y en todos los casos era siempre igual.

Cuando tenía nueve o diez años mis padres contrataron a una canguro inglesa, Maggie, que pasó con nosotros un verano. Debía de tener unos veinte años. Era muy *sexy* y cuando íbamos a la piscina de los Campbell siempre se ponía bikini. Se hizo famosa entre los adultos porque le gustaba hacer el pino, así, con bikini. También corría el rumor de que la parte de arriba se le escurría cuando buceaba, y el señor Carpenter solía sumergirse cada vez que ella se tiraba al agua. Maggie fumaba, y yo siempre le rogaba que me dejara fumar.

El primer chico que conocí que fumara era Billy G. Nos hicimos amigos en quinto, cuando empezaban a formarse las grandes diferencias entre los chicos de la zona residencial donde vivía, en Nueva Jersey, o sea: los deportistas, los líderes y los cerebritos. Billy era lo más. Fue el primero en salir con chicas, fumar cigarrillos y maría, beber alcohol en serio y escuchar música de drogatas. Le recuerdo sentado en la habitación de su hermana, en el piso de arriba (sus padres estaban divorciados —de nuevo, otro de los primeros en tener padres divorciados—, y su madre nunca estaba en casa), separando semillas de maría encima de la carátula de un disco de los Grateful Dead... Lo que me atraía era que era algo malo, y algo más bien de mayores, y que demostraba que se podía ser más de una sola cosa a la vez.

La primera persona que recuerdo fumando era una chica que se llamaba Pam P. La conocí cuando estábamos en décimo curso. Íbamos al colegio en Great Neck (Long Island), cogíamos el mismo autobús, y recuerdo que me parecía la más guay porque vivía en un piso y no en un chalet. (En Great Neck no había muchos en esa época.) Pam no aparentaba quince años. Nos sentábamos en los asientos del final y echábamos el humo por la ventanilla. Ella me enseñó a tragarlo, a hacerme un nudo en la cintura con una camisa de hombre para ir más moderna y a pintarme los labios. Tenía una chaqueta de cuero. Su padre casi nunca estaba en casa.

La verdad es que muchos expertos coinciden en señalar que hay rasgos de personalidad que se repiten en todos los fumadores. Hans Eysenck, el influyente psicólogo británico, ha afirmado que los fumadores empedernidos pueden distinguirse de los no fumadores gracias a unos rasgos de personalidad muy sencillos. Según Eysenck:

> El paradigma del fumador es alguien extravertido, sociable, amante de las fiestas, que tiene un montón de amigos, y que necesita tener siempre a alguien con quien hablar [...]. Necesita estar muy animado, le gusta el riesgo, actúa llevado por la emoción del momento y suele ser impulsivo [...]. Prefiere estar siempre ocupado, tiende a ser agresivo y se enfada con facilidad; no suele controlar sus emociones y no siempre es una persona en la que se pueda confiar.

Desde el trabajo revolucionario de Eysenck se han ido añadiendo más detalles a este tipo de persona, a través de infinidad de estudios. Por ejemplo, se ha demostrado que las personas que más fuman tienen un apetito sexual mucho mayor que las que no fuman. Son más precoces sexualmente, sienten más necesidad de sexo, y más atracción por el sexo contrario. A los diecinueve años han tenido relaciones sexuales el 15 por 100 de las estudiantes universitarias blancas no fumadoras, y el 55 por 100 de las fumadoras. Las estadísticas para los varones son parecidas, según Eysenck. Además, los fumadores puntúan mucho más alto en lo que los psicólogos denominan índices «antisociales»: suelen tener niveles más altos de mala conducta, y ser más rebeldes e insolentes. Emiten juicios precipitados. Asumen más riesgos. Un hogar medio de fumadores gasta el 73 por 100 más en café y dos o tres veces más en cerveza que los hogares de no fumadores. Curiosamente, parece que los fumadores son más honrados acerca de sí mismos que los no fumadores. Como describe David Krogh en su ensayo *Smoking: The Artificial Passion,* los psicólogos llevan a cabo tests «sobre la mentira», en los que se insertan frases que no dejan lugar a discusión (como «No siempre digo la verdad», o «A veces soy algo frío/a con mi esposo/a»), y si los individuos que se someten al test sostienen coherentemente dichas frases, se toma como evidencia de que, en general, no son muy honestos. En este tipo de test los fumadores suelen ser más honrados. «Una teoría —escribe Krogh— dice que su falta de deferencia y su exceso de insolencia se combinan de manera que se vuelven más indiferentes a la opinión que los demás tengan de ellos.»

Por supuesto, estas características no se aplican a todos los fumadores. Pero son bastante acertadas si se usan para predecir, en general, la conducta del fumador. Cuanto más fume la persona, más se parecerá a este perfil. «Por puro espíritu científico —escribe Krogh— invitaría a los lectores a comprobar [la conexión de la personalidad del fumador] con ellos mismos, a través del siguiente experimento. Basta con organizar una reunión relajada de actores, músicos de *rock* y peluqueros, por un lado, y una de ingenieros, electricistas y programadores de informática, por otro. Si su experiencia se parece en algo a la mía, las diferencias entre ambas reuniones saltan a la vista.»

A continuación reproduzco otra respuesta que dieron a mi cuestionario. ¿Es posible dejar más claro la personalidad extravertida?:

> Cuando era muy pequeño, la única persona que fumaba en mi entorno era mi abuelo. Era todo un personaje, como sacado de una novela de Damon Runyon*, una especie de héroe estafador. Emigrado de Polonia cuando era un chiquillo, se había pasado toda la vida trabajando como vidriero. A mi madre le hacía gracia contar que, cuando mi padre la llevó a cenar con ellos por primera vez, pensó que en cualquier momento le daría por agarrar el mantel y sacarlo de un tirón, sin romper ni una copa, sólo para divertir a los reunidos.

Creo que lo significativo de la personalidad del fumador es que no puede exagerarse. Si mezclamos todos estos rasgos de extraversión (insolencia, precocidad sexual, honestidad, impulsividad, indiferencia al qué dirán, búsqueda de nuevas sensaciones), lo que nos encontramos es una definición casi perfecta del tipo de persona que más puede atraer a un adolescente. Maggie la canguro, Pam P. del autobús escolar y Billy G. con sus discos de los Grateful Dead eran todos de lo más guay. Pero no porque fumaran. Más bien, fumaban porque eran guay. Los mismos rasgos de rebeldía, impulsividad, amor por el riesgo, indiferencia ante la opinión de los demás y precocidad, que tan atractivos los hacían a ojos de los demás adolescentes, conducían, inevitablemente, a que ellos mismos se sintieran atraídos por la máxima expresión de rebeldía adoles-

---

* Damon Runyon (1884-1946) fue un periodista estadounidense y autor de cuentos breves. Su obra más conocida es *Guys and Dolls,* y su estilo era una mezcla de argot barriobajero y lenguaje formal, que se convirtió en el rasgo distintivo de su estilo.

cente, riesgo, impulsividad, indiferencia ante la opinión de los demás y precocidad, es decir: el cigarrillo. Todo esto podría parecer una simpleza, pero resulta del todo esencial para comprender el fracaso estrepitoso de la lucha contra el tabaco. A lo largo de la última década, el movimiento antitabaco ha atacado a las empresas tabaqueras por presentar la imagen de que fumar es algo positivo y moderno, y se han gastado cantidades indecibles del presupuesto público para intentar convencer a los adolescentes de que fumar no mola tanto. Pero es que han errado el objetivo. Fumar, en sí, nunca ha sido guay. Son los fumadores los que son atractivos. Las epidemias de adicción al tabaco comienzan exactamente de la misma manera que empezó la epidemia de suicidios en Micronesia, o las epidemias extendidas de boca en boca, o la epidemia de sida, es decir, por la extraordinaria influencia de Pam P., Billy G., Maggie y todos sus equivalentes (o sea, la versión «fumadora» de R., Tom Gay y Gaetan Dugas). En esta epidemia, igual que en todas las demás, un grupo muy reducido de personas, un grupo selecto, es el responsable de suscitar la propagación de la epidemia.

IV

Sin embargo, la epidemia de adicción al tabaco entre adolescentes no sólo ilustra el tema de la ley de los especiales. Además, sirve como ejemplo muy bueno del factor del gancho. Al fin y al cabo, el número tan apabullante de adolescentes que se lanzan a fumar como resultado de sus contactos con otros jóvenes no es, en sí, tan terrorífico como parece. El problema (el hecho que ha convertido al tabaco en el enemigo público número uno contra la salud) es que muchos de esos adolescentes siguen experimentando hasta que se quedan enganchados. Para ciertas personas la experiencia de fumar es tan memorable y poderosa que no pueden parar. Es decir, el hábito tiene gancho.

Es importante separar estos dos conceptos (contagio y gancho), pues cada uno obedece a modelos muy diferentes y sugiere estrategias dispares. Lois Weisberg es una persona contagiosa. Conoce a tanta gente y participa en tantos mundos distintos que es capaz de extender cierta noticia o idea por miles de vías diferentes a la vez. Lester Wunderman y los creadores de *Blue's Clues*, por otra parte, son personas especialistas en esto del gancho: tienen un don para crear mensajes que resultan memorables y que pueden modificar la conducta de otras personas. La capacidad de contagio depende, en gran parte, del mensajero. El factor del gancho depende, en primer lugar, de una propiedad del mensaje.

El asunto del tabaco es similar. La posibilidad de que un adolescente adopte el hábito de fumar depende de si tiene tratos con uno de esos vendedores natos que les dan «permiso» para cometer actos desviados. Pero la posibilidad de que a un adolescente le gusten los cigarrillos lo suficiente como para engancharse depende de una serie de criterios muy diferentes. Por ejemplo, en un estudio reciente llevado a cabo por la Universidad de Michigan se hizo una encuesta a un grupo muy numeroso de personas acerca de cómo se sintieron la primera vez que se fumaron un cigarrillo. «Lo que descubrimos fue que para casi todos ellos la primera experiencia con el tabaco fue, en cierto modo, repugnante —dijo Ovide Pomerleau, uno de los investigadores de aquel proyecto—. Pero lo que hizo que unos se hicieran fumadores y otros no volvieran a probarlo fue que los fumadores potenciales obtuvieron cierta sensación placentera, como sentir un zumbido suave o algo agradable dentro de la cabeza.» Los números son sorprendentes. De las personas que probaron cigarrillos unas cuantas veces y luego no volvieron a fumar nunca más, sólo un 25 por 100 sintió verdadero placer al fumarse el primer cigarrillo. De los ex fumadores (o sea, aquellos que fumaron durante un tiempo y luego consiguieron dejarlo), alrededor de un 33 por 100 sintió un zumbido agradable. De los que se hicieron fumadores, pero no en cantidad, alrededor del 50 por 100 tenía un buen recuerdo de la primera vez. Sin embargo, de los fumadores empedernidos, el 78 por 100 recordaba sentir un zumbido agradable en las primeras caladas. Dicho de otro modo, el gancho que para cada uno de ellos tuvo el acto de fumar depende en gran medida de su reacción inicial a la nicotina.

Nos enfrentamos aquí a un punto clave, que muchas veces no se tiene en cuenta en la acalorada retórica de la guerra contra el tabaco. Por ejemplo, la industria del tabaco ha estado en la picota durante muchos años por negar que la nicotina es una sustancia adictiva. Por supuesto, se trata de una postura ridícula. Lo malo es que la noción opuesta, a menudo sostenida por quienes abogan por eliminar el tabaco (que dicen que la nicotina es un tirano mortal que esclaviza a todo el que entra en contacto con ella), también resulta ridícula. De todos los adolescentes que prueban el tabaco, sólo cerca de un tercio continúa fumando con cierta regularidad. Puede que la nicotina sea altamente adictiva, pero sólo para ciertas personas, y sólo durante un tiempo. Más importante aún es señalar que, incluso entre quienes fuman con regularidad, existen grandes diferencias en el grado de enganche. Los expertos pensaban que entre el 90 y el 95 por 100 de todos los que fumaban eran consumidores habituales. Sin embargo, hace unos años las encuestas elaboradas por el gobierno estadounidense sobre la salud pública empezaron a hacer preguntas más específicas, y los investigadores descubrieron, para su sorpresa, que sólo un 20 por 100 de los fumadores encendía un cigarrillo todos los días. Es decir, hay millones de estadounidenses que fuman regularmente pero que no están enganchados. Son personas para las cuales fumar es contagioso, mas no les engancha. En los últimos años, estos «contentos» (como se les ha bautizado) han sido objeto de estudios concienzudos. La mayor parte del trabajo de investigación ha sido realizado por el psicólogo Saul Shiffman, de la Universidad de Pittsburgh. Shiffman define a un «contento» como la persona que fuma menos de cinco cigarrillos al día, pero que lo hace al menos cuatro días a la semana. Shiffman escribe:

> El hábito de fumar del contento cambia según el día, y el modelo de conducta suele incluir días de abstinencia total. Estas personas demostraron poca dificultad para mantener esta abstinencia casual, y apenas mostraron síntomas cuando dejaban de fumar. [...] A diferencia de los fumadores habituales que encienden un cigarrillo al poco de levantarse de la cama para recuperar la nicotina que se ha eliminado durante la noche, los contentos pueden pasar varias horas antes de encender el primer cigarrillo del día. En resumen, cada indicador examinado sugiere que los contentos no son adictos a la nicotina y que fuman no para evitar ni calmar los síntomas de abstinencia.

Shiffman considera a los contentos como equivalentes de las personas que sólo beben cuando están en compañía de otras. Son capaces de controlar su hábito. Dice:

> La mayoría de estas personas nunca han sido fumadoras empedernidas. Yo los veo como individuos con retardo en el desarrollo. Todos los fumadores comienzan como contentos,

> en el primer periodo, pero después van poco a poco aumentando la cantidad hasta llegar a desarrollar una dependencia del tabaco. Cuando recogíamos datos acerca de los periodos iniciales, los contentos tenían la misma conducta que todos los demás. La diferencia es que, con el paso del tiempo, los que más fuman aumentaron sus dosis, mientras que aquéllos se quedaron en el nivel inicial.

¿En qué se diferencia un contento de un fumador empedernido? Probablemente hay factores genéticos. Por ejemplo, hace poco Allan Collins, de la Universidad de Colorado, hizo varios grupos con diferentes especies de ratones y fue inyectándoles cantidades cada vez mayores de nicotina. Cuando la nicotina alcanza niveles tóxicos en el cuerpo de un ratón (al fin y al cabo, la nicotina es un veneno) el animal padece un ataque: la cola se queda rígida, se pone a correr como loco por la jaula, la cabeza se le mueve con espasmos, y al final cae de espaldas. Collins quería ver si las diferentes especies de ratones tenían distintos grados de resistencia a la nicotina. Así fue, en efecto. La clase de ratón que demostró mayor tolerancia a la nicotina era capaz de aguantar hasta tres veces más droga que la especie que tenía ataques con las dosis más bajas. «Es algo muy parecido a lo que pasa con el alcohol», dice Collins. A continuación puso a todos los ratones en jaulas y les dio dos botellas para que bebieran, una llena con una solución sacarina simple y la otra llena con una solución sacarina mezclada con nicotina. Lo que perseguía esta vez era ver si había alguna conexión entre la tolerancia a la nicotina en cada clase de ratón y la cantidad de nicotina que consumirían voluntariamente. De nuevo había una conexión. En realidad, parecía casi exacta. Cuanto mayor era la tolerancia genética a la nicotina en un ratón, más bebía de la botella que contenía dicha sustancia.

Collins cree que hay genes en el cerebro de los ratones que gobiernan cuánta nicotina se procesa (o sea, cuánto tarda en considerarla tóxica, cuánto placer se siente, qué tipo de sensación deja) y que algunas especies de ratones poseen genes capaces de manejar muy bien la nicotina y extraer el máximo placer, mientras que hay otros que poseen genes que la tratan como si fuera un veneno.

Evidentemente, los humanos no somos ratones, ni beber nicotina de una botella dentro de una jaula tiene algo que ver con encender un Marlboro. Pero, por muy pequeña que pueda ser la correlación entre lo que sucede en el cerebro de un ratón y el de un humano, estos descubrimientos parecen encajar con el estudio de Pomerleau. Las personas que no notaban ningún tipo de sensación al fumarse su primer cigarrillo y que consideraron aquella experiencia como algo tan repugnante que jamás volverían a fumar son, probablemente, personas cuyo cuerpo es hipersensible a la nicotina, y por lo tanto es incapaz de aguantarla ni en las dosis más pequeñas. Puede que los contentos posean los genes que extraen cierto placer de la nicotina, pero carecen de los genes que pueden tolerar grandes dosis. Por otro lado, es posible que los fumadores empedernidos posean ambos tipos de genes. Esto no quiere decir que la genética ofrezca una explicación completa de la razón por la que unas personas fuman más que otras. Por ejemplo, dado que se sabe que la nicotina alivia la sensación de aburrimiento y el estrés, la gente que se halla en situaciones tediosas o estresantes tenderá a fumar más. Es decir, lo que hace que fumar tenga gancho es completamente diferente de lo que lo hace contagioso. Si nos proponemos encontrar los elementos que conduzcan a un punto clave en la guerra contra el tabaco habrá que decidir en cuál de los dos flancos de la epidemia podemos tener más éxito. ¿Deberíamos intentar hacer menos contagioso el hábito de fumar e impedir que los vendedores natos extiendan el virus? ¿No daría mejores resultados tratar de reducir el gancho que posee, para poder convertir a los fumadores empedernidos en contentos?

V

Analicemos en primer lugar el contagio. Existen dos estrategias posibles para detener la propagación del hábito de fumar. La primera es impedir que fumen los dadores de permiso (gente como Maggie o Billy G.). Evidentemente, éste es el camino más difícil, ya que los adolescentes más independientes, precoces y rebeldes son de los menos susceptibles a seguir consejos de salud. La segunda posibilidad es convencer a todos los que buscan en personas como Maggie o Billy G. el permiso que, en realidad, deberían buscar en otro sitio, de modo que sean los adultos los que les marquen la pauta de lo que se considera guay.

Pero esto no siempre es fácil. En realidad, puede que sea aún más difícil que lo primero, por la sencilla razón de que los padres no ejercen ese tipo de influencia en los hijos.

Cuesta creerlo, claro. Los padres están convencidos de que pueden modificar la personalidad y la conducta de sus hijos. Pero, como sostiene tan bien Judith Harris en su libro *The Nurture Assumption*, publicado en 1998, hay una falta absoluta de evidencia que sostenga esa creencia. Por ejemplo, consideremos los resultados que han obtenido los esfuerzos de tantos psicólogos que en los últimos años han tratado de medir el efecto que los padres tienen sobre los hijos. Obviamente, los padres transmiten genes a su prole, y los genes desempeñan un papel fundamental en la definición del carácter. Los padres les dan amor y afecto en los primeros años de la infancia. Sin este alimento emocional los niños sufren un daño irreparable. Los padres les dan comida, un hogar, protección y lo necesario para que el niño esté seguro, sano y feliz. Hasta aquí es fácil. Pero ¿será muy diferente su hijo si usted, en lugar de ser un padre autoritario y competente, es un padre ansioso y novato? ¿Es más probable que sus hijos sean personas curiosas intelectualmente si llena usted la casa de libros? ¿Afecta en algo a la personalidad de su hijo si usted sólo le ve un par de horas al día, en vez de ocho? Dicho de otro modo: ¿El entorno social específico que creamos en nuestro hogar hace que los hijos acaben siendo de una determinada manera cuando sean adultos? Los genetistas han demostrado, a raíz de toda una serie de estudios muy bien diseñados acerca del comportamiento de gemelos (en especial, de gemelos separados desde el momento del nacimiento), que la mayor parte de los rasgos de carácter que nos definen (amabilidad, extraversión, nerviosismo, apertura y demás) vienen determinados a partes iguales por los genes y por el entorno. Siempre se ha tomado el hogar como el entorno que más marca nuestra vida. Sin embargo, el problema radica en que los psicólogos no han conseguido dar con el efecto que provoca el hogar en el crecimiento y educación de la persona.

Uno de los estudios de mayor envergadura y rigor es el llamado *Colorado Adoption Project*. A mediados de los setenta, un grupo de investigadores de la Universidad de Colorado, dirigido por Robert Plomin, que era uno de los genetistas expertos en conducta más conocidos del mundo, reclutó a 245 mujeres embarazadas de la zona de Denver que iban a dar a sus hijos en adopción. Cuando dieron a luz siguieron el rastro de los niños y fueron sometiéndolos a muchos tests de inteligencia y personalidad a lo largo de toda su infancia. Entregaron esos tests a los padres adoptivos. Con el ánimo de comparar, sometieron a aquellos mismos tests a un grupo similar de 245 familias de padres con hijos biológicos. En el caso de este grupo de control, los resultados eran más o menos los que podrían esperarse. En cuestiones como la capacidad intelectual y ciertos aspectos de la personalidad, los hijos biológicos son bastante parecidos a sus padres, mientras que los resultados de los niños adoptados eran muy extraños. Las puntuaciones no tenían absolutamente nada en común con las de los padres adoptivos. Es decir, estos niños no se parecen, ni por su personalidad ni por sus habilidades intelectuales, a las personas que los crían, que les educan, les visten, leen para ellos, les enseñan cosas y les dan amor durante dieciséis años. Son tan diferentes de ellos como podrían serlo de la primera pareja de adultos que acertara a pasar por la calle en cualquier momento.

Si reflexionamos un momento, haremos un descubrimiento extraordinario. La mayoría pensamos que nos parecemos a nuestros padres debido a una combinación de genética y educación, siendo ésta más importante. Es decir, los padres nos educan, en gran medida, a su imagen. Pero si esto es así, si la educación cuenta tanto, ¿por qué los hijos adoptados no se parecen en nada a sus padres adoptivos? El estudio de Colorado no afirma que los genes explican toda la historia y que el entorno no influye de ningún modo. Al contrario, todos los resultados de dicha investigación sugieren que el entorno desempeña un papel tan decisivo como la herencia genética, si no más, a la hora de modelar la personalidad y la inteligencia. Lo que viene a decir es que, sea cual sea esa influencia ambiental, no tiene mucho que ver con los padres. Es otra cosa. Judith Harris sostiene que esa cosa diferente es la influencia de los iguales.

Harris se pregunta por qué los hijos de emigrantes casi nunca conservan el acento paterno. ¿Cómo es posible que los hijos de padres sordos consigan aprender a hablar igual de bien que los niños cuyos padres han estado hablándoles desde el día de su nacimiento? La respuesta que se ha dado siempre es que el lenguaje es una destreza adquirida lateralmente, es decir, que lo que los niños toman de los otros niños es tan importante o más para la adquisición del lenguaje como lo que reciben en casa. Harris afirma que esto se puede aplicar también a un ámbito más general. De esta manera la influencia ambiental que más influye en que el niño se convierta en la persona que es, modelando su carácter y personalidad, es la del grupo de iguales.

Como es comprensible, esta afirmación ha provocado una gran controversia en la prensa popular. Es legítimo discutir hasta qué punto y en qué situaciones puede aplicarse esta idea. Pero no hay duda de que se trata de una gran revelación que afecta al asunto de la adicción al tabaco. Los hijos de fumadores cuentan con el doble de probabilidades de acabar fumando que los hijos de no fumadores. Esto es un dato bien conocido. Pero, si aplicamos la lógica de Harris, esto no significa que los padres que fuman delante de sus hijos estén dándoles un ejemplo a seguir. Sólo quiere decir que los hijos de padres fumadores han heredado los genes que les predisponen a convertirse en adictos a la nicotina. De hecho, muchos estudios sobre hijos adoptados han demostrado que los que son educados por fumadores tienen las mismas probabilidades de acabar fumando que los que son educados por no fumadores. «Dicho de otro modo, cualquier efecto que pueda tener un rasgo de la educación (como el encender un cigarrillo delante del hijo o el tener tabaco en casa) desaparece totalmente cuando los niños se convierten en adultos», escribió David Rowe en su libro *The Limits of Family Influence*, de 1994, en el que se resume toda la investigación realizada sobre el tema. «El rol de los padres es un rol pasivo: transmiten los genes que tienen que ver con el riesgo de fumar, pero no ejercen una influencia social en su prole.»

Para Rowe y Harris, el proceso por el cual el hábito de fumar se contagia entre los adolescentes está totalmente ligado con la influencia de los iguales. No se trata de que los adolescentes quieran imitar a los mayores, como se demuestra por el hecho de que la adicción al tabaco entre los adultos está disminuyendo y aumenta entre los más jóvenes. Se trata, más bien, de lo que significa ser adolescente, compartir una experiencia emocional, un lenguaje y unos ritos que resultan tan impenetrables e irracionales para los extraños como puedan serlo los ritos de suicidio de los adolescentes micronesios. Así pues, bajo esta perspectiva, ¿cómo podemos esperar que la intervención de los adultos consiga tener algo de influencia?

«Es inútil insistirles sobre los riesgos que entraña el tabaco (¡Te vas a quedar arrugado! ¡Te va a dejar impotente! ¡Te matará!) —concluye Harris—. Así es la propaganda de los adultos, así son sus argumentos. Justo porque los adultos están en contra del tabaco, y porque hay algo peligroso y transgresor en el hecho de fumar, los adolescentes se empeñan más aún.»

VI

Queda claro que tratar de frustrar los esfuerzos de los vendedores natos o, lo que es lo mismo, tratar de intervenir en el mundo del adolescente desde dentro no parece una estrategia particularmente eficaz en la lucha contra esta adicción. ¿Y el gancho? En ese aspecto la búsqueda de los factores que contribuyen a crear el punto clave sigue otros derroteros. Como ya señalé antes, sospechamos que una de las razones por las que algunos adolescentes nunca más vuelven a fumar después de sus primeras experiencias, mientras que otros se convierten en adictos de por vida, es que los seres humanos quizá tengamos diferentes grados de tolerancia a la nicotina. Si éste fuera un mundo perfecto, daríamos a los fumadores empedernidos una píldora que sirviera para rebajar ese nivel de tolerancia hasta llegar al mismo que tiene, por ejemplo, un contento. Sería un modo fantástico de acabar con el gancho del tabaco. Por desgracia, desconocemos la técnica para hacerlo. Lo que sí tenemos es el parche de nicotina, que proporciona una dosis lenta y constante del veneno, de modo que el fumador puede obtenerla sin incurrir en los peligros del tabaco. Es una estrategia antigancho que ha ayudado a millones de fumadores. Sin embargo, queda claro que no es perfecta. Para un adicto, la forma más estimulante de obtener la dosis deseada es con un *chute,* o sea, una dosis alta aplicada rápidamente y que atonta los sentidos. Los heroinómanos, por ejemplo, no se conectan a un gotero de heroína por vía intravenosa, sino que se *chutan* dos, tres o cuatro veces al día, inyectándose una dosis enorme cada vez. Es lo mismo para los fumadores, aunque a menor escala. Su *chute* es el cigarrillo. Se fuman uno, descansan, se fuman otro. Por el contrario, lo que hace el parche de nicotina es dar una dosis ininterrumpida a lo largo del día, lo cual no deja de ser una forma bastante aburrida de ingerir la droga. No parece un buen invento para conseguir el punto clave que buscamos para combatir la epidemia del tabaco, igual que no sirven los batidos de adelgazamiento en la lucha contra la obesidad. ¿Podemos encontrar un candidato mejor que éste?

Por mi parte, creo que tenemos dos alternativas. La primera es la que podría encontrarse en la relación existente entre el tabaco y la depresión, que se ha descubierto hace poco. En 1986 se realizó un estudio sobre pacientes externos de un psiquiátrico de Minnesota, por el que se descubrió que la mitad de ellos fumaban. Era una cifra muy por encima de la media nacional. Dos años después, el psicólogo Alexander Glassman, de la Universidad de Columbia, descubrió que el 60 por 100 de las personas que más fumaban, de entre los sujetos sometidos a un estudio totalmente diferente que estaba llevando a cabo, tenían en común haber sufrido fuertes depresiones. Glassman ahondó en este aspecto mediante un estudio mayor publicado en el *Journal of the American Medical Association* en 1990, realizado con 3.200 adultos escogidos al azar. De todos los que en algún momento de su vida habían recibido alguna vez un diagnóstico de desorden psiquiátrico grave, el 74 por 100 habían sido fumadores y el 14 por 100 habían dejado el tabaco. De los que nunca habían recibido diagnóstico de algún problema psiquiátrico, el 53 por 100 habían sido fumadores anteriormente y el 31 por 100 habían logrado poner fin a su adicción. A más problemas psiquiátricos, más fuerte se hace la conexión con la adicción al tabaco. Cerca del 80 por 100 de alcohólicos fuma. Casi el 90 por 100 de los esquizofrénicos, también. En un estudio particularmente escalofriante, un grupo de psiquiatras británicos compararon la conducta fumadora de unos chavales de doce a quince años con problemas emocionales y conductuales, con otros de su misma edad en colegios normales. La mitad de los muchachos con problemas de ese tipo fumaba más de veintiún cigarrillos al día, a pesar de su juventud, frente al 10 por 100 de los chicos sin problemas. Es decir, a medida que se reduce el consumo de tabaco, se va concentrando entre los miembros más atormentados y marginales de la sociedad.

Existen una serie de teorías que tratan de explicar por qué fumar tiene una relación tan fuerte con los problemas emocionales. La primera de ellas es que las mismas cosas que harían que alguien fuera susceptible a los efectos contagiosos del tabaco (baja autoestima, o vida privada infeliz o insana) vienen a ser también las cosas que contribuyen a crear una depresión. Sin embargo, es aún más tentador echar mano de datos anteriores que demuestran que estos dos problemas pueden tener su raíz en la genética. Por ejemplo, se cree que la depresión es resultado, al menos en parte, de una deficiencia en la producción de ciertas sustancias críticas en el cerebro, en concreto los neurotransmisores llamados serotonina, dopamina y norepinefrina. Se trata de las sustancias químicas que regulan el humor y que contribuyen a crear sentimientos de confianza, seguridad y placer. Los medicamentos como el Zoloft o el Prozac estimulan al cerebro para que produzca más serotonina. Es decir, compensan el déficit de serotonina que padecen algunas personas con depresión. Parece ser que la nicotina actúa del mismo modo con los otros dos neurotransmisores críticos, la dopamina y la norepinefrina. En resumen, los fumadores que sufren una depresión están sirviéndose del tabaco como un tratamiento barato para curarse, o sea, para estimular una mayor producción de las sustancias químicas que requieren para poder vivir con normalidad. Este efecto es tan fuerte que, cuando un fumador que haya tenido problemas psiquiátricos deja de fumar, el riesgo de recaer en la depresión es considerable. Se trata de un factor del gancho unido a cierta noción de venganza: a los fumadores les cuesta dejar el hábito de fumar no sólo porque son adictos a la nicotina, sino también porque sin ella corren el riesgo de caer en una enfermedad psiquiátrica demoledora.

Es un hecho aleccionador. Y sugiere además que quizá el tabaco tenga un punto débil interesante: si es posible curar la depresión de un fumador, puede que así le sea mucho más fácil desengancharse. En efecto, es así. A mediados de los ochenta, un equipo de investigadores de lo que hoy es la empresa farmacéutica Glaxo Welcome probó, a escala nacional, un nuevo antidepresivo llamado bupropión, cuando, para su sorpresa, empezaron a llegarles informes sobre el tabaco a raíz de aquello. «Los pacientes empezaban a decir cosas como que ya no tenían ganas de fumar, o que habían reducido el consumo de cigarrillos, o que ya no les sabían tan bien como antes —dijo Andrew Johnston, que dirige el departamento de psiquiatría de la empresa—. Te puedes imaginar que alguien en mi posición recibe informes de todo lo habido y por haber, así que no les presté demasiada atención. Pero es que seguía recibiéndolos. Eso no pasa mucho.» Fue en 1986, antes de que se entendiera bien la conexión entre tabaco y depresión, así que en un principio la empresa estaba bastante desconcertada. Pero enseguida se dieron cuenta de que el bupropión funcionaba como una especie de sustituto de la nicotina. «La dopamina que genera la nicotina viaja hasta el córtex prefrontal —explica Johnston—. Ahí reside el centro del placer del cerebro. Es lo que la gente considera responsable del placer, de la sensación de bienestar que se asocia al tabaco. Es una de las razones por las que es tan difícil dejar de fumar. Además, la nicotina estimula también la producción de norepinefrina, por lo que cuando intentas dejar de fumar te sientes ansioso e irritable. El bupropión hace estas dos cosas: incrementa la producción de dopamina, de modo que los fumadores no sienten deseos de fumar, y de norepinefrina, por lo que ya no sienten irritabilidad. O sea, evita la aparición de los síntomas de abstinencia.»

Glaxo Welcome ha realizado pruebas con la droga, que hoy se comercializa con el nombre de Zyban, en fumadores de grandes cantidades de tabaco (más de quince cigarrillos al día), y obtuvo unos resultados destacables. En dicho estudio, el 23 por 100 de los fumadores que asistieron a un curso sobre antitabaco y recibieron un placebo dejaron de fumar a las cuatro semanas. A otros se les dio ese curso de consejos y un parche de nicotina, y de ellos el 36 por 100 dejó de fumar a las cuatro semanas. Sin embargo, de los que recibieron tratamiento con Zyban, el 49 por 100 dejó de fumar. Y de los que recibieron tratamiento con Zyban más el parche de nicotina dejaron de fumar el 58 por 100 en un mes. Es interesante recordar que ni el Zoloft ni el Prozac, las dos drogas de serotonina, parecen ayudar a dejar de fumar. Es decir, no basta con animar a la persona. Lo que hay que hacer es estimularla igual que hace la nicotina. Y esto es lo que consigue el Zyban. Esto no quiere decir que sea una droga perfecta. Como sucede con todos los recursos que ayudan a dejar de fumar, tienen menos garantías en las personas que más fuman. Pero lo que demostró el éxito inicial de esta droga es que es posible generar el punto clave que combata el tabaco, ya que al anular la depresión se puede explotar ese punto débil del proceso adictivo.

La segunda manera de lograr el punto clave que combata el factor del gancho en este tema resulta clara si volvemos a fijarnos en lo que ocurre cuando los adolescentes empiezan a fumar. Al principio, cuando hacen sus primeros tanteos con el tabaco, todos ellos entran en la categoría de contentos. Fuman sólo de vez en cuando. La mayoría lo dejan pronto y ya no vuelven a fumar nunca más. Unos cuantos siguen así durante años, sin llegar a convertirse en adictos. Alrededor de un tercio acaba fumando habitualmente. Lo interesante de ese periodo es que estos últimos necesitan unos tres años para pasar de ser fumadores esporádicos a fumadores habituales. Suele ocurrir entre la edad de quince a dieciocho años. En los cinco o siete años siguientes se produce una escalada gradual. «Si se dice que un estudiante de instituto es un fumador habitual, en realidad no se fuma un paquete diario —dice Neal Benowitz, un experto en adicción al tabaco de la Universidad de California, en San Francisco—. No llega a ese nivel antes de la edad de veinte años.»

Así pues, la adicción a la nicotina queda lejos de ser algo instantáneo. La mayoría de la gente pasa bastante tiempo antes de quedarse enganchada al tabaco, y el hecho de que los adolescentes empiecen a fumar a los quince años no quiere decir, necesariamente, que acabarán enganchados sin remedio. Contamos con tres años para evitarlo. Todo esto implica, además, algo muy intrigante: que la adicción a la nicotina no es un fenómeno lineal. No se trata de que si alguien necesita un cigarrillo al día es que está un poquito enganchado, y si necesita dos está un poquito más enganchado, y si necesita diez está diez veces más enganchado que el que se conforma con uno. En vez de eso, lo que vemos es que existe una especie de umbral, que sería el punto clave de la adicción. Si alguien fuma menos de cierta cantidad de cigarrillos, no es un adicto, en absoluto. Pero si se rebasa ese número mágico, entonces sí. Así podemos extraer otro sentido, más completo, de lo que significa ser uno de esos contentos: son personas que, simplemente, nunca fuman lo suficiente como para cruzar ese umbral de adicción. Por otra parte, el fumador empedernido es una persona que, en algún momento, cruza esa línea.

¿Cuál es el umbral de la adicción? La verdad es que nadie afirmaría que es igual para todo el mundo. Pero Benowitz y Jack Henningfield (que probablemente son los expertos en nicotina más importantes del mundo) han extraído ciertas conclusiones. Según ellos, los contentos son personas capaces de fumar hasta cinco cigarrillos al día sin caer en adicción. Esto sugiere que la cantidad de nicotina presente en cinco cigarrillos (que viene a ser algo así como cuatro o seis miligramos) podría acercarse bastante a ese umbral de la adicción. Lo que Henningfield y Benowitz quieren decir es que habría que exigir a las empresas tabaqueras que reduzcan la cantidad de nicotina de manera que los que más fuman (por ejemplo, unos treinta cigarrillos al día) no estén consumiendo más de cinco miligramos de nicotina al día. En un editorial aparecido en la prestigiosa revista *New England Journal of Medicine,* afirman que esta cantidad «debería ser la adecuada para evitar o limitar el desarrollo de la adicción en la mayoría de la gente joven. Al mismo tiempo, bastaría para dar sabor a nicotina y provocar cierta estimulación sensorial». Dicho de otro modo: los adolescentes seguirían tanteando con el tabaco por todas las razones por las que siempre lo han hecho (porque el hábito es contagioso, porque fuman los más guays y porque quieren ser aceptados por el grupo). Pero, dado que la reducción del nivel de nicotina cae por debajo del umbral de adicción, este hábito dejará de tener gancho. Así, fumar sería algo más parecido a un resfriado común y corriente que a una gripe, o sea, fácil de atrapar pero fácil de vencer.

Es importante poner en perspectiva estos dos factores del gancho. El movimiento antitabaco empezó haciendo hincapié en subir los precios, controlar la publicidad, emitir mensajes sobre salud pública en radio y televisión, limitar el acceso a los menores de edad y educar en los colegios acerca de los riesgos del tabaco. Pero durante esta campaña extensa, aparentemente comprensible y muy ambiciosa, el consumo de tabaco entre los adolescentes aumentó hasta niveles altísimos. Nos hemos obsesionado con modificar a gran escala la actitud hacia el tabaco, pero no hemos conseguido llegar a los grupos que más necesitan cambiar esa actitud. Nos hemos centrado en anular la influencia de los vendedores natos. Pero ésta parece cada vez más difícil de destruir. En definitiva, estábamos convencidos de que había que solucionar de golpe el problema. Y lo cierto es que no lo conseguimos. Lo único que necesitamos es dar con los puntos clave del factor del gancho, y éstos tienen que ver con la depresión y con el umbral de adicción a la nicotina.

La segunda lección que se puede extraer de la estrategia del gancho es que nos permite ver de forma más razonable el tanteo de los adolescentes con el tabaco. La manera absolutista de combatir las drogas se basa en la premisa de que experimentación equivale a adicción. No queremos que nuestros hijos anden cerca de la heroína, la maría o la cocaína, porque pensamos que la atracción que pueden ejercer estas sustancias es tan poderosa que basta un mínimo acercamiento a ellas. Pero ¿conoce las estadísticas de experimentación con drogas ilegales? En la Encuesta Nacional sobre Abuso de Drogas de 1996, el 1,1 por 100 de los encuestados dijeron haber probado la heroína una vez por lo menos. Pero sólo el 18 por 100 de éstos la habían probado a lo largo del año anterior, y sólo el 9 por 100 en el último mes. Esto demuestra que la heroína no es una droga con un gancho particularmente fuerte. En cuanto a la cocaína, las cifras son aún más sorprendentes. De todos los que dijeron haberla probado alguna vez, menos de un 1 por 100 (0,9 por 100) eran consumidores habituales. Lo que estas cifras nos están diciendo es que la experimentación y el consumo excesivo son dos cosas totalmente diferentes, que aunque una droga sea contagiosa ello no implica que tenga gancho. En realidad, por el número de personas que han probado la cocaína al menos una vez deberíamos colegir que ese deseo de los adolescentes de probar algo peligroso es casi universal. Es lo que hacen todos los jóvenes. Así es como aprenden más sobre el mundo. La mayor parte de las veces (en el 99,1 por 100 de los casos relativos a la cocaína) la experimentación no conduce a nada malo. Debemos dejar de combatir esta clase de pruebas. Debemos aceptarlas, e incluso adoptarlas. Los adolescentes siempre se sentirán fascinados por gente como aquella Maggie, o Billy G., o Pam P., y así debería ser, aunque sólo sea para vivir la fantasía de que ser rebeldes e irresponsables es una buena forma de pasar la vida. En vez de combatir la experimentación, deberíamos buscar garantías para que ésta no tenga consecuencias graves.

Creo que merece la pena repetir aquí algo que ya dije al principio del capítulo, una de las descripciones de Donald Rubinstein acerca de lo enraizado que había llegado a estar el suicidio en la cultura adolescente de la Micronesia.

> Unos chicos jóvenes que intentaron suicidarse explicaron que vieron u oyeron por primera vez informaciones sobre el suicidio a la edad de ocho años. Su intento respondía a un espíritu experimental o de imitación. Por ejemplo, un chico de once años se ahorcó en su casa, y cuando le encontraron ya estaba inconsciente y con la lengua fuera. Más tarde explicó que sólo quería «intentar» ahorcarse. Dijo que no quería morir.

Lo trágico no es que estos chavales estuvieran experimentando, ya que eso es lo propio de la juventud. Lo trágico es que decidieran hacerlo con algo con lo que no se puede experimentar. Por desgracia, nunca existirá una forma de suicidio segura para ayudar a salvar las vidas de estos adolescentes micronesios, pero sí podemos dar con una manera más segura de fumar. Basta con prestar atención a los puntos clave del proceso de la adicción. Así será posible encontrar una forma de fumar más segura y con menos gancho.

8
CONCLUSIÓN
CONCENTRARSE, COMPROBAR Y TENER FE

No hace mucho tiempo, una enfermera llamada Georgia Sadler inició una campaña de divulgación sobre la diabetes y el cáncer de mama entre la población negra de San Diego. Con el objetivo de crear un movimiento de base para prevenir estas enfermedades, organizó unos seminarios en las iglesias de negros de toda la ciudad. Sin embargo, los resultados fueron bastante decepcionantes. «Quizá acudían a la iglesia unas doscientas personas, pero sólo se quedaban veinte, que además ya conocían bastante bien ambas enfermedades y lo que querían era profundizar un poco más. Aquello me desanimó.» Sadler no logró que su mensaje fuera más allá de este reducido grupo.

Así que se dio cuenta de que necesitaba otro contexto. «Supongo que los feligreses salían de misa cansados y con hambre —dijo—. Todos tenemos una vida muy ocupada. Y la gente sólo quería volver a casa.» Lo que necesitaba era un lugar donde las mujeres se sintieran a gusto, dispuestas a recibir nuevas ideas, y con el tiempo necesario para escuchar algo diferente. También pensó en dar con otro mensajero que no fuera ella, que tuviera algo de conector, algo de vendedor nato y algo de *maven*. Necesitaba dar con una forma más atractiva y con más gancho para presentar la información. Y tenía que hacer todos estos cambios sin pasarse de la pequeña cantidad de dinero que había obtenido de varias fundaciones e instituciones. ¿Qué solución encontró? Pues trasladar la campaña de las iglesias de congregaciones negras a los salones de belleza.

«No tienen más remedio que escuchar —dice Sadler—. Hacerse trencitas en el pelo requiere fácilmente de dos a ocho horas en la peluquería.» Además, la estilista tiene una relación especial con la clienta. «Si das con alguien que sabe peinarte como a ti te gusta, estás dispuesta a recorrer cien kilómetros para ir a su peluquería. La estilista es como una amiga. Te hace el peinado para el día de tu graduación, para la boda, para el día del nacimiento de tu primer hijo. Se establece una relación duradera, de confianza. En el salón de belleza, una se suelta la melena, en sentido literal y figurado.» Además, hay algo en la profesión de estilista que parece atraer a un cierto tipo de persona, es decir, a mujeres que saben comunicarse bien y fácilmente, y que conocen a mucha gente. «Son conversadoras natas —dice Sadler—. Les encanta hablar contigo. Suelen tener mucha intuición, pues deben saber cómo eres y cómo te va.»

Reunió a un grupo de estilistas de la ciudad para impartirles un cursillo de formación. Invitó a una persona con cierta sabiduría popular para ayudar a las estilistas a presentar de una forma atractiva la información sobre el cáncer de mama. «Queríamos usar métodos tradicionales de comunicación —dice Sadler—. No se trataba de dar clases a nadie. Queríamos que fuera algo que las mujeres quisieran compartir y que les interesara comentarlo con otras. ¿Qué puede ser más fácil que usar una historia o un cotilleo para insertar conocimientos de este tipo?» Sadler logró crear en los salones de belleza un flujo constante de informaciones nuevas, cotilleos y motivos para charlar, siempre relacionados con el tema del cáncer de mama, de tal forma que la estilista podía provocar la conversación aprovechando cualquier pista. Puso el material por escrito, en letras grandes, impreso en hojas plastificadas capaces de sobrevivir al trajín propio de las peluquerías. Estableció un programa de evaluación para averiguar qué cosas daban resultado y para comprobar su éxito en la ardua labor de modificar actitudes, con el objetivo último de que las mujeres acudieran a hacerse mamografías y pruebas de diabetes. Lo que descubrió fue que su programa estaba dando buenos resultados, y que es posible hacer mucho con poco.

A lo largo de *El punto clave* hemos echado un vistazo a bastantes historias similares a ésta, desde la batalla para combatir el crimen en Nueva York, a la caza del tesoro ideada por Lester Wunderman para el Columbia Record Club. Todas ellas tienen en común su modestia. Sadler no acudió al National Cancer Institute del Ministerio de Salud Pública del estado de California para pedir una subvención millonaria con la idea de organizar una campaña en todos los medios de comunicación. Tampoco fue de puerta en puerta por los barrios de San Diego, en busca de mujeres que quisieran apuntarse a mamografías gratis. Ni bombardeó las ondas radiofónicas con llamadas insistentes a la prevención y el chequeo. En lugar de eso, cogió su modesto presupuesto y reflexionó sobre cómo emplearlo de la manera más inteligente. Cambió el contexto en que sería difundido su mensaje. Cambió al mensajero, y cambió el mensaje en sí. En definitiva, concentró sus esfuerzos.

Ésta es la primera lección de *El punto clave*. Provocar una epidemia requiere concentrar los recursos disponibles en unas pocas áreas clave. La ley de los especiales dice que los conectores, los *mavens* y los vendedores natos son los responsables de iniciar una epidemia de boca en boca, lo que significa que si le interesa provocar una epidemia de este tipo debe concentrar sus recursos exclusivamente en estos tres tipos de personas. Los demás no cuentan para nuestro propósito. Decirle a William Dawes que los británicos estaban en marcha no ayudó en nada a los independentistas de Nueva Inglaterra. Pero decirle esto mismo a Paul Revere supuso, en último término, la gran diferencia entre ganar y perder. Los creadores de *Blue's Clues* desarrollaron un sofisticado programa de televisión, de media hora, que encantó a los niños. Pero se dieron cuenta de que éstos no podían aprender y recordar todo lo necesario si sólo lo veían una vez, de modo que hicieron lo que nadie hasta entonces se había atrevido a hacer en la televisión: emitir el mismo programa cinco días seguidos. Por su parte, Sadler no se planteó llegar a todas y cada una de las mujeres de San Diego de golpe y porrazo. Lo que hizo fue concentrar sus recursos en un único tipo de local, los salones de belleza.

Sería posible considerar todas estas intervenciones, tan concentradas en pocos objetivos, como meros parches. Pero no deberíamos menospreciar esta expresión, ya que los parches vienen a ser soluciones baratas, prácticas y notablemente versátiles para un abanico amplísimo de problemas. A lo largo de su historia, los parches y las tiritas quizá hayan ayudado a que millones de personas pudieran seguir trabajando, jugando al tenis, cocinando o caminando cuando, de lo contrario, habrían tenido que interrumpir su actividad. La solución del parche es, en realidad, el mejor tipo de solución, porque implica resolver un problema con el mínimo esfuerzo, tiempo y coste. Por supuesto, tendemos a despreciar instintivamente esta clase de soluciones, porque hay algo en todos nosotros que nos hace creer que las verdaderas soluciones a los problemas deben ser exhaustivas, que hay cierta virtud en la aplicación indiscriminada y porfiada de nuestros esfuerzos, y que más vale lento pero seguro. Está claro que el problema radica en que la aplicación indiscriminada de esfuerzos no siempre es posible. En ocasiones, nos hace falta echar mano de una vía más corta y práctica, con la que obtengamos un gran beneficio usando poco esfuerzo. Al final, en eso consiste la búsqueda del punto clave.

Sin embargo, la teoría del punto clave exige modificar nuestra manera de entender el mundo. He dedicado gran parte de este libro a describir las idiosincrasias de nuestra relación con informaciones nuevas y con otras personas, como el hecho de que nos cuesta mucho calcular cambios drásticos exponenciales. No podemos concebir que si doblamos cincuenta veces un trozo de papel la tira llegaría hasta el Sol. Existen límites abruptos a la cantidad de categorías cognitivas en que podemos pensar, así como al número de personas a las que podemos amar de verdad y a la cantidad de personas que de verdad conocemos. Nos sentimos incapaces de resolver problemas formulados de una manera abstracta, mientras que nos es mucho más fácil solucionarlos cuando se presentan como un dilema social. Todo esto son expresiones de las peculiaridades de la mente y el corazón de los humanos, y nos están diciendo que nuestra manera de funcionar, comunicarnos y procesar informaciones no es ni transparente ni directa. Al contrario, es opaca y desorganizada. Gran parte del éxito de *Barrio Sésamo* y *Blue's Clues* se debe a que ambos programas hacen cosas que no resultan evidentes. ¿Quién habría dicho que Big Bird tenía que aparecer junto a los actores de carne y hueso? ¿Quién podría haber predicho que pasar de 100 a 150 trabajadores en una misma fábrica no suponía problema alguno, y que pasar de 150 a 200 implicaba un problema tremendo? No estoy seguro de que, en el test que realicé sobre los nombres escogidos del listín telefónico, alguien hubiera predicho que las puntuaciones máximas iban a ser de más de cien puntos y las mínimas de menos de diez. Creemos que la gente es diferente de nosotros, pero no tanto.

Por mucho que queramos, el mundo no siempre se ajusta a nuestra intuición. Ésta es la segunda lección de *El punto clave.* Las personas que consiguen provocar una epidemia social no se limitan a hacer lo que ellos creen que es lo correcto. Lo que hacen es poner a prueba sus intuiciones. Sin la evidencia facilitada por el «distractor», que dijo a los creadores de *Barrio Sésamo* que su intuición sobre la fantasía y la realidad era errónea, su programa no ocuparía hoy más que una breve reseña en el libro de la historia de la televisión. El recuadro dorado inventado por Lester Wunderman parecía una idea bastante tonta, hasta que demostró su eficacia en comparación con la publicidad convencional. Igualmente, que nadie respondiera a los gritos de Kitty Genovese podría parecer un caso claro de indiferencia, hasta que quedó demostrada, a través de pruebas psicológicas, la tremenda influencia que ejerce el contexto. Para comprender una epidemia social, lo primero que debemos entender es que la comunicación humana posee sus propias reglas, quizá extrañas y contradictorias en apariencia.

En definitiva, toda epidemia social que pretenda tener éxito debe estar basada en el convencimiento de que el cambio es posible, que la gente puede transformar de manera radical tanto sus ideas como su conducta cuando acertamos a presentarles el elemento correcto. Esto contradice también algunas de las asunciones más enraizadas acerca de nosotros mismos y los demás. Nos gusta pensar que somos autónomos, que nos movemos por razones personales, y que quiénes somos y cómo nos comportamos responde a algo grabado perpetuamente en nuestros genes y en nuestro temperamento. Pero si unimos los ejemplos de los conectores y los vendedores natos, Paul Revere, *Blue's Clues,* la norma del 150, la estrategia de limpiar el metro de Nueva York y el error fundamental de atribución, lo que obtenemos es una conclusión muy diferente de lo que significa ser un humano. La pura verdad es que el entorno nos influye muchísimo, así como el contexto inmediato y la personalidad de quienes nos rodean. Eliminar los grafitis de las paredes del metro de Nueva York hizo que los neoyorquinos fueran mejores ciudadanos. Decirles a los seminaristas que se dieran prisa los convirtió en peores personas. El suicidio de un joven carismático en Micronesia desató una epidemia de suicidios que duró una década. Añadir un recuadro dorado en la esquina de un anuncio de Columbia Record Club hizo que, de repente, comprar por correo pareciera algo irresistible. Observar con detenimiento conductas complejas, como la adicción al tabaco, o el suicidio, o el crimen, es apreciar lo fácil que es que cualquier cosa que vemos u oímos nos influya, y lo sensibles que somos al mínimo detalle de la vida cotidiana. Por esto el cambio social es tan volátil y, a menudo, tan inexplicable, porque todos somos volátiles e inexplicables por naturaleza.

De todos modos, si bien es cierto que en el mundo de los puntos clave hay mucho de dificultad y volatilidad, también hay gran esperanza. Manipulando el tamaño de un grupo podemos mejorar drásticamente su receptividad a nuevas ideas. Basta con retocar un poco la presentación de la información para mejorar su gancho de manera notable. Si encontramos y atraemos a esas personas especiales que gozan de un poder social tremendo podemos modelar el curso de cualquier epidemia social. En definitiva, los puntos clave son la reafirmación del potencial de cambio, así como del poder de la acción inteligente. Mire el mundo que tiene a su alrededor. Puede que parezca un lugar inamovible e implacable. Pero no lo es. Con un leve empujoncito en el sitio adecuado podemos conseguir todo un efecto dominó.

EPÍLOGO
LECCIONES DEL MUNDO REAL

No mucho después de publicarse *El punto clave* tuve ocasión de charlar con un epidemiólogo, un hombre que ha dedicado la mayor parte de su vida profesional a batallar contra la epidemia del sida. Era un hombre pensativo, y frustrado de ese modo que es particular de las personas que han tenido que vérselas a diario con una enfermedad tan pavorosa. Estábamos reunidos en un café, hablando de mi libro, que él había leído. Y de pronto dijo algo sobrecogedor: «Me pregunto si no estaríamos mucho mejor en el caso de que nunca se hubiera descubierto el virus del sida.» No creo que quisiera decirlo en un sentido literal, ni que lamentase las muchas vidas que ha sido posible salvar o prolongar gracias a los fármacos anti-VIH y a la propia prueba del sida. Lo que quiso decir es más bien esto: que la epidemia del sida es fundamentalmente un fenómeno social. Se extiende debido a las creencias y las estructuras sociales y la pobreza y los prejuicios y la personalidad misma de una comunidad, y a veces se da el caso de que verse enredado en indagar con exactitud las características biológicas de un virus es algo que tan sólo sirve como cortina de humo. Podríamos haber puesto coto a la extensión del sida con mucha más eficacia si nos hubiéramos centrado en esas creencias, estructuras sociales, pobreza y prejuicios y personalidades. Y en el momento en que se lo oí decir se me encendió una bombilla: ¡era exactamente eso lo que intenté expresar en *El punto clave*!

Según me enseñaron tiempo atrás en clase de lengua y literatura, un libro es un documento vivo, con respiración propia, que se enriquece con cada nueva lectura. Pero la verdad es que no llegué a creérmelo hasta que escribí *El punto clave.* Escribí el libro sin tener muy claras expectativas sobre quiénes iban a leerlo, o sobre qué utilidad pudiera tener, caso de que llegara a tenerla. Me parecía presuntuoso pensar de otro modo. Pero a lo largo del año transcurrido desde su primera edición me han inundado los comentarios de los lectores. He recibido miles de correos electrónicos por medio de mi página web (www.gladwell.com). He participado en congresos, reuniones y simposios de ventas, he chateado con empresarios de Internet, con diseñadores de zapatos, con activistas y agentes sociales, y con ejecutivos de las compañías cinematográficas, y con muchas más personas; en todas estas ocasiones he podido aprender algo nuevo acerca de mi libro, acerca del porqué parece haber tocado una fibra sensible.

En Nueva Jersey, Sharon Karmazin, que se dedica a obras de filantropía, adquirió trescientos ejemplares de *El punto clave* y los envió a cada una de las bibliotecas públicas del estado, con la promesa de subvencionar cualquier idea que surgiera al hilo de la lectura de mi libro. «Usen el pensamiento del libro para crear algo nuevo —dijo Karmazin a los bibliotecarios—. No nos vengan con algo que de todos modos ya tuvieran deseos de hacer.» A los pocos meses, las ayudas económicas llamadas «El punto clave» rondaban un total cercano a los cien mil dólares, y los beneficiarios fueron veintiuna bibliotecas distintas. En Roselle, la biblioteca pública se encuentra en una bocacalle poco transitada, escondida tras los arbustos de la entrada, de modo que recibió una ayuda para poner carteles por la ciudad en los cuales se indicaba su localización. Otra utilizó la ayuda recibida para enseñar el tema de los conectores entre el grupo de personas mayores que utilizaban la biblioteca para navegar por Internet, con el convencimiento de que pronto llegarían otros patrocinios. Otra biblioteca compró libros y otros materiales en lengua española, con la esperanza de crear un gancho para la comunidad menos favorecida de la ciudad. Ninguna de las ayudas superó la cuantía de unos pocos miles de dólares; las propias ideas subvencionadas eran modestas, pero es que se trataba de eso mismo.

En California, Ken Futernick, profesor de pedagogía en la Universidad Estatal de California en Sacramento, dice que se inspiró en *El punto clave* para idear una manera de atraer a los profesores a los colegios problemáticos. «Se da una interesante situación, un punto muerto —me dijo Futernick—. Los buenos directores dicen: "No puedo ir a un colegio con problemas a menos que tenga buenos profesores", mientras los buenos profesores dicen: "No pienso ir a un colegio con problemas si no tiene un buen director". Se han hecho muchos esfuerzos, como la cancelación de préstamos, que terminan por quedarse en agua de borrajas y que no sirven para llegar a nada.» En algunos colegios de las zonas más empobrecidas de Oakland, donde Futernick ha concentrado sus esfuerzos, dice que el 40 por ciento de los profesores tal vez carezcan de buenas credenciales, pues trabajan sólo con contratos «temporales», de dos años de duración. «A los profesores les pregunto: "¿Qué haría falta para que fueras a uno de estos colegios, en zonas donde los niveles de ingresos son muy bajos, hay muchísimos padres y madres solteros y no están precisamente en la parte más segura de la ciudad?" —prosigue—. ¿Incentivos salariales? Unos dicen que a lo mejor. ¿Clases más reducidas? Sí, podría ser. Todas las cosas que he anotado eran atractivas, pero nunca he tenido la sensación de que una sola llegue a ser suficiente para que alguien acepte el encargo.» A la vista de todo ello, es bastante fácil llegar a la conclusión de que los profesores no tienen verdadera vocación y que son egoístas, que no desean trabajar en los lugares en los que más necesarios son. En cambio, ¿qué sucedería, se preguntaba Futernick, si cambiase el contexto de sus indagaciones? Su idea, que espera poner en marcha el año próximo en Oakland, consiste en contratar primero a los directores de los colegios problemáticos, para darles después un año de margen, durante el cual organicen un equipo de profesores cualificados, contratados en los buenos colegios expresamente para esta nueva función, y que ese equipo entre al mismo tiempo en el colegio nuevo. En los campos de deporte y en los campos de batalla, algunos desafíos que serían imponentes si uno los afrontara solo, cuando no imposibles, de pronto son viables de afrontar cuando es un grupo estrechamente ligado el que los aborda. No es que las personas hayan cambiado, pero el modo en que se les presenta la tarea sí es distinto. Futernick piensa que ese mismo principio tendría que demostrar su validez en las aulas, es decir, que los profesores estarían dispuestos a asumir una tarea imponente si entienden que están rodeados por otros profesores expertos, de alta calidad. Ésta es una lección de *El punto clave* que nunca me pareció que pudiera tener aplicación en las zonas deprimidas de Oakland.

Una de las cosas que me llevaron a escribir *El punto clave* es el misterio del boca a boca, un fenómeno cuya importancia todo el mundo parece reconocer, aunque nadie sabe muy bien cómo definirlo. Ésta es la cuestión de la que más me han hablado los lectores a lo largo de este año, y sobre la que más he pensado. Lo que ahora me resulta evidente —aunque no lo era cuando escribí *El punto clave*— es que estamos a punto de entrar en la época del boca a boca, y que, paradójicamente, toda la sofisticación y la tecnología punta y el acceso ilimitado a la información de la Nueva Economía va a llevarnos a depender más de algunos tipos de contacto social muy primitivos. Depender de los conectores, los *mavens* y los vendedores natos es la manera que tenemos de afrontar la complejidad del mundo moderno. Ésta es una función de muchos factores diversos y de cambios en nuestra sociedad, de todos los cuales son tres los que quiero tratar aquí: el incremento del aislamiento, sobre todo entre adolescentes; segundo, el incremento de la inmunidad en la comunicación; por último, el papel particularmente crítico del *maven* en la economía moderna.

Entender la época del aislamiento

A las 9:20 de la mañana del 5 de marzo de 2001, Andy Williams, de quince años de edad, abrió fuego con un revólver del calibre 22 desde los aseos de su instituto en la localidad de Santee, California. Disparó un total de treinta proyectiles en seis minutos, primero en los aseos y luego desde la ventana al patio. Acabó con la vida de dos estudiantes e hirió a otras trece personas. Era un chico que estaba en su primer año de instituto, delgaducho y con orejas de soplillo; era nuevo en la ciudad, llevaba al cuello una cadena de plata con una placa que ponía: «ratón». Después, como parece ocurrir siempre en estos casos, sus compañeros y profesores dijeron que jamás habrían podido creer que alguien tan pacífico y tranquilo pudiera cometer un acto de tanta violencia.

En *El punto clave* he escrito sobre las epidemias de la adolescencia, y he utilizado como estudio de muestra la epidemia de suicidios entre adolescentes que asoló durante muchos años las islas de Micronesia. No pude encontrar un ejemplo más dramático de la proclividad que tienen los adolescentes a enredarse en insensatos y altamente contagiosos rituales de autodestrucción. La epidemia de Micronesia comenzó con un solo suicidio de gran resonancia, originado en un triángulo amoroso en el que se hallaba inmerso un joven de alta cuna y muy carismático, y en una escena de gran dramatismo en un funeral; muy pronto, otros chicos dieron en suicidarse precisamente de la misma forma, y por razones que parecían de una trivialidad ridícula. Pensé que el reciente incremento del número de adolescentes que fuman en Occidente era nuestra versión de esta epidemia. Lo cierto es que la analogía era inexacta. En Micronesia, los adolescentes hacían algo que es total y absolutamente único y privativo de su propia cultura. No estaban imitando una práctica que hubieran visto en los adultos, ni estaban reaccionando ante algo que se les impusiera desde el mundo de los adultos. Sencillamente, seguían las reglas internas de su cultura, como si fueran completamente ciegos a todo lo que los adultos dijeran e hicieran. El consumo de tabaco entre adolescentes, por el contrario, es de otra índole. Se trata de una práctica adulta que resulta atractiva a los adolescentes precisamente en virtud de sus raíces adultas. Los adolescentes fuman en parte como reacción a lo que los adultos les predican acerca de los perjuicios del tabaco. La primera es una epidemia en aislamiento. La segunda es una epidemia de reacción. Creí que no podría darse el primer tipo de epidemia entre los adolescentes occidentales. Estaba en un error. Hoy existe una epidemia de tiroteos en los institutos.

La matanza del instituto de Columbine, en Littleton, Colorado, se produjo el 20 de abril de 1999. Durante los veintidós meses siguientes se dieron diecinueve incidentes aislados de violencia escolar en todo el territorio de Estados Unidos —diez de ellos abortados, por fortuna, antes de que hubiese heridos—, cada uno de los cuales reprodujo de un modo casi aterrador el mismo patrón de Columbine. Seth Trickey, estudiante de séptimo en Fort Gibson, Oklahoma, que sacó una escopeta semiautomática de 9 milímetros y disparó quince proyectiles contra un grupo de compañeros de clase en diciembre de 1999, estaba tan obsesionado con el tiroteo de Columbine que ya antes del incidente estuvo en tratamiento psiquiátrico por este hecho. Un muchacho de diecisiete años de Millbrae, California, fue detenido tras amenazar con «armar la de Columbine» en su instituto. La policía encontró un arsenal de quince pistolas y fusiles en su casa. Joseph DeGuzman, de Cupertino, California, planeó un ataque contra su instituto en enero de 2001, y con posterioridad dijo a la policía que los autores de la masacre de Columbine eran «lo único de veras real». Tres chicos fueron detenidos en Kansas al mes siguiente, y la policía encontró en sus casas materiales para fabricar bombas, fusiles y munición, además de tres gabardinas negras idénticas a las que llevaban los autores de la matanza de Columbine. Dos días después, en Fort Collins, Colorado, la policía encontró otro arsenal. Los muchachos implicados en el hallazgo habían urdido un plan para «repetir lo de Columbine».

En la prensa, esta oleada de tiroteos y de planes para realizarlos a veces se ha expuesto como parte de una oleada de violencia de mayores dimensiones, pero no es cierto. En 1992-1993 hubo cincuenta y cuatro muertes violentas en los institutos de Estados Unidos. En 2000 fueron dieciséis. La oleada de Columbine se produjo en un periodo en el que la violencia estudiantil iba a la baja, no al alza. También se ha prestado mucha atención a las circunstancias sociales de los menores implicados en estos incidentes. Andy Williams era un chico solitario, a menudo víctima de abusos entre sus compañeros, producto del divorcio y el abandono afectivo. La revista *Time* resumió el mundo en que vivía diciendo que era un lugar en el cual «pillarse un colocón de maría potente como quien toma chicle es algo cotidiano, además de que dejar de ir a clase para tener trato de compañerismo con la banda de la Hermandad Aria en el parque donde patinan es una elección vital sumamente corriente». No obstante, que los niños crezcan en el abandono y en la soledad no es un problema precisamente nuevo. Millones de niños que crecen con el mismo empobrecimiento emocional que Andy Williams no aparecen en el instituto una mañana para ponerse a disparar a todo el que se mueva. La diferencia está en Columbine. Andy Williams quedó infectado por el ejemplo de Eric Harris y Dylan Klebold, tal como los suicidas de Micronesia quedaron infectados por el ejemplo de aquel dramático y primer triángulo amoroso. Es un error tratar de interpretar esta clase de acciones culpando a las influencias del mundo exterior en términos de tendencias violentas de mayor alcance y de desmembramiento social. Son epidemias en aislamiento: siguen al pie de la letra un misterioso guión interno que tiene sentido sólo en el mundo cerrado en que habitan los adolescentes.

La mejor analogía que tiene esta clase de epidemia es el reguero de envenenamientos alimentarios que se produjeron en varios colegios públicos de Bélgica en el verano de 1999. Comenzó cuando cuarenta y dos alumnos de la ciudad belga de Bornem contrajeron una misteriosa enfermedad después de beber Coca-Cola, a resultas de lo cual tuvieron que ser hospitalizados. Dos días después, otros ocho escolares enfermaron en Brujas, seguidos por otros trece en Harelbeke al día siguiente y cuarenta y dos en Lochristi tres días más tarde, y así prosiguió la espiral ensanchándose: al final, más de un centenar de niños fueron ingresados en los hospitales quejándose de náuseas, mareos y dolor de cabeza. Coca-Cola tuvo que proceder a la mayor retirada de productos del mercado en sus ciento trece años de historia. En la planta de envasado de Coca-Cola en Amberes se utilizaba para carbonatar los famosos refrescos con burbujas un dióxido de carbono contaminado, pero en un examen posterior la situación resultó más compleja: los contaminantes del dióxido de carbono eran compuestos sulfúricos con una presencia de entre cinco y diecisiete partes por cada mil millones. Estos sulfuros pueden provocar la enfermedad sólo a niveles cuando menos mil veces mayores. Con diecisiete partes por cada mil millones tan sólo causan mal olor —como el de los huevos podridos—, lo cual implica que Bélgica sólo tendría que haber experimentado una epidemia menor de gestos de asco. Más desconcertante es el hecho de que ese día, en cuatro de los cinco colegios en los que la Coca-Cola en mal estado presuntamente causó la enfermedad, la mitad de los niños que enfermaron no hubiesen probado la Coca-Cola. Dicho de otro modo, lo que sucedió en Bélgica probablemente no fue un envenenamiento por Coca-Cola en mal estado. Así pues, ¿qué pudo ser? Fue una especie de histeria en masa, un fenómeno que no es tan insólito en los ambientes escolares. Simon Wessely, psiquiatra del londinense King's College of Medicine, se ha dedicado a recoger informes de esta clase de histeria durante unos diez años, y hoy dispone de centenares de ejemplos que se remontan hasta 1787, cuando los trabajadores de la industria textil del condado de Lancaster cayeron enfermos tras estar persuadidos de haber sido envenenados por los tintes del algodón. Según Wessely, la práctica totalidad de los casos responde a un mismo patrón. Alguien ve a un vecino caer enfermo y se convence de que se halla contaminado por algún mal invisible —en el pasado eran demonios y espíritus; hoy tienden a ser toxinas y gases—; presa del pánico, le domina la ansiedad. Esa ansiedad le provoca náuseas y mareos. Comienza a hiperventilar. Pierde el sentido. Otras personas oyen esa misma alegación, ven a la «víctima» desmayarse y comienzan a ser presa de la misma ansiedad. Tienen náuseas. Hiperventilan. Se desmayan. Estos síntomas, según subraya Wessely, son perfectamente genuinos. Lo que sucede es que son manifestaciones de una amenaza completamente imaginaria. «Esta clase de suceso es sumamente común —dice—, y es casi normal. No significa que uno esté mentalmente enfermo ni que haya enloquecido.» Lo que sucedió en Bélgica fue un ejemplo bastante típico de una forma más normalizada de ansiedad contagiosa, posiblemente potenciada por el pánico colectivo que poco antes se dio en Bélgica por un pienso para animales contaminado por dioxinas. La alarma de los alumnos al percibir el olor a huevo podrido de la Coca-Cola, por ejemplo, está tomada directamente de los manuales sobre la histeria. «La inmensa mayoría de estos sucesos se desencadenan por algún olor anormal, pero por lo demás benigno —señala Wessely—. Cualquier cosa extraña, como un olor anormal que provenga de los conductos de aire acondicionado.» El hecho de que el estallido se produjera en los colegios también es típico de los casos de histeria. «El más clásico afecta a los niños en edad escolar —continúa Wessely—. Ahí está el famoso caso de los cientos de colegialas británicas que se desmayaron durante un festival de jazz en el condado de Nottingham en 1980. Culparon a un granjero que había utilizado un pesticida en aerosol. Se han dado más de ciento quince casos de histeria perfectamente documentados en los colegios a lo largo de los últimos trescientos años.»

¿Es un error tomarse demasiado en serio los estallidos de histeria como el de la Coca-Cola belga? Ni mucho menos. Fue en parte un síntoma de una serie de ansiedades subyacentes a niveles más profundos. Por si fuera poco, los niños que cayeron enfermos no habían fingido los síntomas: estaban realmente enfermos. De todos modos, es importante comprender que, a veces, un comportamiento epidémico entre los niños no responde a una causa identificable y racional: los niños enferman porque otros niños enferman. En este sentido, el estallido de violencia en los institutos posterior al episodio de Columbine no es distinto. Se da porque se dio Columbine, y porque el comportamiento ritualizado, dramático y autodestructivo entre los adolescentes —ya se trate de suicidios, del consumo de tabaco, de llevarse un arma al instituto o de desmayarse tras tomar una inocua lata de Coca-Cola— tiene un poder contagioso extraordinario.

Mi percepción es que el modo en que la sociedad adolescente ha evolucionado en años recientes ha incrementado el potencial de este tipo de aislamiento. Hemos dado a los adolescentes más dinero, de modo que pueden construir sus propios mundos sociales y materiales con mayor facilidad. Les hemos dado más tiempo para pasarlo estando con otros adolescentes, menos tiempo en compañía de adultos. Les hemos dado el correo electrónico, los buscas y, sobre todo, los teléfonos móviles, con todo lo cual pasan los ratos muertos a lo largo del día, ratos muertos que hoy colman con las voces de sus semejantes y que en otra época pudieron llenarse, en cambio, con las voces de los adultos. Ése es un mundo que se rige por la lógica del boca a boca, por los mensajes contagiosos que los adolescentes se transmiten unos a otros. Columbine es hoy la epidemia de aislamiento más llamativa entre los adolescentes. No será la última.

Cuidado con el incremento de la inmunidad

Una de las cosas de las que no hablé mucho en *El punto clave*, pero que me han preguntado una y otra vez —una vez más, es efecto de Internet, y en particular del correo electrónico—, es precisamente mi concepto del boca a boca. A fin de cuentas, Internet probablemente ha hecho que el papel del conector quede obsoleto, o que cambie al menos de una manera drástica. El correo electrónico posibilita que casi cualquiera esté al tanto de cómo les va a muchísimas otras personas. De hecho, el correo electrónico posibilita el alcance eficaz y mucho más barato de un elevado número de personas —o de clientes— a las cuales uno tal vez ni siquiera conozca.

Kevin Kelley, uno de los gurús de la Nueva Economía, ha escrito por ejemplo acerca de lo que él llama «el efecto fax», que es una misma versión de este argumento. El primer aparato de fax que se construyó fue resultado de millones de dólares invertidos en investigación y desarrollo. Costaba unos dos mil dólares en los establecimientos minoristas. Pero en realidad no valía para nada, porque no existía otro aparato de fax con el cual pudiera comunicarse. El segundo aparato que se hizo dio mayor valor al primero, y el tercero revalorizó a los otros dos, y así sucesivamente. «Como los aparatos de fax están vinculados en una red, cada nuevo aparato adicional que se vende incrementa el valor de todos los aparatos de fax que estaban previamente en funcionamiento», escribe Kelley. Cuando uno compra un fax, lo que adquiere en realidad es el acceso a toda la red de faxes, que es infinitamente más valiosa que el aparato en sí.

Kelley llama a esto «el efecto fax» o la ley de la abundancia, y considera que se trata de un concepto extraordinariamente radical. En la economía tradicional, a fin de cuentas, el valor proviene de la escasez. Los «iconos de riqueza» convencionales, como el oro o los diamantes, son preciados porque son escasos. Y cuando algo escaso comienza a ser abundante —caso del petróleo en los años ochenta y noventa— pierde valor. Pero la lógica de la red es la abundancia. Cuantas más copias se hagan de un programa de *software,* más personas añade uno a su red, y más aumenta su poder. Ésta es la razón por la cual se supone que es tan poderoso el correo electrónico: es la herramienta definitiva para crear con toda facilidad estas redes de tipo personal.

No obstante, ¿seguro que es así? Las epidemias también crean redes: un virus pasa de una persona a otra y se extiende a través de una comunidad; cuantas más personas infecte el virus, más «poderosa» es la epidemia. Sin embargo, ésta es también la razón de que las epidemias tantas veces tengan un fin repentino. Cuando uno ha contraído una particular variedad de la gripe, o de la varicela, desarrolla una inmunidad frente a ella, y cuando son demasiadas las personas que desarrollan esa inmunidad a un virus en particular, la epidemia termina por sí sola. Creo que cuando hablamos de epidemias sociales prestamos muy poca atención al problema de la inmunidad.

A finales de los años setenta, por ejemplo, las empresas comenzaron a caer en la cuenta de que el teléfono era un medio muy barato y eficaz para alcanzar a clientes potenciales, y desde entonces el número de llamadas de *marketing* telefónico para llegar a los hogares de los clientes se ha multiplicado por diez. A primera vista parece un muy buen ejemplo de lo que comenta Kelley —el extraordinario potencial económico de la redes de comunicación a las que todos pertenecemos—, sólo que en determinados aspectos clave la explosión del uso del teléfono difícilmente recuerda a la ley de la abundancia. El hecho de que todos tengamos teléfono da a la red telefónica un gran poder al menos en teoría. La verdad es que a lo largo de los últimos veinticinco años, poco más o menos, la eficacia del *marketing* telefónico ha caído en un 50 por ciento. Algunos artículos a bajo precio —cosas que cuestan entre veinticinco y treinta dólares, como las suscripciones a una revista— dejan de ser rentables por lo que respecta al *marketing* telefónico. Pertenecer a una amplia red tal vez sea algo maravilloso, y las grandes redes son al menos en teoría tanto más poderosas cuanto mayores sean. A medida que una red se extiende, sin embargo, también se da el caso de que los costes en cuanto a tiempo y molestias que soportan cada uno de sus integrantes también van en aumento. Por eso las personas ya no se detienen a hablar con los operarios de *marketing* telefónico; por eso la mayoría tenemos contestadores e identificadores de llamadas que nos permiten filtrarlas. La red telefónica es tan amplia y tan poco flexible que nos interesa cada vez más utilizarla de manera selectiva. Empezamos a ser inmunes al teléfono.

¿Es distinto el caso del correo electrónico? Recuerdo cuando accedí al correo electrónico por primera vez, a mediados de los noventa. Era capaz de volver a casa con muchas prisas para poner en funcionamiento mi módem, de 4.800 baudios, y encontrarme... cuatro mensajes de algunos muy buenos amigos. ¿Y qué hacía? De inmediato componía una larga y elegante respuesta a cada uno. Hoy, como es natural, me levanto por la mañana y acudo al ordenador y me encuentro sesenta y cuatro mensajes, pero la anticipación que sentía antes ha dejado paso al tedio y al temor. Recibo *spam* y correo indeseado, cuentos y chistes reenviados que no me suscitan el menor interés; personas que ni me van ni me vienen me piden que haga cosas que no quiero hacer. ¿Cómo reacciono? Compongo correos breves, brevísimos —rara vez de más de dos renglones—, y a menudo me tomo dos o tres días para contestar. Y hay muchos correos que ni siquiera me tomo la molestia de responder. Sospecho que lo mismo sucede a otros usuarios del correo electrónico: cuanto más correo recibamos, más breves, selectivas y premiosas son nuestras respuestas. Son síntomas claros de inmunidad.

Lo que hace que el correo electrónico sea tan susceptible a la inmunidad es precisamente aquello que en principio le dio tan gran atractivo para personas como Kevin Kelley: la facilidad y el bajísimo coste con que se llega a las personas. En un estudio reciente, por ejemplo, los psicólogos han descubierto que los grupos que se comunican electrónicamente manejan las opiniones en discrepancia de manera muy distinta que los grupos que se reúnen cara a cara. Las personas que sostienen opiniones divergentes expresan sus argumentos con «más frecuencia y persistencia» cuando se comunican por correo electrónico, según concluye este estudio. «Al mismo tiempo, las minorías recibían el nivel más alto de atención positiva y tenían mayor influencia en las opiniones particulares de los integrantes del grupo mayoritario, así como en la decisión final, cuando se comunicaban cara a cara.» El hecho de que expresar una opinión discrepante sea mucho más difícil en un entorno social, por decirlo de otro modo, dota a esa opinión de un peso mucho mayor en las deliberaciones del grupo. Lo mismo sucede en otras clases de comunicación. El hecho de que cualquiera pueda escribirnos un correo electrónico gratuitamente genera inmunidad, y nos lleva a tener en mayor valor la comunicación cara a cara y las comunicaciones de quienes ya conocemos y respetamos.

Considero que el error del «efecto fax» lo están repitiendo una y otra vez tanto los responsables de *marketing* como los propios comunicadores. Las agencias de publicidad a menudo deciden qué revistas y qué programas de televisión son los que desean utilizar para colocar sus anuncios, y lo deciden sobre la base de los costes: compran la franja o la página que más barata sea, en el buen entender de que es el medio idóneo de llegar a un público tan numeroso como sea posible. ¿Y qué hay de la «inmunidad»? La lógica de las agencias ha dado por resultado que sean tantas las empresas que compran anuncios en televisión que a día de hoy se programa más tiempo de publicidad que nunca. Por consiguiente, cuesta trabajo creer que el público realmente esté viendo los anuncios con la misma atención que antes. Lo mismo cabe decir en el caso de una revista que contiene cientos de anuncios, o de las vallas publicitarias de las carreteras, que se repiten a cada trecho. Cuando al público le abruma la información y desarrolla una inmunidad a las formas tradicionales de comunicación, busca consejo e información en las personas que forman parte de su vida y que respeta, admira y y en las que cree. La cura para la inmunidad se halla en encontrar *mavens,* conectores y vendedores natos.

ENCONTRAR A LOS *MAVENS*

Cada vez que veo una pastilla de jabón Ivory todavía sin abrir, le doy la vuelta y me da la risa. En medio de toda la información que contiene el producto hay un renglón que dice así: «¿Preguntas? ¿Comentarios? Llame al 1-800-395-9960». ¿Quién demonios puede tener una pregunta que hacer sobre el jabón Ivory? Mejor dicho: ¿existe una persona que pueda tener una pregunta sobre el jabón Ivory y que ésta sea tan importante que se sienta en la necesidad de llamar de inmediato a la empresa? La respuesta, naturalmente, es que si bien la inmensa mayoría de nosotros jamás marcaría ese número, un mínimo porcentaje de personas muy raras tal vez se sientan en la necesidad, de vez en cuando, de marcar el número para formular una pregunta. Son personas que sienten pasión por los jabones. Son los *mavens* del jabón, y si uno se dedica al negocio del jabón más le vale tratar muy bien a esos *mavens*, porque son precisamente aquellos a los que sus amigos recurren cuando necesitan un consejo sobre los jabones.

El número 800 del jabón Ivory es lo que yo llamo una trampa para *mavens*, una manera de averiguar con eficacia quiénes son los *mavens* en ese mundo en particular, y el modo de preparar una trampa para *mavens* es uno de los problemas capitales con los que se encuentra el mercado moderno. Durante la mayor parte de un siglo hemos definido la influencia en este país en términos de *status*. La influencia más importante a la hora de tomar decisiones, según se nos ha dicho, proviene de las personas que tienen un mayor nivel de ingresos, que tienen una mejor educación y viven en los mejores barrios de las ciudades. La virtud de este concepto era que esta clase de personas era sumamente fácil de localizar: de hecho, se creó toda una industria del mundo del *marketing* en torno a la entrega oportuna de largas listas de personas que tenían un título universitario, ganaban dinero a espuertas y vivían en las zonas residenciales más agradables. Sin embargo, los conectores, los *mavens* y los vendedores natos son ligeramente distintos. Se distinguen no por un *status* material, no por sus aparentes triunfos, sino por la particular situación que ocupan con respecto a sus amistades. El resto de las personas los contemplan no exactamente con envidia, sino más bien con afecto, y ésa es la razón de que esta clase de personalidad tenga el poder de interrumpir el alza del aislamiento y la inmunidad. Pero el afecto es algo muy difícil de detectar. ¿Cómo demonios encuentra uno a estas personas?

Ésta es una pregunta que se me ha hecho una y otra vez a lo largo del pasado año, y no existe una respuesta fácil. Los conectores, creo, son esa clase de personas que no tienen por qué ser localizadas. Son ellas las que asumen la tarea de localizarnos a nosotros. Pero los *mavens* son algo más difíciles, y por eso es tan importante, entiendo, diseñar estrategias para localizar a los *mavens,* es decir, trampas para *mavens.* Consideremos la experiencia de Lexus. En 1990, nada más introducir Lexus su línea de automóviles de lujo en Estados Unidos, la empresa cayó en la cuenta de que tenía dos pequeños problemas con la línea LS400, que había de ser momentáneamente retirada de la distribución para proceder a algunas reparaciones. La situación era a todos los efectos sumamente inquietante. Lexus había tomado desde el primer momento la decisión de construir una imagen de empresa fundada en la alta calidad en el producto, en su fiabilidad total. Y menos de un año después del lanzamiento de la marca, la empresa se vio obligada a reconocer que había problemas en su buque insignia. Así pues, Lexus decidió hacer un esfuerzo especial. La mayoría de las retiradas se efectúan por medio de un anuncio en prensa y de una carta de notificación a los propietarios. Lexus en cambio llamó personalmente por teléfono a cada uno de los propietarios del coche en el mismo día en que se anunció la retirada.

Cuando cada uno de los propietarios pasó a recoger su vehículo en el concesionario, una vez realizadas las reparaciones oportunas, cada coche fue devuelto después de haber sido lavado, encerado y con el tanque de gasolina lleno. Si el propietario tenía su domicilio a más de ciento cincuenta kilómetros del concesionario, el vendedor le envió un mecánico a su domicilio. En un caso en concreto, un mecánico viajó de Los Ángeles a Anchorage para realizar las reparaciones precisas.

¿Fue necesario llegar a tales extremos de cortesía? Se podría decir que la reacción de Lexus fue exagerada. Los problemas que presentaba el coche eran relativamente secundarios. Y la cantidad total de vehículos que precisaban esa retirada momentánea para su reparación no era elevada. Da la impresión de que Lexus pudo haber encontrado muchas otras formas de corregir el percance. La cuestión clave, sin embargo, no era el número de personas afectadas por la retirada, sino la clase de personas a las que este percance afectaba. A fin de cuentas, ¿quiénes son las personas que están deseosas de arriesgarse a comprar un automóvil de lujo completamente nuevo? Los *mavens* de la automoción. Es posible que en aquel momento fueran sólo unos cuantos millares los propietarios de un Lexus, pero se trata de auténticos expertos en automóviles, personas que hablan de coches con sus amigos, personas a las que sus amigos piden consejo acerca de los coches. Lexus comprendió que tenía un público cautivo de *mavens*, y que con sólo excederse un poco en sus atenciones podían desencadenar una nueva epidemia transmitida de boca en boca acerca de la calidad del servicio al cliente que prestaba la marca. Y eso fue lo que ocurrió. La empresa salió de lo que pudo haber sido un desastre con una reputación en el servicio al cliente reforzada e intacta aun a día de hoy. Una publicación especializada en automóviles aseguró después que había sido «la retirada perfecta».

Es en efecto una trampa perfecta para *mavens:* se utiliza el reconocimiento de que algunas veces, en un momento o un lugar o en una situación concreta, casualmente se congrega un grupo de *mavens* perfectos. He aquí otro ejemplo, que un lector de *El punto clave,* Bill Hartigan, me refirió por correo electrónico. Hartigan trabajaba para la Sección Financiera de ITT a comienzos de los años setenta, exactamente en el momento en que la totalidad de la industria pudo comercializar por vez primera la entonces desconocida IRA *(Individual Retirement Account,* es decir, un plan de pensiones personalizado). Éste es un sector del mercado que ITT terminó dominando por completo. ¿Por qué? Porque fueron los primeros en encontrar a un grupo de *mavens.* Como escribe Hartigan,

> El concepto que consiste en ceder los propios ahorros a una institución hasta que uno cumple al menos 59 años y 6 meses resultaba entonces extraño, e incluso daba un poco de miedo. Pero había una cosa interesante en aquella idea de los IRA. Incluso a mediados de los setenta, los «recortes» fiscales sólo estaban al alcance de los más adinerados. Ésa era la excepción. Conocerla fue nuestra clave del éxito.
>
> ¿Había que buscar a los ahorradores más adinerados? Ni mucho menos. Nunca han sido muchos, son difíciles de localizar, y los beneficios de un IRA probablemente les iban a parecer poco atrayentes. Un grupo potencial, en cambio, sobresalía entre todos los demás. Los profesores de primaria y secundaria.
>
> En aquel entonces, y por desgracia también hoy en día, este grupo de profesionales imprescindibles en la sociedad era víctima de un trabajo excesivo y de un salario escaso. Nadie recurre a un profesor para asesorarse cuando se habla

de recortes fiscales y de inversiones financieras, pero el IRA permitió a los profesores disponer de muchos beneficios similares a los que hasta entonces sólo disfrutaban los adinerados. Les supuso un beneficio en el presente y en el futuro.

Como ya dijo Red Smith, el gran autor de temas deportivos, «los luchadores luchan».

¿Y los profesores? Los profesores enseñan.

Rápidamente les atrajeron los beneficios que el IRA podía proporcionarles. Con la misma rapidez, la naturaleza humana se hizo cargo de las cosas. Por vez primera, los profesores pudieron hablar con los padres de sus alumnos sobre el modo en que administraban sus ahorros.

Fue, si se quiere, como preparar desde cero a un mercado entero. Pero sigue siendo la estrategia de *marketing* más brillante en la que he participado.

¿Existe una manera de encontrar a los *mavens* de cada mercado? No lo sé, aunque estoy bastante convencido de que hay lectores que harán uso de *El punto clave* como fuente de inspiración para hallar esa manera. En un mundo que dominan el aislamiento y la inmunidad, entender estos principios del boca a boca es más importante que nunca.

NOTAS

INTRODUCCIÓN

Página 13.

Para ver un buen resumen de las estadísticas sobre criminalidad en Nueva York, véase: MICHAEL MASSING, «The Blue Revolution», en *New York Review of Books,* 19 de noviembre de 1998, págs. 32-34. Otro ensayo interesante sobre la naturaleza anómala de la caída drástica del índice de criminalidad en Nueva York es el artículo de WILLIAM BRATTON y WILLIAM ANDREWS, «What We've Learned About Policing», en *City Journal,* primavera de 1999, pág. 25.

Página 18.

El principal experto en investigación sobre el bostezo es ROBERT PROVINE, psicólogo de la Universidad de Maryland. Entre sus publicaciones relativas a este tema se encuentran las siguientes: «Yawning as a Stereotyped Action Pattern and Releasing Stimulus», *Ethology* (1983), vol. 72, págs. 109-122; y «Contagious Yawning and Infant Imitation», *Bulletin of the Psychonomic Society* (1989), vol. 27, núm. 2, págs. 125 y 126.

Página 21.

La mejor manera de entender qué es el punto clave es imaginar una hipotética oleada de gripe. Por ejemplo, supongamos que un verano llegan mil turistas a Manhattan procedentes de Canadá, y traen consigo una variedad desconocida de virus cuyos efectos duran veinticuatro horas. Esta variedad tiene una tasa de infección del 2 por 100, lo cual quiere decir que atrapa el virus una persona de cada 50 que entran en contacto con alguien infectado. Digamos que cincuenta sea precisamente el número de personas con que se relacionan al día los habitantes de Manhattan, por ejemplo, en el trabajo o en el metro. Lo que tenemos, entonces, es una enfermedad en equilibrio. Los mil turistas canadienses le pasan el virus a mil personas más el mismo día en que llegan. Al día siguiente, los mil nuevos afectados contagian el virus a otras mil personas más, justo cuando los mil turistas que comenzaron la epidemia están recuperándose. Entre los que caen enfermos y los que se recuperan existe un equilibrio perfecto, de manera que la gripe va haciendo estragos a lo largo del verano y del otoño a un ritmo sostenido y disimulado.

Pero cuando llegan las Navidades, el metro y los autobuses se llenan de turistas y de gente que sale de compras. En lugar de entrar en contacto con 50 personas al día, el manhattaniano medio entra en contacto directo con unas 55 personas al día, por ejemplo. De repente, se rompe el equilibrio. Los mil portadores iniciales pasan ahora a ser 55.000 al día. Con una tasa de infección del 2 por 100, la cosa se convierte en 1.100 casos de infectados al día siguiente. A su vez, esos 1.100 contagian a 55.000 personas, así que el tercer día ya hay 1.210 manhattanianos con gripe y el cuarto día hay 1.331. Para el final de la semana hay casi dos mil. La espiral continúa creciendo de forma exponencial, hasta que Manhattan acaba el día de Navidad con una auténtica epidemia de gripe a gran escala. Ese momento preciso en que se pasó de contactar con un promedio de 50 a 55 personas al día ha sido el momento en que se ha alcanzado el punto clave. Ha sido el punto en que un fenómeno corriente y estable (o sea, un brote de gripe a pequeña escala) pasa a convertirse en una crisis de salud pública. Si tuviéramos que dibujar un gráfico del progreso de la epidemia de gripe canadiense, el punto clave sería el punto exacto en que la línea inicia un aumento repentino y significativo.

Los puntos clave son momentos de elevada susceptibilidad. Los cambios que se produzcan precisamente en ese instante de punto clave pueden tener consecuencias tremendas. Esta gripe canadiense se convierte en una auténtica epidemia cuando el número de neoyorquinos que se cruza al día con algún portador del virus salta de 50 a 55. Pero si esta pequeña variación se hubiera producido al revés, es decir, si el número de contactos hubiera pasado de 50 a 45, el efecto habría sido una caída a 478 víctimas a la semana. Si la tasa se hubiera mantenido así durante unas semanas, la gripe canadiense habría acabado por desaparecer de Manhattan. Recortar el número de contactos de 70 a 65, o de 65 a 60, o de 60 a 55, no habría repercutido de manera significativa, pero sí el recorte en el punto preciso de punto clave, o sea, de 50 a 45.

El modelo del punto clave ha sido descrito en varios trabajos clásicos de sociología. Mis sugerencias son: MARK GRANOVETTER, «Threshold Models of Collective Behavior», *American Journal of Sociology* (1978), vol. 83, págs. 1420-1443; MARK GRANOVETTER y R. SOONG, «Threshold Models of Diffusion and Collective Behavior», *Journal of Mathematical Sociology* (1983), vol. 9, págs. 165-179; THOMAS SCHELLING, «Dynamic Models of Segregation», *Journal of Mathematical Sociology* (1971), vol. 1, págs. 143-186; ídem, *Micromotives and Macrobehavior,* W. W. Norton, Nueva York, 1978; JONATHAN CRANE, «The Epidemic Theory of Ghettos and Neighborhood Effects on Dropping Out and Teenage Childbearing», *American Journal of Sociology* (1989), vol. 95, núm. 5, págs. 1226-1259.

1. Las tres normas de toda epidemia

Página 27.

Uno de los mejores trabajos divulgativos sobre la mecánica de las epidemias de enfermedades es: Gabriel Rotello, *Sexual Ecology: AIDS and the Destiny of Gay Men,* Nueva York, Penguin Books, 1997.

La explicación dada por los Centros de Control de Enfermedades acerca de la epidemia de sífilis en Baltimore puede verse en: *Mortality and Morbidity Weekly Report, Outbreak of Primary and Secondary Syphilis – Baltimore City, Maryland, 1995,* 1 de marzo de 1996.

Página 29.

Richard Koch, *The 80/20 Principle: The Art of Achieving More with Less,* Bantam, Nueva York, 1998; John Potteratt, «Gonorrea as a social disease», *Sexually Transmitted Disease* (1985), vol. 12, núm. 25.

Página 31.

Randy Shilts, *And the Band Played On,* Nueva York, St. Martin's Press, 1987.

Página 32.

Jaap Goudsmit, *Viral Sex: The Nature of AIDS,* Nueva York, Oxford Press, 1997, págs. 25-37.

Página 35.

Richard Kluger, *Ashes to Ashes,* Nueva York, Alfred A. Knopf, 1996, págs. 158 y 159.

Página 37.

A. M. ROSENTHAL, *Thirty-Eight Witnesses,* Nueva York, McGraw-Hill, 1964; JOHN DARLEY y BIBB LATANE, «Bystander Intervention in Emergencies: Diffusion of Responsibility», *Journal of Personality and Social Psychology* (1968), vol. 8, págs. 377-383.

2. LA LEY DE LOS ESPECIALES

Página 41.

Todos los comentarios sobre Paul Revere proceden de un magnífico libro escrito por DAVID HACKETT FISCHER, *Paul Revere's Ride,* Nueva York, Oxford University Press, 1994.

Página 45.

STANLEY MILGRAM, «The Small World Problem», *Psychology Today* (1967), vol. 1, págs. 60-67. Para un tratamiento (muy) teórico sobre el asunto de que «el mundo es un pañuelo», véase: MANFRED KOCHEN (ed.), *The Small World,* Norwood (Nueva Jersey), Ablex Publishing Corp., 1989.

Página 46.

CAROL WERNER y PAT PARMELEE, «Similarity of Activity Preferences Among Friends; Those Who Play Together Stay Together», *Social Psychology Quarterly* (1979), vol. 42, núm. 1, págs. 62-66.

Página 57.

El proyecto de BRETT TJADEN, que hoy sigue en marcha en el Departamento de Ciencia Informática de la Universidad de

Virginia, se denomina *«Oracle of Bacon at Virginia»* y se puede encontrar en www.cs.virginia.edu/oracle/

Página 64.

MARK GRANOVETTER, *Getting a Job,* Chicago, University of Chicago Press, 1995.

Página 71.

La tarea de las promociones en supermercados ha sido descrita por: J. JEFFREY INMAN, LEIGH MCALISTER y WAYNE D. HOYER, «Promotion Signal: Proxy for a Price Cut?», *Journal of Consumer Research* (1990), vol. 17, págs. 74-81.

Página 72.

LINDA PRICE y sus colegas han escrito varias exploraciones sobre el fenómeno del *Market Maven,* entre las que se encuentran: LAWRENCE F. FEICK y LINDA L. PRICE, «The Market Maven: A Diffuser of Marketplace Information», *Journal of Marketing* (enero de 1987), vol. 51, págs. 83-97; ROBIN A. HIGIE, LAWRENCE F. FEICK y LINDA L. PRICE, «Types and Amount of World-of-Mouth Communications About Retailers», *Journal of Retailing* (otoño de 1987), vol. 63, núm. 3, págs. 260-278; LINDA L. PRICE, LAWRENCE F. FEICK y AUDREY GUSKEY, «Everyday Market Helping Behavior», *Journal of Public Policy and Marketing* (otoño de 1995), vol. 14, núm. 2, págs. 255-266.

Página 85.

BRIAN MULLEN y otros, «Newcasters' facial expressions and voting behavior of viewers: Can a smile elect a President?», *Journal of Personality and Social Psychology* (1986), vol. 51, págs. 291-295.

Página 89.

Gary L. Wells y Richard E. Petty, «The Effects of Overt Head Movements on Persuasion», *Basic and Applied Social Psychology* (1980), vol. 1, núm. 3, págs. 219-230.

Página 93.

William S. Condon, *Social Microrhythms,* en M. Davis (ed.), *Interaction Rhythms: Periodicity in Communicative Behavior,* Nueva York, Human Sciences Press, 1982, págs. 53-76.

Página 96.

Elaine Hatfield, John T. Cacioppo y Richard L. Rapson, *Emotional Contagion,* Cambridge, Cambridge University Press, 1994.

Página 97.

Howard Friedman y otros, «Understanding and Assessing Nonverbal Expressiveness: The Affective Communication Test», *Journal of Personality and Social Psychology* (1980), vol. 39, núm. 2, págs. 333-351; Howard Friedman y Ronald Riggio, «Effect of Individual Differences in Nonverbal Expressiveness on Transmission of Emotion», *Journal of Nonverbal Behavior* (invierno de 1981), vol. 6, págs. 96-104.

3. El factor del gancho

Página 102.

La mejor historia sobre *Barrio Sésamo* quizá sea: Gerald Lesser, *Children and Television: Lessons from «Sesame Street»,* Nueva

York, Vintage Books, 1975; véase también: JIM HENSON, *The Works: The Art, the Magic and the Imagination,* Nueva York, Random House, 1993.

Página 103.

Cada vez que se ha querido evaluar la calidad educativa de *Barrio Sésamo* (y hay que señalar que ha sido el programa más analizado por el mundo académico en toda la historia de la televisión) ha quedado claro que ayuda a mejorar la lectura y el aprendizaje de sus espectadores. Muy recientemente, un grupo de investigadores de las universidades de Massachusetts y de Kansas decidieron contactar con los niños cuya conducta como telespectadores preescolares habían examinado allá por los años ochenta. Dieron con casi seiscientos de ellos. En esos momentos eran estudiantes de instituto, y los investigadores se quedaron perplejos al descubrir que los que habían visto *Barrio Sésamo* sobre todo a la edad de cuatro o cinco años seguían obteniendo mejores resultados escolares que los que no. Incluso después de analizar aspectos como la educación de los padres, el tamaño de la familia y el nivel de vocabulario a edad preescolar, los chavales que habían seguido *Barrio Sésamo* de pequeños sacaban mejores notas en Lengua, Matemáticas y Ciencias que los que no veían el programa, o que lo veían menos. Según el estudio, por cada hora semanal viendo *Barrio Sésamo,* la nota media en los cursos del instituto subía en 0,052 puntos, lo que significa que un niño que viera cinco horas de *Barrio Sésamo* a la semana a la edad de cinco años estaba ganando, como media, alrededor de un cuarto de punto más que un chaval con las mismas características familiares pero que no lo viera nunca. De alguna manera, un programa de una hora, seguido durante nada más que dos o tres años, seguía marcando la diferencia doce o quince años después.

Esta investigación aparece resumida en *Effects of Early Childhood Media Use on Adolescent Achievement,* por el Proyecto «Recontact» de la Universidad de Massachusetts, en Amherst, y la Universidad de Kansas, Lawrence (1995).

Véase también: JOHN C. WRIGHT y ALETHA C. HUSTON, «Effects of educational TV viewing of lower income preschoolers on academic skills, school readiness, and school adjustment one to three years later», *A Report to Children's Television Workshop,* University of Kansas (1995).

Página 106.

LESTER WUNDERMAN ha escrito un libro autobiográfico delicioso en el que cuenta la historia de la Columbia Record House, así como otras anécdotas sobre *marketing* directo: *Being Direct: Making Advertising Pay,* Nueva York, Random House, 1996, caps. 10 y 11.

Página 108.

HOWARD LEVANTHAL, ROBERT SINGER y SUSAN JONES, «Effects on Fear and Specificity of Recommendation Upon Attitudes and Behavior», *Journal of Personality and Social Psychology* (1965), vol. 2, núm. 1, págs. 20-29.

Página 113.

El mejor resumen sobre la teoría de ver la televisión de manera «activa» es: DANIEL ANDERSON y ELIZABETH LORCH, *Looking at Television: Action or Reaction?,* en *Children's Understanding of Television: Research on Attention and Comprehension,* Nueva York, Academic Press, 1983.

Página 115.

El trabajo de Palmer aparece publicado en diversas obras. Por ejemplo: EDWARD PALMER, *Formative Research in Educational*

Television Production: The Experience of CTW, en W. SHRAMM (ed.), *Quality in Instructional Television,* Honolulú, University Press of Hawaii, 1972, págs. 165-187.

Página 121.

La investigación sobre movimientos oculares en las escenas de «La conexión de Óscar» y «Hug» aparece resumida en BARBARA N. FLAGG, *Formative Evaluation of «Sesame Street» Using Eye Movement Photography,* en J. BAGGALEY (ed.), *Experimental Research in Television Instruction,* vol. 5, Concordia Research, Montreal (Canadá), 1982.

Página 129.

ELLEN MARKMAN, *Categorization and Naming in Children,* Cambridge, MIT Press, 1989.

Página 133.

KATHERINE NELSON (ed.), *Narratives from the Crib,* Cambridge, Harvard University Press, 1989. Véanse los ensayos escritos por BRUNER y LUCARIELLO, y por FELDMAN.

4. EL PODER DEL CONTEXTO (PRIMERA PARTE)

Página 149.

Las mejores referencias a la historia de Goetz pueden encontrarse en: GEORGE P. FLETCHER, *A Crime of Self Defense,* Nueva York, Free Press, 1988. También en: LILLIAN RUBIN, *Quiet Rage: Bernie Goetz in a Time of Madness,* Nueva York, Farrar, Strauss and Giroux, 1986.

Página 153.

Para un resumen de las estadísticas sobre criminalidad en Nueva York, véanse: MICHAEL MASSING, «The Blue Revolution», en *New York Review of Books,* del 19 de noviembre de 1998, págs. 32-34; WILLIAM BRATTON, *Turnaround: How America's Top Cop Reversed the Crime Epidemic,* Nueva York, Random House, 1998, pág. 141.

Página 156.

MALCOLM GLADWELL, «The Tipping Point», en *The New Yorker,* 3 de junio de 1996, págs. 32-39. Este artículo está disponible en www.gladwell.com. Otro ensayo interesante sobre la naturaleza anómala de la caída drástica del índice de criminalidad en Nueva York es el artículo de WILLIAM BRATTON y WILLIAM ANDREWS, «What We've Learned About Policing», en *City Journal,* primavera de 1999, pág. 25.

Página 157.

GEORGE L. KELLING y CATHERINE M. COLES, *Fixing Broken Windows,* Nueva York, Touchstone, 1996, pág. 20.

Página 168.

La descripción de los experimentos de Zimbardo procede de CRAIG HANEY, CURTIS BANKS y PHILIP ZIMBARDO, «Interpersonal Dynamics in a Simulated Prison», *International Journal of Criminology and Penology* (1973), núm. 1, pág. 73. Las citas de los guardianes y de Zimbardo han sido extraídas del programa *CBS 60 Minutes,* emitido el 30 de agosto de 1998, sobre «The Stanford Prison Experiment».

Página 171.

Como buen resumen sobre los experimentos acerca de las trampas que hacen los escolares, véase: HUGH HARTSHORNE y MARK A. MAY, *Studies in the Organization of Character*, en H. MUNSINGER (ed.), *Readings in Child Development,* Nueva York, Holt, Rinehart and Winston, 1971, págs. 190-197. La recopilación de todas sus conclusiones puede verse en HUGH HARTSHORNE y MARK A. MAY, *Studies in the Nature of Character*, vol. 1, *Studies in Deceit,* Nueva York, Macmillan, 1928.

Página 175.

Los ejercicios con los cercopitecos, así como el juego de las cuatro cartas, aparecen descritos en ROBIN DUNBAR, *The Trouble with Science,* Cambridge, Harvard University Press, 1995, caps. 6 y 7.

Página 176.

El FAE aparece resumido en: RICHARD E. NISBETT y LEE ROSS, *The Person and the Situation,* Filadelfia, Temple University Press, 1991. El experimento del concurso de preguntas aparece descrito en: LEE D. ROSS, TERESA M. AMABILE y JULIA L. STEINMETZ, «Social Roles, Social Control, and Biases Social-Perception Process», *Journal of Personality and Social Psychology* (1977), vol. 35, núm. 7, págs. 485-494.

Página 178.

El mito del orden de nacimiento es diseccionado magistralmente en: JUDITH RICH HARRIS, *The Nurture Assumption,* Nueva York, Free Press, 1998, pág. 365.

Página 179.

WALTER MISCHEL, «Continuity and Change in Personality», *American Psychologist* (1969), vol. 24, págs. 1012-1017.

Página 18.

JOHN DARLEY y DANIEL BATSON, «From Jerusalem to Jericho: A study of situational and dispositional variables in helping behavior», *Journal of Personality and Social Psychology* (1973), vol. 27, págs. 100-119.

Página 185.

MYRA FRIEDMAN, «My Neighbor Bernie Goetz», *New York,* 18 de febrero de 1985, págs. 35-41.

5. EL PODER DEL CONTEXTO (SEGUNDA PARTE)

Página 193.

GEORGE A. MILLER, «The Magical Number Seven», *Psychological Review* (marzo 1956), vol. 63, núm. 2; C. J. BUYS y K. L. LARSEN, «Human Sympathy Groups», *Psychology Reports* (1979), vol. 45, págs. 547-553.

Página 195.

S. L. WASHBURN y R. MOORE, *Ape into Man,* Boston, Little, Brown, 1973. Las teorías de Dunbar están descritas en sitios diferentes. El mejor resumen académico quizá sea el de R. I. M. DUNBAR, «Neocortex size as a constraint on group size in primates», *Journal of Human Evolution* (1992), vol. 20, págs. 469-493.

También ha escrito una obra muy recomendable de divulgación científica: ROBIN DUNBAR, *Grooming, Gossip, and the Evolution of Language,* Cambridge, Harvard University Press, 1996.

Página 206.

DANIEL WEGNER, «Transactive Memory in Close Relationships», *Journal of Personality and Social Psychology* (1991), vol. 61, núm. 6, págs. 923-929. Otra reflexión interesante sobre el mismo tema es: DANIEL WEGNER, *Transactive Memory of the Group Mind,* en BRIAN MULLEN y GEORGE GOETHALS (eds.), *Theories of Group Behavior,* Nueva York, Springer-Verlag, 1987, págs. 200 y 201.

6. TRABAJOS DE CAMPO (PRIMERA PARTE)

Página 214.

BRUCE RYAN y NEAL GROSS, «The Diffusion of Hybrid Seed Corn in Two Iowa Communities», *Rural Sociology* (1943), vol. 8, págs. 15-24. Este estudio aparece descrito bastante bien (junto a otros trabajos sobre la teoría de la difusión) en: EVERETT ROGERS, *Diffussion of Innovations,* Nueva York, Free Press, 1995.

Página 216.

GEOFFREY MOORE, *Crossing the Chasm,* Nueva York, HarperCollins, 1991, págs. 9-14.

Página 219.

GORDON ALLPORT y LEO POSTMAN, *The Psychology of Rumor,* Nueva York, Henry Holt, 1947, págs. 135-158.

Página 219.

THOMAS VALENTE, ROBERT K. FOREMAN y BENJAMIN JUNGE, «Satellite Exchange in the Batimore Needle Exchange Program», *Public Health Reports* (en prensa).

7. TRABAJOS DE CAMPO (SEGUNDA PARTE)

Página 235.

La historia de Sima aparece muy bien narrada en diferentes publicaciones del antropólogo DONALD H. RUBINSTEIN, entre los cuales se pueden destacar: «Love and Suffering: Adolescent Socialization and Suicide in Micronesia», *Contemporary Pacific* (primavera de 1995), vol. 7, núm. 1, págs. 21-53; «Epidemic Suicide Among Micronesian Adolescents», *Social Science and Medicine* (1983), vol. 17, pág. 664.

Página 239.

W. KIP VISCUSI, *Smoking: Making the Risky Decision,* Nueva York, Oxford University Press, 1992, págs. 61-78.

Página 240.

Estas estadísticas sobre el aumento del consumo de tabaco entre adolescentes proceden de fuentes diversas, y difieren según cómo se mida la categoría de «nuevos fumadores». Por ejemplo, según un estudio realizado por Centros de Control de Enfermedades y publicado en octubre de 1998, el número de jóvenes estadounidenses (o sea, menores de dieciocho años) que fumaban a diario aumentó de 708.000 en 1988 a 1,2 millones en 1996, es decir, un 73 por 100. También se incrementó la tasa de adolescentes que se convertían en fumadores. En 1996, 77 de cada 1.000 adolescentes que no fumaban se iniciaron en el nuevo hábito de fumar. En 1988, la tasa era de 51 de cada 1.000. La tasa más elevada registrada jamás fue de un 67 por 1.000 en 1977, y la más baja se produjo en 1983, con 44 por cada 1.000. *(New teen smokers up 73 percent,* Associated Press, 9 de octubre de 1998.) También aumenta la tasa de fumadores entre los estudiantes universitarios, un grupo un poco superior. En este estudio, realizado por la Harvard School of Public Health, publicado en *Journal of the American Medical Association,* el 18 de noviembre de 1998, la estadística empleada era el porcentaje de estudiantes universitarios que habían fumado como mínimo un cigarrillo en los últimos treinta días. En 1993, la tasa era 22,3 por 100. En 1997 había subido a 28,5 por 100.

Página 241.

El primer informe de DAVID PHILLIPS sobre tasas de suicidio tras la publicación de casos célebres fue: «The Influence of Suggestion on Suicide: Substantive and Theoretical Implications of the Werther Effect», *American Sociological Review* (1974), vol. 39, págs. 340-354. Existe un resumen de este informe, que incluye la estadística en torno al caso de Marilyn Monroe, que puede verse al principio de su informe sobre accidentes de tráfico: DAVID PHILLIPS, «Suicide, Motor Vehicle Fatalities, and the Mass Media: Evidence toward a Theory of Suggestion», *American Journal of Sociology* (1979), vol. 84, núm. 5, págs. 1150-1174.

Página 243.

V. R. ASHTON y S. DONNAN, «Suicide by burning as an epidemic phenomenon: An analysis of 82 deaths and inquests in England and Wales in 1978-1979», *Phsychological Medicine* (1981), vol. 11, págs. 735-739.

Página 244.

NORMAN KREITMAN, PETER SMITH y ENG-SEONG TAN, «Attempted Suicide as Language: An Empirical Study», *British Journal of Psychiatry* (1970), vol. 116, págs. 464-473.

Página 249.

H. J. EYSENCK, *Smoking, Health and Personality,* Basic Books, Nueva York, 1965, pág. 80. Esta referencia aparece en: DAVID KROGH, *Smoking: The Artificial Passion,* pág. 107. Las estadísticas acerca del tabaco y la conducta sexual aparecen en: H. J. EYSENCK, *Smoking, Personality and Stress,* Nueva York, Springer-Verlag, 1991, pág. 27.

Página 250.

DAVID KROGH, *Smoking: The Artificial Passion,* Nueva York, W. H. Freeman, 1991.

Página 253.

OVIDE POMERLEAU, CYNTHIA POMERLEAU y REBECCA NAMENEK, «Early Experiences with Tobacco among Women Smokers, Ex-smokers, and Never-smokers», *Addiction* (1998), vol. 93, núm. 4, págs. 595-601.

Página 255.

SAUL SHIFFMAN, JEAN A. PATY, JON D. KASSEL, MARYANN GNYS y MONICA ZETTLER-SEGAL, «Smoking Behavior and Smoking History of Tobacco Chippers», *Experimental and Clinical Psychopharmacology* (1994), vol. 2, núm. 2, pág. 139.

Página 258.

Judith Rich Harris, *The Nurture Assumption.*

Página 261.

David C. Rowe, *The Limits of Family Influence,* Nueva York, Guildford Press, 1994. Rowe hace un resumen muy válido sobre gemelos y adopción.

Página 264.

Alexander H. Glassman, F. Stetner, B. T. Walsh y otros, «Heavy smokers, smoking cessation, and clonidine: results of a double-blind, randomized trial», *Journal of the American Medical Association* (1988), vol. 259, págs. 2863-2866.

Página 265.

Alexander H. Glassman, John E. Helzer, Lirio Covey y otros, «Smoking, Smoking Cessation, and Major Depression», *Journal of the American Medical Association* (1990), vol. 264, págs. 1546-1549.

Página 267.

Wendy Fidler, Lynn Nichell, Gillian Raab y Anne Charlton, «Smoking: A Special Need?», *British Journal of Addiction* (1992), vol. 87, págs. 1583-1591.

Página 268.

La estrategia de Neal Benowitz y Jack Henningfield aparece descrita en dos obras: Neal L. Benowitz y Jack Henningfield,

«Establishing a nicotine threshold for addiction», *New England Journal of Medicine* (1994), vol. 331, págs. 123-125; JACK HENNINGFIELD, NEAL L. BENOWITZ y JOHN SLADE, *Report to the American Medical Association: Reducting Illness and Death Caused by Cigarettes by Reducing Their Nicotine Content* (1997).

Página 270.

Existe una recopilación bastante buena de las estadísticas disponibles sobre consumo de droga y adicción en: DIRK CHASE ELDREDGE, *Ending the War on Drugs,* Bridge Works Publishing, Bridgehampton (Nueva York), 1998, págs. 1-17; RUBINSTEIN, *Epidemic Suicide Among Micronesian Adolescents,* pág. 664.

AGRADECIMIENTOS

El punto clave comenzó siendo un artículo que escribí como *free-lance* para Tina Brown, de la revista *The New Yorker.* Ella dirigía la revista entonces y, para mi sorpresa, me contrató. Gracias, Tina. Tanto ella como su sucesor en el puesto, David Remnick, fueron tan amables que me permitieron trabajar en este libro sin aparecer durante meses por la revista. Terry Martin, que hoy trabaja en la Universidad de Harvard y antes lo hizo para la de Elmira, en nuestra ciudad natal, hizo una crítica brillante del primer borrador de mi manuscrito. Él ha sido una fuente de inspiración intelectual desde que nos conocimos en Biología en el décimo curso del instituto. También tengo que dar las gracias muy especialmente a la extraordinaria contribución de Judith Rich Harris, autora de *The Nurture Assumption,* cuya lectura cambió mi manera de ver el mundo. Y a mi madre, Joyce Gladwell, que es y será siempre mi escritora preferida. Judith Shulevitz, Robert McCrum, Zoe Rosenfeld, Jacob Weisberg y Deborah Needleman se tomaron la molestia de leer mi manuscrito y compartir su opinión conmigo. DeeDee Gordon (y Sage) y Sally Horchow tuvieron la cortesía de prestarme sus casas durante las largas semanas de escritura. Espero que algún día pueda devolverles el favor. En Little, Brown, tuve el placer de trabajar con un equipo maravilloso de profesionales de gran valía, entregados a su trabajo: Katie Long, Betty Power, Ryan Harbage, Sarah Crichton y, sobre todo, mi editor, Bill Phillips. Bill se leyó este libro tantas veces que seguro que puede recitarlo de memoria. Cada vez que lo leía, lo mejoraba con su inteligencia y perspicacia. Gracias. Finalmente, debo mi más profunda gratitud a dos personas. En primer lugar, a mi agente y amiga, Tina Bennett, que concibió este proyecto y lo supervisó, protegiéndome, guiándome, ayudándome e inspirándome a cada momento. Y, en segundo lugar, a mi editor en el *New Yorker,* el incomparable Henry Finder, al que debo más de lo que puedo expresar. Gracias a todos.

ÍNDICE ANALÍTICO

Este libro
se terminó de imprimir en
Móstoles, Madrid,
en el mes de febrero de 2025